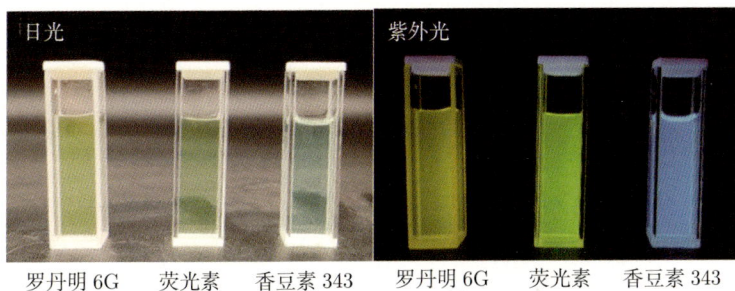

图 2.1　相对量子产率测量参比溶液

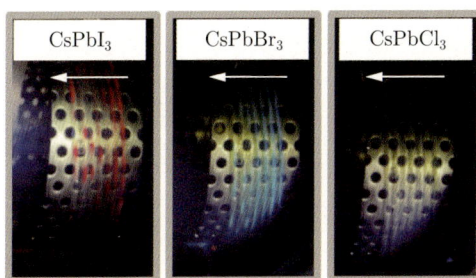

图 2.6　前驱体液滴在反应管中的光致发光现象

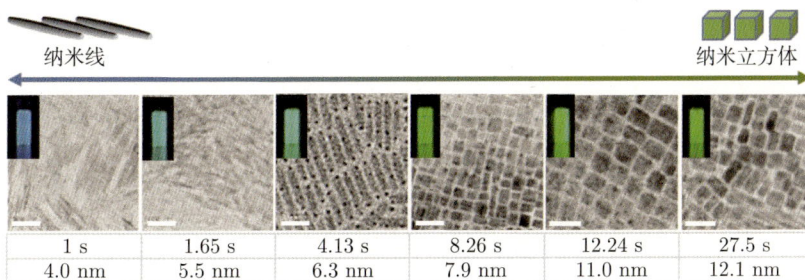

图 2.16　CsPbBr₃ 形貌与特征尺寸随停留时间的变化

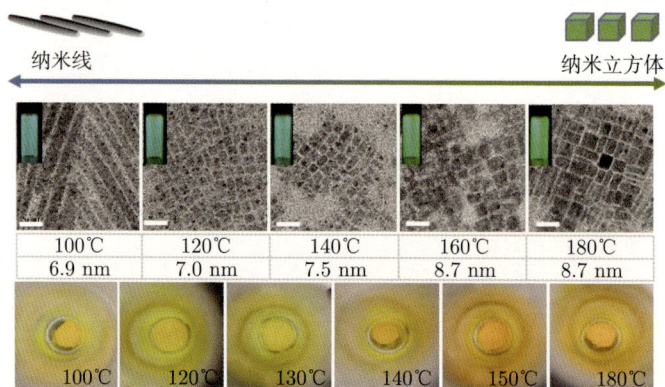

纳米线 ← → 纳米立方体

| 100℃ | 120℃ | 140℃ | 160℃ | 180℃ |
| 6.9 nm | 7.0 nm | 7.5 nm | 8.7 nm | 8.7 nm |

| 100℃ | 120℃ | 130℃ | 140℃ | 150℃ | 180℃ |

图 2.18　CsPbBr₃ 形貌、尺寸与颜色随反应温度的变化

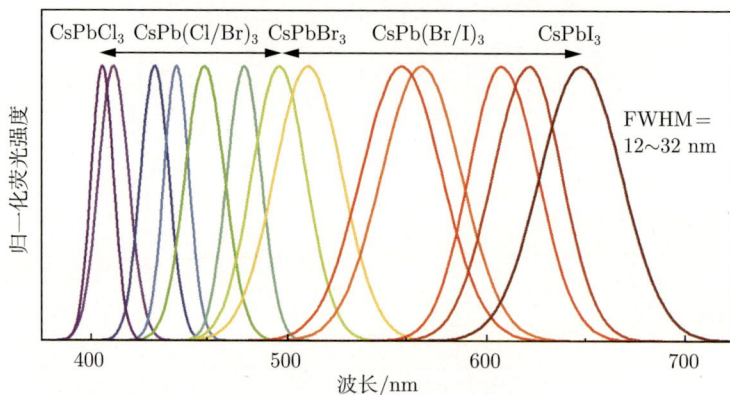

（a）CsPbX₃全可见光谱荧光图谱

（b）CsPbX₃胶体图片

（c）CsPbX₃@PMMA荧光字母

图 2.20　全可见光谱发光的 CsPbX₃ 纳米晶体

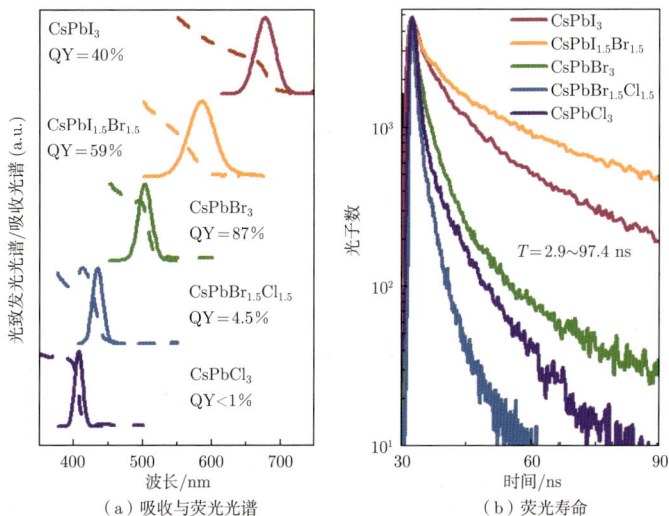

（a）吸收与荧光光谱

（b）荧光寿命

图 2.21　CsPbX₃ 纳米晶的光致发光性能

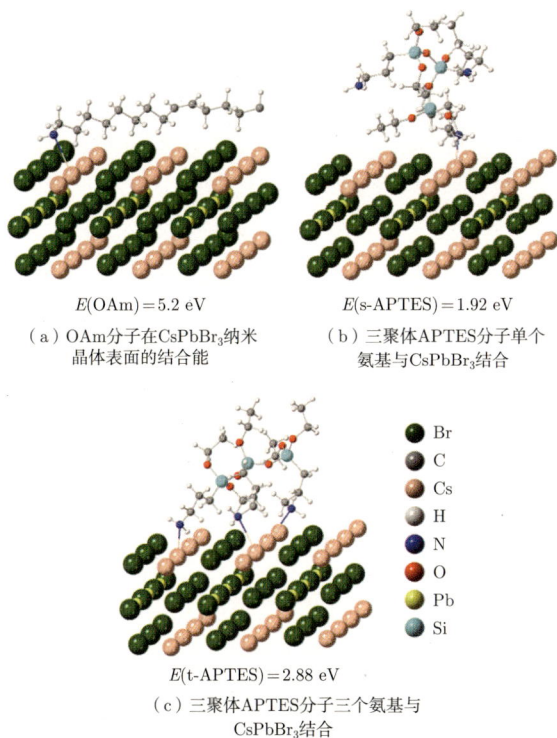

$E(\text{OAm}) = 5.2$ eV

（a）OAm分子在CsPbBr₃纳米
晶体表面的结合能

$E(\text{s-APTES}) = 1.92$ eV

（b）三聚体APTES分子单个
氨基与CsPbBr₃结合

$E(\text{t-APTES}) = 2.88$ eV

（c）三聚体APTES分子三个氨基与
CsPbBr₃结合

Br
C
Cs
H
N
O
Pb
Si

图 3.11　两种碱性配体在 CsPbBr₃ 纳米晶体表面的结合能

（a）吸收光谱图

（b）荧光发射光谱图

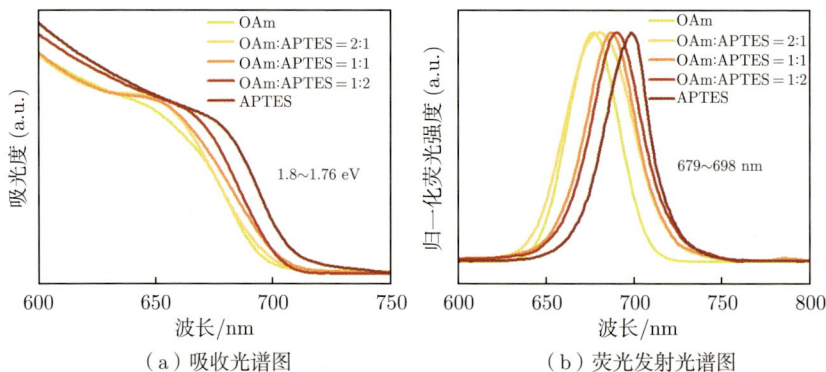

图 3.15　不同 APTES 与 OAm-HI 比例下 CsPbI$_3$ 的吸收与荧光光谱图

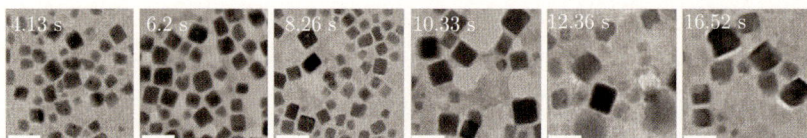

（a）CsPbI$_3$@APTES/OAm-HI的TEM图

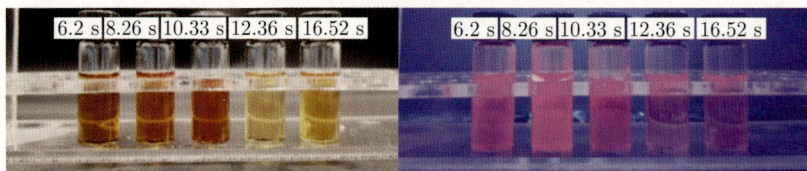

（b）CsPbI$_3$@APTES/OAm-HI胶体图

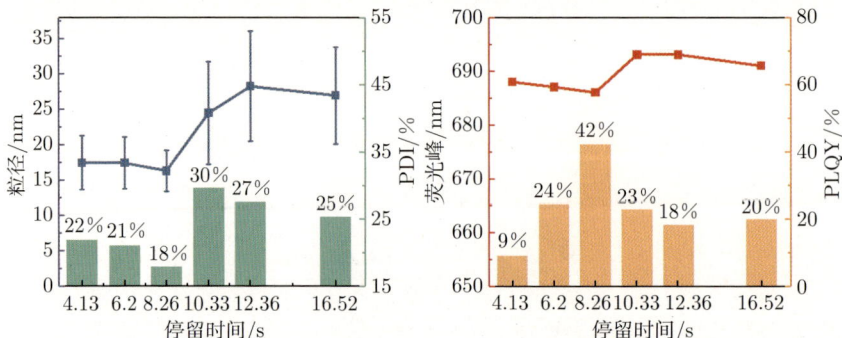

（c）粒径与单分散性随停留时间的变化

（d）荧光峰与PLQY随停留时间的变化

图 3.16　不同停留时间下 CsPbI$_3$@APTES/OAm-HI 晶粒荧光性能与
尺寸的变化

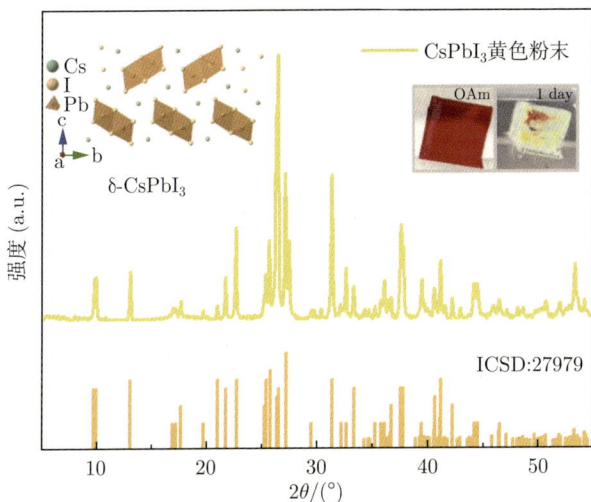

（a）黄色CsPbI₃@OAm粉末的XRD数据

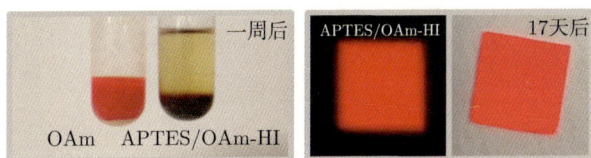

（b）胶体及粉末CsPbI₃的稳定性

**图 3.19　CsPbI₃@OAm 与 CsPbI₃@APTES/OAm-HI 的稳定性表征**

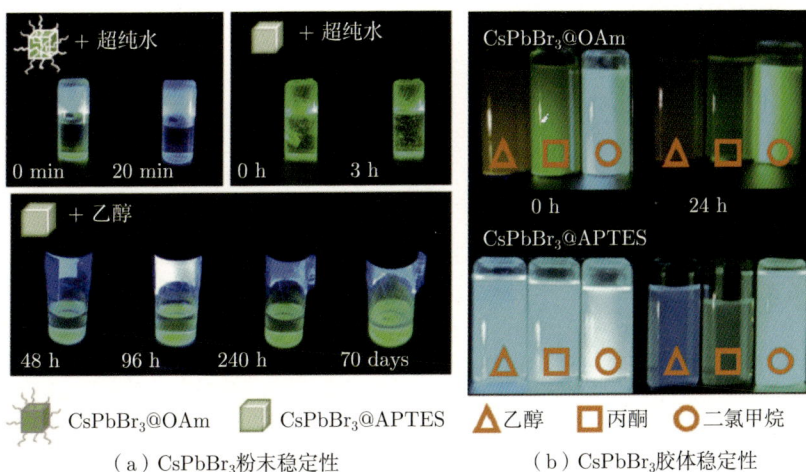

（a）CsPbBr₃粉末稳定性

（b）CsPbBr₃胶体稳定性

**图 3.20　CsPbBr₃@OAm 与 CsPbBr₃@APTES 在极性溶剂中的稳定性表征**

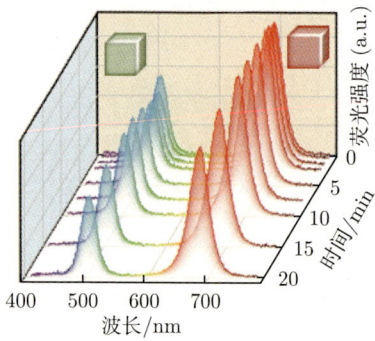

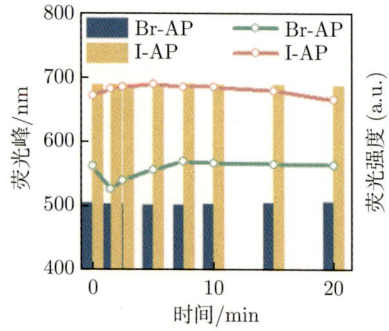

（a）CsPbI$_3$@APTES/OAm-HI与CsPbBr$_3$@APTES混合

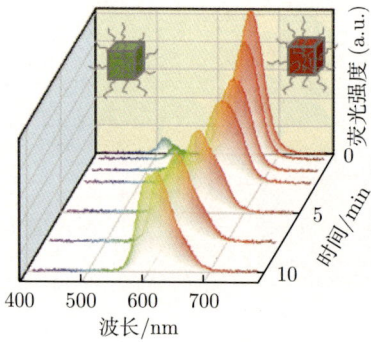

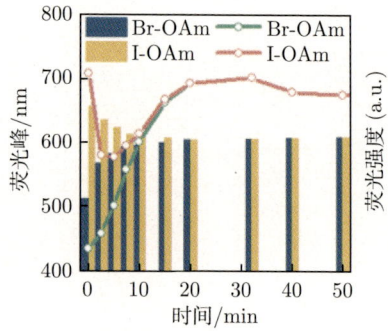

（b）CsPbI$_3$@OAm与CsPbBr$_3$@OAm混合

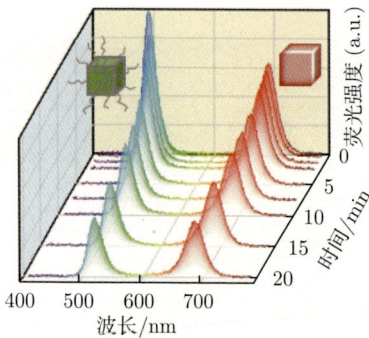

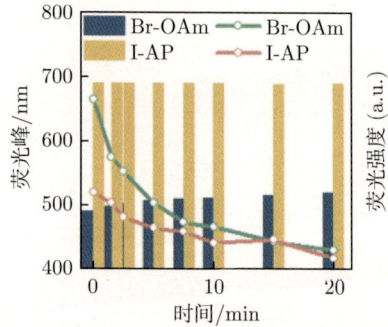

（c）CsPbI$_3$@APTES/OAm-HI与CsPbBr$_3$@OAm混合

**图 3.22　APTES 配体对钙钛矿纳米晶之间离子交换的抑制作用**

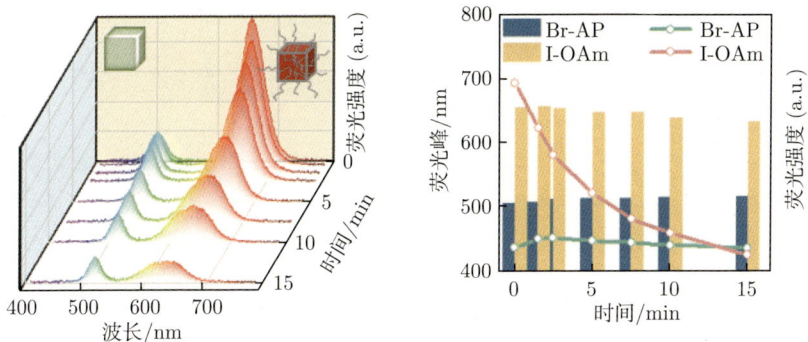

（d）CsPbI$_3$@OAm 与 CsPbBr$_3$@APTES 混合

CsPbBr$_3$@APTES     CsPbI$_3$@APTES&OAm-HI

CsPbBr$_3$@OAm     CsPbI$_3$@OAm

图 3.22 续

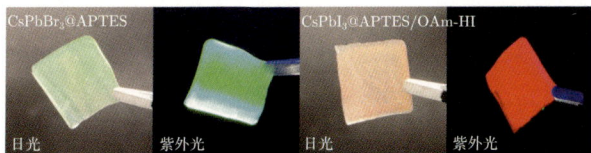

图 3.23 纳米晶 @PMMA 膜在日光灯和紫外灯下的图片

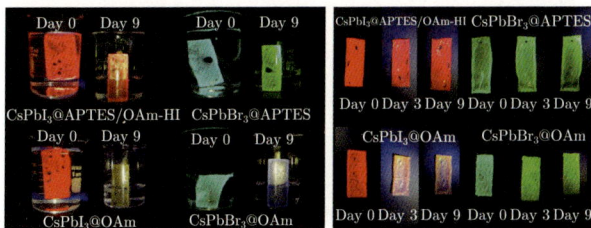

（a）水稳定性表征      （b）高温稳定性表征

图 3.24 PMMA 封装纳米晶在水中与 65℃ 高温稳定性表征

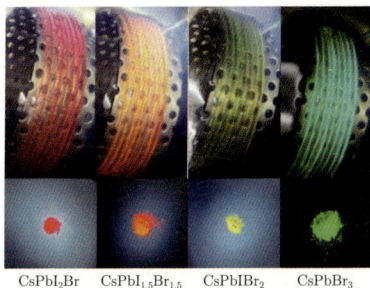

CsPbI$_2$Br    CsPbI$_{1.5}$Br$_{1.5}$    CsPbIBr$_2$    CsPbBr$_3$

图 3.25 红绿光区 CsPb(X/Y)$_3$@APTES 在反应管中与粉末状态的荧光图

（a）CsPb(X/Y)₃@APTES纳米晶胶体

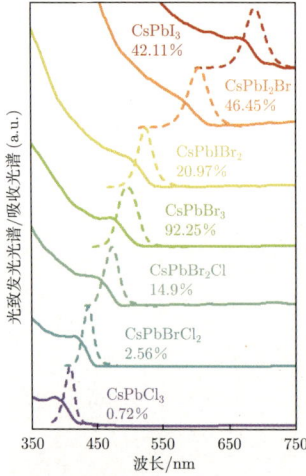

（b）荧光与吸收光谱

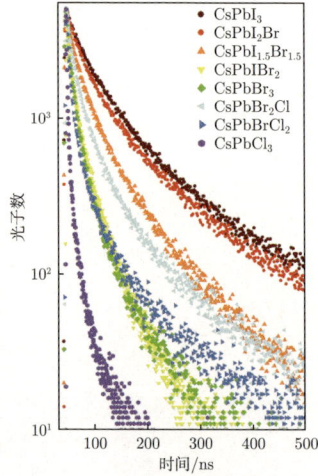

（c）荧光衰减曲线

图 3.26　CsPb(X/Y)₃@APTES 纳米晶的光学性质表征

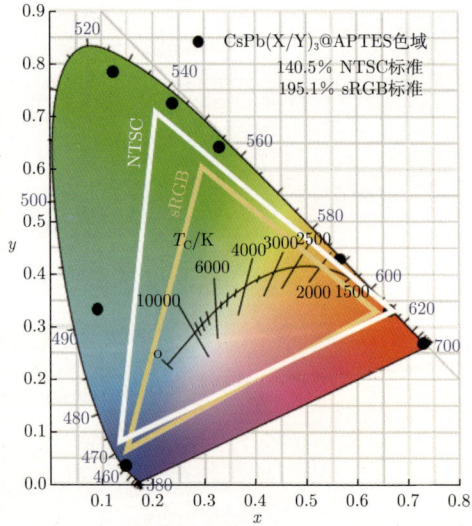

图 3.28　并联的 CsPb(X/Y)₃@APTES LED 灯及其色域范围

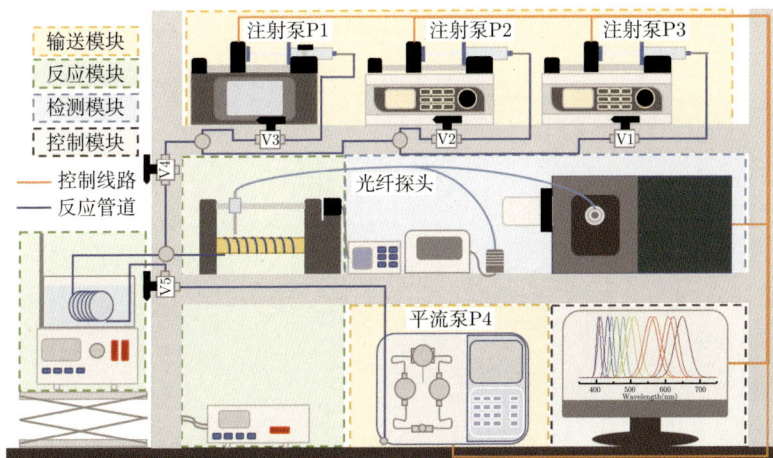

（a）微反应系统示意图

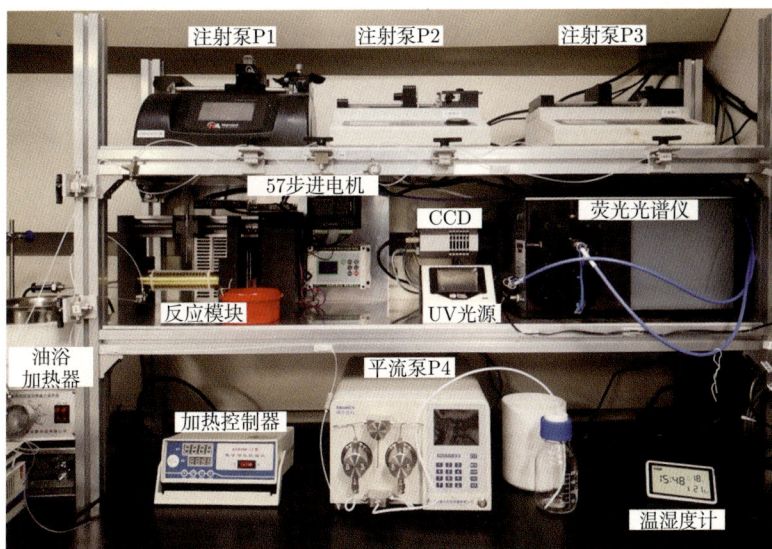

（b）微反应系统实物图

图 4.8　具有在线荧光检测与远程控制功能的微反应系统

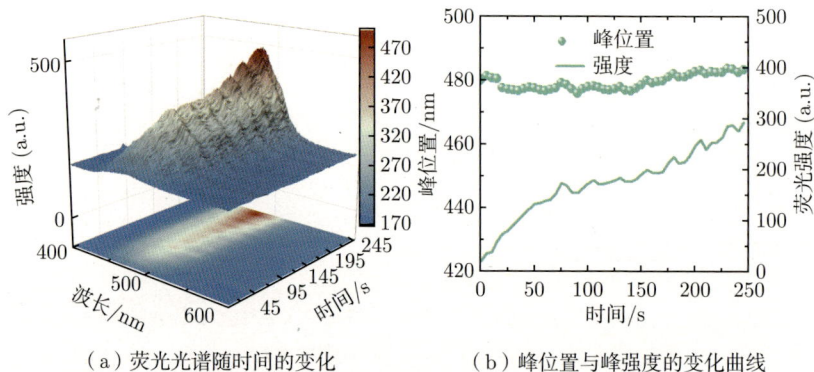

（a）荧光光谱随时间的变化

（b）峰位置与峰强度的变化曲线

图 4.18　反应时间为 5s 的 CsPbBr$_3$ 冷却过程荧光光谱数据

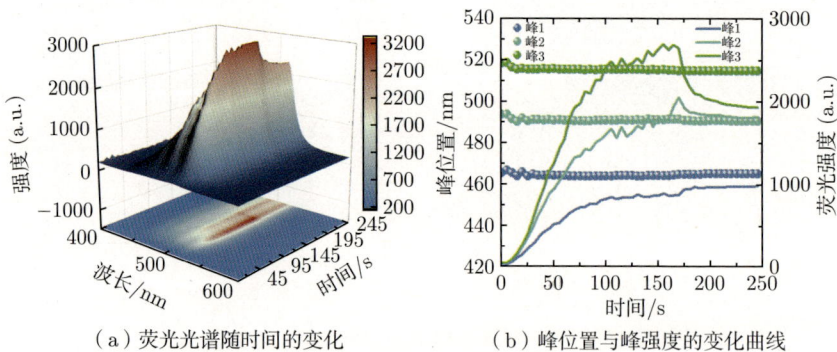

（a）荧光光谱随时间的变化

（b）峰位置与峰强度的变化曲线

图 4.19　反应时间为 10s 的 CsPbBr$_3$ 冷却过程荧光光谱数据

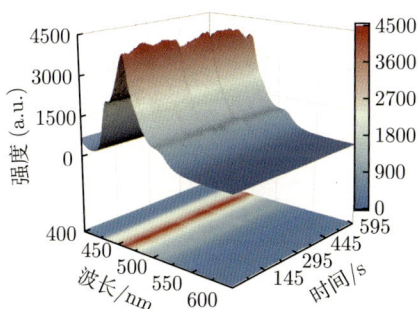

（a）第10根管处荧光光谱

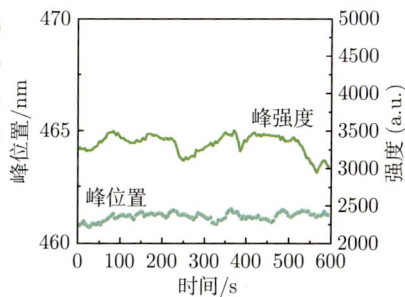

（b）峰位置与峰强度变化曲线

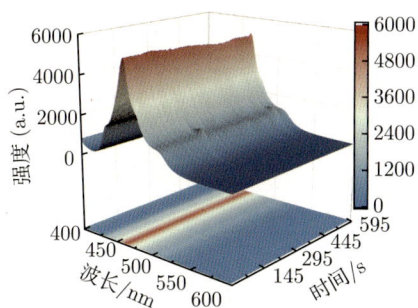

（c）第18根管处荧光光谱

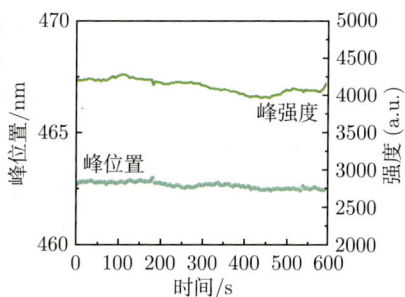

（d）峰位置与峰强度变化曲线

图 4.24　微反应系统的荧光信号稳定性监测

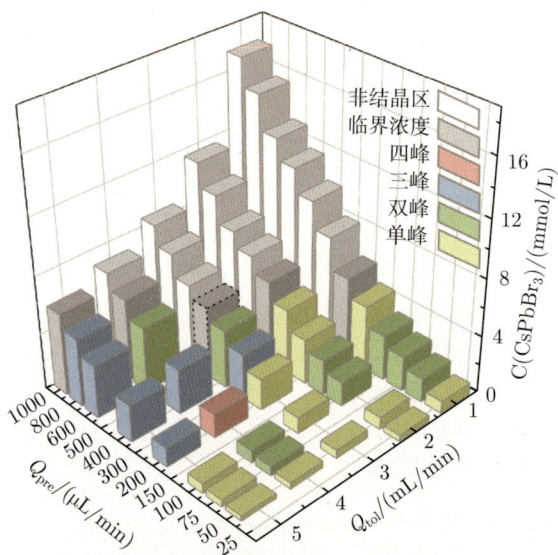

图 4.29　操作区间与荧光峰个数关系图

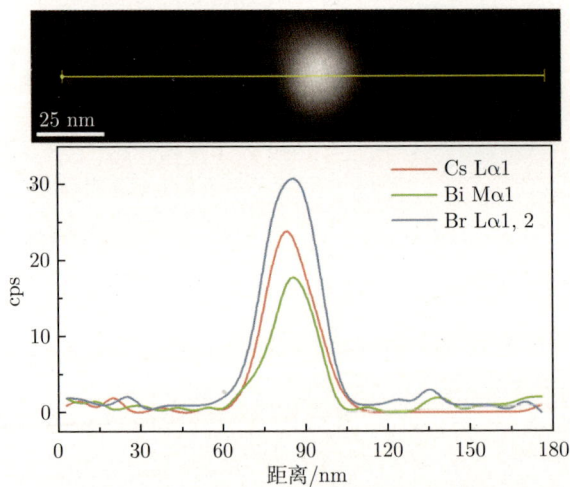

图 5.10　单个 $Cs_3Bi_2Br_9$ 线扫 EDS 能谱

清华大学优秀博士学位论文丛书

# 微反应系统内
# 无机卤化钙钛矿纳米晶的
# 制备研究

耿宇昊（Geng Yuhao）著

Preparation of Inorganic Halide Perovskite
Nanocrystals in Micro-reaction Systems

清華大学出版社
北京

## 内 容 简 介

本书围绕微反应器内钙钛矿纳米晶的规模化制备、稳定性提升、生长规律探究等方面展开论述,通过设计搭建液滴流微反应器平台、优化前驱体与配体用量,实现了铅基卤化钙钛矿纳米晶的高产率制备。借助配体工程,获得在空气、极性溶剂和高温下稳定的钙钛矿纳米晶。在液滴流微反应器的基础上,通过模块升级搭建具有在线检测功能与远程控制功能的微反应系统,并围绕铋基卤化钙钛矿的制备展开初步探究。

本书可供化学工程与材料科学领域的高等院校师生和科研院所研究人员及相关技术人员阅读参考。

**图书在版编目(CIP)数据**

微反应系统内无机卤化钙钛矿纳米晶的制备研究 / 耿宇昊著. -- 北京 : 清华大学出版社, 2025. 4. -- (清华大学优秀博士学位论文丛书). -- ISBN 978-7-302-68933-1

Ⅰ. TB383

中国国家版本馆 CIP 数据核字第 2025H4X336 号

责任编辑:孙亚楠
封面设计:傅瑞学
责任校对:薄军霞
责任印制:丛怀宇

出版发行:清华大学出版社
　　　　网　　　址:https://www.tup.com.cn, https://www.wqxuetang.com
　　　　地　　　址:北京清华大学学研大厦 A 座　　邮　　编:100084
　　　　社 总 机:010-83470000　　　　　　　　　邮　　购:010-62786544
　　　　投稿与读者服务:010-62776969, c-service@tup.tsinghua.edu.cn
　　　　质量反馈:010-62772015, zhiliang@tup.tsinghua.edu.cn
印 装 者:三河市东方印刷有限公司
经　　销:全国新华书店
开　　本:155mm×235mm　　印　　张:13.25　　插　　页:6　字　　数:203 千字
版　　次:2025 年 6 月第 1 版　　　　　　　　印　　次:2025 年 6 月第 1 次印刷
定　　价:99.00 元

产品编号:102291-01

# 一流博士生教育
# 体现一流大学人才培养的高度（代丛书序）<sup>①</sup>

人才培养是大学的根本任务。只有培养出一流人才的高校，才能够成为世界一流大学。本科教育是培养一流人才最重要的基础，是一流大学的底色，体现了学校的传统和特色。博士生教育是学历教育的最高层次，体现出一所大学人才培养的高度，代表着一个国家的人才培养水平。清华大学正在全面推进综合改革，深化教育教学改革，探索建立完善的博士生选拔培养机制，不断提升博士生培养质量。

## 学术精神的培养是博士生教育的根本

学术精神是大学精神的重要组成部分，是学者与学术群体在学术活动中坚守的价值准则。大学对学术精神的追求，反映了一所大学对学术的重视、对真理的热爱和对功利性目标的摒弃。博士生教育要培养有志于追求学术的人，其根本在于学术精神的培养。

无论古今中外，博士这一称号都和学问、学术紧密联系在一起，和知识探索密切相关。我国的博士一词起源于 2000 多年前的战国时期，是一种学官名。博士任职者负责保管文献档案、编撰著述，须知识渊博并负有传授学问的职责。东汉学者应劭在《汉官仪》中写道："博者，通博古今；士者，辩于然否。"后来，人们逐渐把精通某种职业的专门人才称为博士。博士作为一种学位，最早产生于 12 世纪，最初它是加入教师行会的一种资格证书。19 世纪初，德国柏林大学成立，其哲学院取代了以往神学院在大学中的地位，在大学发展的历史上首次产生了由哲学院授予的哲学博士学位，并赋予了哲学博士深层次的教育内涵，即推崇学术自由、创造新知识。哲学博士的设立标志着现代博士生教育的开端，博士则被定义为

① 本文首发于《光明日报》，2017 年 12 月 5 日。

独立从事学术研究、具备创造新知识能力的人，是学术精神的传承者和光大者。

博士生学习期间是培养学术精神最重要的阶段。博士生需要接受严谨的学术训练，开展深入的学术研究，并通过发表学术论文、参与学术活动及博士论文答辩等环节，证明自身的学术能力。更重要的是，博士生要培养学术志趣，把对学术的热爱融入生命之中，把捍卫真理作为毕生的追求。博士生更要学会如何面对干扰和诱惑，远离功利，保持安静、从容的心态。学术精神，特别是其中所蕴含的科学理性精神、学术奉献精神，不仅对博士生未来的学术事业至关重要，对博士生一生的发展都大有裨益。

**独创性和批判性思维是博士生最重要的素质**

博士生需要具备很多素质，包括逻辑推理、言语表达、沟通协作等，但是最重要的素质是独创性和批判性思维。

学术重视传承，但更看重突破和创新。博士生作为学术事业的后备力量，要立志于追求独创性。独创意味着独立和创造，没有独立精神，往往很难产生创造性的成果。1929 年 6 月 3 日，在清华大学国学院导师王国维逝世二周年之际，国学院师生为纪念这位杰出的学者，募款修造"海宁王静安先生纪念碑"，同为国学院导师的陈寅恪先生撰写了碑铭，其中写道："先生之著述，或有时而不章；先生之学说，或有时而可商；惟此独立之精神，自由之思想，历千万祀，与天壤而同久，共三光而永光。"这是对于一位学者的极高评价。中国著名的史学家、文学家司马迁所讲的"究天人之际，通古今之变，成一家之言"也是强调要在古今贯通中形成自己独立的见解，并努力达到新的高度。博士生应该以"独立之精神、自由之思想"来要求自己，不断创造新的学术成果。

诺贝尔物理学奖获得者杨振宁先生曾在 20 世纪 80 年代初对到访纽约州立大学石溪分校的 90 多名中国学生、学者提出："独创性是科学工作者最重要的素质。"杨先生主张做研究的人一定要有独创的精神、独到的见解和独立研究的能力。在科技如此发达的今天，学术上的独创性变得越来越难，也愈加珍贵和重要。博士生要树立敢为天下先的志向，在独创性上下功夫，勇于挑战最前沿的科学问题。

批判性思维是一种遵循逻辑规则、不断质疑和反省的思维方式，具有批判性思维的人勇于挑战自己，敢于挑战权威。批判性思维的缺乏往往被认为是中国学生特有的弱项，也是我们在博士生培养方面存在的一个普遍问题。2001 年，美国卡内基基金会开展了一项"卡内基博士生教育创新计划"，针对博士生教育进行调研，并发布了研究报告。该报告指出：在美国和欧洲，培养学生保持批判而质疑的眼光看待自己、同行和导师的观点同样非常不容易，批判性思维的培养必须成为博士生培养项目的组成部分。

对于博士生而言，批判性思维的养成要从如何面对权威开始。为了鼓励学生质疑学术权威、挑战现有学术范式，培养学生的挑战精神和创新能力，清华大学在 2013 年发起"巅峰对话"，由学生自主邀请各学科领域具有国际影响力的学术大师与清华学生同台对话。该活动迄今已经举办了 21 期，先后邀请 17 位诺贝尔奖、3 位图灵奖、1 位菲尔兹奖获得者参与对话。诺贝尔化学奖得主巴里·夏普莱斯（Barry Sharpless）在 2013 年 11 月来清华参加"巅峰对话"时，对于清华学生的质疑精神印象深刻。他在接受媒体采访时谈道："清华的学生无所畏惧，请原谅我的措辞，但他们真的很有胆量。"这是我听到的对清华学生的最高评价，博士生就应该具备这样的勇气和能力。培养批判性思维更难的一层是要有勇气不断否定自己，有一种不断超越自己的精神。爱因斯坦说："在真理的认识方面，任何以权威自居的人，必将在上帝的嬉笑中垮台。"这句名言应该成为每一位从事学术研究的博士生的箴言。

## 提高博士生培养质量有赖于构建全方位的博士生教育体系

一流的博士生教育要有一流的教育理念，需要构建全方位的教育体系，把教育理念落实到博士生培养的各个环节中。

在博士生选拔方面，不能简单按考分录取，而是要侧重评价学术志趣和创新潜力。知识结构固然重要，但学术志趣和创新潜力更关键，考分不能完全反映学生的学术潜质。清华大学在经过多年试点探索的基础上，于 2016 年开始全面实行博士生招生"申请–审核"制，从原来的按照考试分数招收博士生，转变为按科研创新能力、专业学术潜质招收，并给予院系、学科、导师更大的自主权。《清华大学"申请–审核"制实施办法》明晰了导师和院系在考核、遴选和推荐上的权力和职责，同时确定了规范的流程及监管要求。

在博士生指导教师资格确认方面，不能论资排辈，要更看重教师的学术活力及研究工作的前沿性。博士生教育质量的提升关键在于教师，要让更多、更优秀的教师参与到博士生教育中来。清华大学从 2009 年开始探索将博士生导师评定权下放到各学位评定分委员会，允许评聘一部分优秀副教授担任博士生导师。近年来，学校在推进教师人事制度改革过程中，明确教研系列助理教授可以独立指导博士生，让富有创造活力的青年教师指导优秀的青年学生，师生相互促进、共同成长。

在促进博士生交流方面，要努力突破学科领域的界限，注重搭建跨学科的平台。跨学科交流是激发博士生学术创造力的重要途径，博士生要努力提升在交叉学科领域开展科研工作的能力。清华大学于 2014 年创办了"微沙龙"平台，同学们可以通过微信平台随时发布学术话题，寻觅学术伙伴。3 年来，博士生参与和发起"微沙龙"12 000 多场，参与博士生达 38 000 多人次。"微沙龙"促进了不同学科学生之间的思想碰撞，激发了同学们的学术志趣。清华于 2002 年创办了博士生论坛，论坛由同学自己组织，师生共同参与。博士生论坛持续举办了 500 期，开展了 18 000 多场学术报告，切实起到了师生互动、教学相长、学科交融、促进交流的作用。学校积极资助博士生到世界一流大学开展交流与合作研究，超过 60% 的博士生有海外访学经历。清华于 2011 年设立了发展中国家博士生项目，鼓励学生到发展中国家亲身体验和调研，在全球化背景下研究发展中国家的各类问题。

在博士学位评定方面，权力要进一步下放，学术判断应该由各领域的学者来负责。院系二级学术单位应该在评定博士论文水平上拥有更多的权力，也应担负更多的责任。清华大学从 2015 年开始把学位论文的评审职责授权给各学位评定分委员会，学位论文质量和学位评审过程主要由各学位分委员会进行把关，校学位委员会负责学位管理整体工作，负责制度建设和争议事项处理。

全面提高人才培养能力是建设世界一流大学的核心。博士生培养质量的提升是大学办学质量提升的重要标志。我们要高度重视、充分发挥博士生教育的战略性、引领性作用，面向世界、勇于进取，树立自信、保持特色，不断推动一流大学的人才培养迈向新的高度。

邱勇

清华大学校长

2017 年 12 月

# 丛书序二

　　以学术型人才培养为主的博士生教育，肩负着培养具有国际竞争力的高层次学术创新人才的重任，是国家发展战略的重要组成部分，是清华大学人才培养的重中之重。

　　作为首批设立研究生院的高校，清华大学自 20 世纪 80 年代初开始，立足国家和社会需要，结合校内实际情况，不断推动博士生教育改革。为了提供适宜博士生成长的学术环境，我校一方面不断地营造浓厚的学术氛围，一方面大力推动培养模式创新探索。我校从多年前就已开始运行一系列博士生培养专项基金和特色项目，激励博士生潜心学术、锐意创新，拓宽博士生的国际视野，倡导跨学科研究与交流，不断提升博士生培养质量。

　　博士生是最具创造力的学术研究新生力量，思维活跃，求真求实。他们在导师的指导下进入本领域研究前沿，吸取本领域最新的研究成果，拓宽人类的认知边界，不断取得创新性成果。这套优秀博士学位论文丛书，不仅是我校博士生研究工作前沿成果的体现，也是我校博士生学术精神传承和光大的体现。

　　这套丛书的每一篇论文均来自学校新近每年评选的校级优秀博士学位论文。为了鼓励创新，激励优秀的博士生脱颖而出，同时激励导师悉心指导，我校评选校级优秀博士学位论文已有 20 多年。评选出的优秀博士学位论文代表了我校各学科最优秀的博士学位论文的水平。为了传播优秀的博士学位论文成果，更好地推动学术交流与学科建设，促进博士生未来发展和成长，清华大学研究生院与清华大学出版社合作出版这些优秀的博士学位论文。

　　感谢清华大学出版社，悉心地为每位作者提供专业、细致的写作和出版指导，使这些博士论文以专著方式呈现在读者面前，促进了这些最新的优秀研究成果的快速广泛传播。相信本套丛书的出版可以为国内外各相关领域或交叉领域的在读研究生和科研人员提供有益的参考，为相关学科领域的发展和优秀科研成果的转化起到积极的推动作用。

感谢丛书作者的导师们。这些优秀的博士学位论文，从选题、研究到成文，离不开导师的精心指导。我校优秀的师生导学传统，成就了一项项优秀的研究成果，成就了一大批青年学者，也成就了清华的学术研究。感谢导师们为每篇论文精心撰写序言，帮助读者更好地理解论文。

感谢丛书的作者们。他们优秀的学术成果，连同鲜活的思想、创新的精神、严谨的学风，都为致力于学术研究的后来者树立了榜样。他们本着精益求精的精神，对论文进行了细致的修改完善，使之在具备科学性、前沿性的同时，更具系统性和可读性。

这套丛书涵盖清华众多学科，从论文的选题能够感受到作者们积极参与国家重大战略、社会发展问题、新兴产业创新等的研究热情，能够感受到作者们的国际视野和人文情怀。相信这些年轻作者们勇于承担学术创新重任的社会责任感能够感染和带动越来越多的博士生，将论文书写在祖国的大地上。

祝愿丛书的作者们、读者们和所有从事学术研究的同行们在未来的道路上坚持梦想，百折不挠！在服务国家、奉献社会和造福人类的事业中不断创新，做新时代的引领者。

相信每一位读者在阅读这一本本学术著作的时候，在吸取学术创新成果、享受学术之美的同时，能够将其中所蕴含的科学理性精神和学术奉献精神传播和发扬出去。

清华大学研究生院院长

2018 年 1 月 5 日

# 导师序言

　　作为耿宇昊的本科班主任和博士生导师，我很高兴能在正文开始之前向各位读者介绍这位优秀的学者和她的学术著作。耿宇昊于 2013 年考入清华大学化学工程系，2015 年正式加入我的课题组开展学术研究，2022年取得博士学位。从在微流控设备内制备简单的液滴到自主设计微反应系统合成性能优异的纳米材料，耿宇昊也从一位热忱懵懂的大学生成长为一位掌握着坚实的理论基础和化工专业知识，具备独立开展科研工作能力的博士。

　　这篇博士论文，《微反应系统内无机卤化钙钛矿纳米晶的制备研究》，以无机钙钛矿纳米晶为研究对象，以微反应系统为研究平台，发展了用于探究纳米晶生长机理、优化纳米晶稳定性能和实现纳米晶规模化制备的微反应技术。钙钛矿纳米晶体是一类尺寸在纳米尺度，表现出量子限域效应的半导体材料。由于其具有优异的光致发光与光电转换特性，在发光器件、太阳能电池、光电器件等领域备受关注，具有很好的产业化应用潜力。自 20 世纪 90 年代以来，微流控和微反应器技术被越来越多地应用到生物医药检测、精细化学品合成与先进材料制备等领域，具有传统釜式反应器无法比拟的优势。此前，本课题组长期从事微化工过程与多相微流控技术研究，致力于多相微分散体系的传递与反应过程基础及其应用研究，对多种类型的反应过程，如磺化、霍夫曼重排、环氧化、硝化等，在反应机理及反应特点等方面具有深入的理解和丰富的研究经验。先进技术与创新材料的结合，势必会带来引人瞩目的研究成果。

　　本论文的创新性成果主要体现在三个方面。在工艺创新方面，基于液滴流微反应器实现了无铅钙钛矿纳米晶的规模化制备。该微反应器平台对于高温热注入法和配体辅助再沉淀法均具有兼容性，并从铅基卤化钙钛矿的制备推广到无铅卤化钙钛矿的制备。该微反应器可实现高产率、多种卤素组成钙钛矿纳米晶的连续制备,为钙钛矿纳米晶的规模化制备提供了新方法。在性能优化方面,基于配体工程制备得到了本征稳定与环境稳定的钙钛矿纳米晶。针对最不稳定的铯铅碘钙钛矿纳米晶,使用双碱性配体协同的方式提升其稳定性。兼具高稳定性与优异光学性能的铅卤钙钛矿纳米晶被用于制备广色域的光致发光 LED 灯泡,为新一代 QLED 显示器的发展奠定了基础。在装置开发与机理探究方面,基于具有在线荧光检测功能的微反应系统探究纳米晶的生长规律,自主设计并搭建了具有原位检测功能与远程控制功能的微反应系统,可以检测到钙钛矿纳米晶秒级生长阶段的荧光光谱,并对纳米晶的快速生长规律给出解释。对揭示低对称性晶型的钙钛矿纳米晶生长机理、发展微反应系统的自动化与智能化做出了有效探索。

　　诚然,本论文中的研究工作并不止步于此,优秀的课题为团队中的其他研究生留下了进一步的探索空间。这个过程正体现了学术研究和团队工作的魅力——在代际的积累中不断拓宽认知的边界与应用的领域。最后,希望读者在翻阅此书的过程中也能有所收获,并享受充满未知与挑战的学术之旅。

徐建鸿<br>2023 年于清华园

# 摘　要

钙钛矿纳米晶是一种具有高量子产率、窄半峰宽、广发光色域的新型纳米材料，可应用于光伏器件与显示器件等领域，被视作将引发绿色能源革命的先进材料。其研究难点主要体现在规模化制备、稳定性提升、生长机理探究与低毒材料研究等方面，亟待研究者提出先进的合成方案。微反应系统具有高传质传热效率、连续化操作与本质安全的特性，适用于精细化学品与先进材料的合成。本书以无机钙钛矿纳米晶为研究对象，以微反应系统为研究平台，发展了用于探究纳米晶生长机理、优化纳米晶稳定性能和实现纳米晶规模化制备的微反应技术。

通过设计搭建液滴流微反应器平台，优化前驱体与配体用量，实现了铅基卤化钙钛矿纳米晶的高产率制备。将反应物前驱体浓度提高到文献水平的 3~116 倍，将配体与反应物的比例降低到传统热注入法的 2%~50%。通过在线调整反应温度和停留时间，精准控制 130 nL 液滴内纳米晶生长过程，深入研究了纳米晶体形貌和光致发光性质之间的构效关系。该工艺可灵活调整 $PbX_2$ 前驱体的比例，实现一次反应过程内制备全可见光谱（406~677 nm）发光的钙钛矿纳米晶。

通过配体工程，以 3-氨丙基三乙氧基硅烷（APTES）为碱性配体，获得在空气、极性溶剂和高温下稳定的钙钛矿纳米晶。由 APTES 自水解生成的 Si—O—Si 包裹的铅卤钙钛矿纳米晶表现出更长的荧光寿命和更高的量子产率。其中 $CsPbBr_3$@APTES 的量子产率可以稳定保持在 90% 以上。Si—O—Si 保护层还可以抑制 $CsPbBr_3$ 和 $CsPbI_3$ 之间的阴离子交换，保持纳米晶体发光的单色性。由具有高稳定性的钙钛矿纳米晶制备成的光致发光 QLED 色域可以达到 NTSC 色域标准的 140%。

在液滴流微反应器的基础上，通过模块升级搭建具有在线检测功能与远程控制功能的微反应系统，用于 $CsPbBr_3$ 纳米晶秒级生长过程荧光光谱的原位监测。由于量子限域效应与纳米晶体尺寸的非连续性增长，荧光峰存在特定的波段分布。该装置成功采集到尺寸为 2~9 个晶胞长度纳米晶体的荧光峰，最短可检测到 1.2 nm 晶粒的荧光波长，突破了配体辅助再沉淀法制备钙钛矿纳米晶的尺寸下限。该系统可用于快速构建纳米晶制备的操作区间，实现特定尺寸纳米晶的单峰生长调控。

最后，本书对铋基卤化钙钛矿的制备进行初步探究。通过搭建两相液滴流微反应装置，实现了 $Cs_3Bi_2Br_9$ 的连续制备。使用配体辅助再沉淀法制备的 $Cs_3Bi_2Br_9$ 胶体荧光发射峰在 431 nm 处，量子产率为 7.87%。

**关键词：**微反应系统；钙钛矿纳米晶；在线调控；配体工程；原位检测

# Abstract

Perovskite nanocrystals (PNCs) are a new type of nanomaterials with high photoluminescence quantum yield (PLQY), narrow half-peak width, and wide luminescence color gamut, which can be used in photovoltaic devices, display devices, and other fields. They are considered to be advanced materials that will trigger the green energy revolution. The research difficulties are mainly reflected in large-scale preparation, stability improvement, growth mechanism exploration, and low-toxicity material development. It is urgent for researchers to propose advanced synthetic processes. The micro-reaction systems have the characteristics of high mass transfer and heat transfer efficiency, continuous operation and intrinsic safety, which is suitable for the synthesis of fine chemicals and advanced materials. In this book, we develop a microreaction technology for exploring the growth mechanism of nanocrystals (NCs), optimizing the stability of nanocrystals and realizing the large-scale preparation of perovskite nanocrystals.

The high yield preparation of lead-based halide perovskite nanocrystals was achieved by building a droplet flow microreactor platform and optimizing the amount of precursors and ligands. The concentration of reactant precursor was increased to 3~116 times of the literature level, and the ratio of ligand to reactant was reduced to 2%~50% of the traditional hot-injection method. By adjusting the reaction temperature and residence time, the growth process of nanocrystals in 130 nL droplets was precisely controlled, and the structure-activity relationship between nanocrystal morphology and photoluminescence properties was deeply studied. The process could flexibly adjust the proportion of $PbX_2$ precursors to realize the preparation of perovskite NCs with the entire visible spectrum (406~677 nm) luminescence during one reaction process.

Based on ligand-engineering, cesium lead halide PNCs which are stable in air environment, polar solvents and high temperature by using 3-aminopropyl triethoxysilane (APTES) as basic ligand were obtained. Wrapped with Si—O—Si generated by APTES, the perovskite nanocrystals exhibited a longer fluorescence lifetime and higher quantum yield. Especially, the PLQY of $CsPbBr_3$@APTES could be stable at higher than 90% for more than 10 days. The Si—O—Si protective layer could also suppress the anion exchange between $CsPbBr_3$ and $CsPbI_3$ NCs, maintaining the monochromaticity of nanocrystal luminescence. Eventually, full-spectrum emitting QLED beads with robust nanocrystals were fabricated. The gamut of $CsPbX_3$@APTES encompassed 140% of the NTSC color gamut standard.

On the basis of the droplet-based microreactor, a microreaction system with online detection function and remote control function was built through module upgrade, which was used for in situ monitoring the fluorescence spectrum of $CsPbBr_3$ nanocrystal second-level growth process. Because of the quantum confinement effect and the discontinuous growth of the nanocrystal size, the fluorescence peak had a specific wavelength distribution. The device successfully collected the fluorescence peaks of nanocrystals with a size of 2~9 unit cell length. The shortest fluorescence wavelength of 1.2 nm NCs could be detected, breaking the lower limit of the size of PNCs prepared by ligand-assisted reprecipitation (LARP) method. The system could be used to rapidly construct the operating range for nanocrystal preparation and realize the single-peak growth of NCs of specific size.

Finally, the preparation of bismuth-based halide perovskites is preliminarily explored. The continuous preparation of $Cs_3Bi_2Br_9$ was realized by building a two-phase droplet flow microreaction device. The fluorescence emission peak of $Cs_3Bi_2Br_9$ colloids prepared by LARP method is at 431 nm, and the PLQY is 7.87%.

**Key words:** micro-reaction system; perovskite nanocrystals; on-line regulation; ligand-engineering; in situ detection

# 符号和缩略语说明

运算符号

| | |
|---|---|
| $a$ | 立方晶胞的晶胞常数，nm |
| $A_s$ | 标准样品吸光度 |
| $A_x$ | 待测样品吸光度 |
| $d$ | 晶面间距，Å |
| $\bar{d}$ | 纳米晶体平均粒径，nm |
| $D$ | 衍射环直径，1/nm |
| $d_i$ | 反应管内径，mm |
| $D_s$ | 标准样品荧光光谱积分面积 |
| $D_x$ | 待测样品荧光光谱积分面积 |
| $E_g$ | 带隙能量（bandgap energy） |
| $h$ | 普朗克常量 |
| $k_{nr}$ | 非辐射衰减速率，$ns^{-1}$ |
| $k_r$ | 辐射衰减速率，$ns^{-1}$ |
| $L$ | 反应管长度，cm |
| $n_s$ | 标准溶液折射率 |
| $n_x$ | 待测溶液折射率 |
| $Q_c$ | 连续相溶液流量，mL/min |
| $Q_d$ | 分散相溶液流量，mL/min |
| $r_A$ | A 离子半径，nm |
| $r_B$ | B 离子半径，nm |
| $r_X$ | X 离子半径，nm |
| $t$ | 容忍因子 |

| $V_A$ | A 离子体积，$nm^3$ |
|---|---|
| $V_B$ | B 离子体积，$nm^3$ |
| $V_X$ | X 离子体积，$nm^3$ |

单位

| a.u. | 任意单位（arbitrary unit） |
|---|---|

希腊字母

| $\delta$ | 晶粒尺寸标准偏差 |
|---|---|
| $\eta$ | 原子堆积率 |
| $\theta$ | X 射线或电子衍射角，° |
| $\lambda$ | 波长，nm |
| $\mu$ | 八面体因子 |
| $\nu$ | 发射光频率 |
| $\sigma$ | 多分散指数 PDI，% |
| $\tau$ | 纳米晶体荧光寿命，ns |
| $\tau_r$ | 辐射复合荧光寿命，ns |
| $\phi$ | 量子产率，% |

名词缩写

| APTES | 3-氨丙基三乙氧基硅烷 |
|---|---|
| | （3-aminopropyltriethoxysilane） |
| CIE | 国际照明委员会 |
| DMF | $N, N$-二甲基甲酰胺（$N, N$-dimethylformamide) |
| DMSO | 二甲基亚砜（dimethyl sulfoxide） |
| EDS | 能量色散谱（energy-dispersire spectroscopy） |
| FRET | 荧光共振能量转移（fluorescence resonance energy transfer） |
| FT-IR | 傅里叶变换红外（Fourier transform infrared） |
| FWHM | 荧光光谱半峰宽（full width at half maximum） |

| ICSD | 无机晶体结构数据库（inorganic crystal structure database） |
| LARP | 配体辅助再沉淀法（ligand-assisted reprecipitation） |
| LED | 发光二极管（light emitting diode） |
| NTSC | （美国）国家电视标准委员会（National Television Standards Committee） |
| OA | 油酸（oleic acid） |
| OAm | 油胺（oleylamine） |
| ODE | 1-十八烯（octadecene） |
| PC | 个人电脑（personal computer） |
| PDI | 多分散指数（polydispersion index） |
| PFPE | 全氟聚醚（perfluorinated polyether） |
| PL | 光致发光（photoluminescence） |
| PLQY | 光致发光量子产率（photoluminescence quantum yield） |
| PMMA | 聚甲基丙烯酸甲酯（poly-(methylmetacrylate)） |
| PTFE | 聚四氟乙烯（polytetrafluoroethylene） |
| QCE | 量子限域效应（quantum confinement effect） |
| SAED | 选区电子衍射（selected area electron diffraction） |
| TEM | 透射电子显微镜（transmission electron microscope） |
| TOP | 三正辛基膦（trioctylphosphine） |
| UV | 紫外光（ultra violet） |
| XPS | X 射线光电子能谱（X-ray photoelectron spectroscopy） |
| XRD | X 射线衍射图谱（X-ray diffraction patterns） |

# 目 录

# 第 1 章 引 言

## 1.1 研 究 背 景

钙钛矿（perovskite）是碱性盐中的副产物，同时也是地球上含量最丰富的矿物。最早由德国科学家 Gustav Rose 于 1839 年在俄国乌拉尔山的变质岩中发现，并将其命名为"perovskite"，以纪念俄国地质学家 A. Von Perovski。1926 年，"钙钛矿"首次被 Vitor Goldschmidt 用于命名一系列具有类似结构的晶体[1-2]。在钙钛矿被发现的第一个 90 年中，关于它的研究论文不超过 100 篇，而今却成为自然界约 5000 种矿物中最为人熟知的矿物之一[3]。如今，钙钛矿材料因具有独特的介电、压电及光电性质，在诸多领域都获得了广泛应用。在自然界中，钙钛矿主要以氧化物的形式存在，但也存在氟化物、氯化物、氢氧化物和砷化物等。人工合成的钙钛矿物质则依据其元素组成的不同，几乎可以覆盖整个元素周期表，如金属钙钛矿、有机-无机杂化钙钛矿、无金属钙钛矿甚至包含惰性气体元素的钙钛矿[4]。

过去十年内，卤化钙钛矿纳米材料的研究得到了飞速发展：第一，研究者对钙钛矿纳米晶结构的研究不断细化，对各类组成的钙钛矿晶体都有了明确的定义；第二，钙钛矿的制备与调控方法不断升级，已经可以借助多种策略合成多种维度与尺寸的钙钛矿纳米晶，对其维度和尺寸依赖的光学性质认识也更加深入，基于微化工概念与人工智能相结合的自动优化工艺更是加速了对钙钛矿合成路径与材料性能的探索[5-6]；第三，以钙钛矿纳米晶作为发光或光吸收材料的各类光电显示器件与光伏器件的性能在不断被刷新，甚至已有商业化的样机面世。钙钛矿作为近年来备受关注的新型半导体材料，在光伏、探测、显示、照明等众多领域具备广泛的应用前景，是当前最具潜力的光电材料之一[7]。

本书主要研究的钙钛矿亚群是 $ABX_3$ 型无机金属卤化钙钛矿，其中卤族元素占据 X 离子位。A 位为具有大离子半径的一价碱金属阳离子（最常见的是 $Cs^+$），B 位主要为 2 价阳离子（如 $Pb^{2+}$，$Sn^{2+}$ 等）。当 A 位离子被小的有机阳离子（如甲胺 $MA^+$ 或甲脒 $FA^+$）代替时，则被称为有机-无机杂化钙钛矿。1958 年，Møller 等首次报道了全无机钙钛矿的晶体结构[8]；1978 年，Weber 等又对有机铅卤钙钛矿材料进行了详细表征[9]。自 2014 年和 2015 年有机-无机杂化与全无机钙钛矿纳米晶体制备方法[10-11]被提出后，越来越多的研究者将目光投向了这种具有优异的光学性能与光电性能的纳米材料。在 Web of Science 核心合集收录标题中包含 "perovskite" 的文章数量，在 2015 年后以每年 1000 篇左右的数量在增长。截至 2022 年，红光与绿光的钙钛矿纳米晶均可以得到接近 100% 的量子产率，所制成的太阳能电池器件的光电转化效率已逼近 30%。其中，全无机钙钛矿纳米晶体由于其优异的光电性质和更高的稳定性而受到研究者的广泛关注。

对于反应特征时间为秒级的钙钛矿纳米晶来说，传统釜式热注入法操作复杂、产量低且配体使用量大，难以实现纳米晶的规模化生产。微反应器系统可以为此提出解决方案。微反应器概念源于 20 世纪 90 年代的微流控技术。由于其通道特征尺度微细化、低反应物持有量和模块化结构，具有多方面优势，在 2019 年的《全球工程前沿》中被评价为可实现化工过程高效和安全的变革性技术，适用于危险化学品与精细材料的合成[12]。因此，结合微反应技术发展高性能的钙钛矿纳米晶的制备工艺，设计规模化、智能化的钙钛矿纳米晶生产平台，对于发展新一代纳米材料合成工艺，推进钙钛矿纳米晶的器件化发展具有实际价值。相关研究工作对于发展具有我国自主知识产权的智能化微化工过程也具有战略性意义。

## 1.2　卤化钙钛矿纳米晶简介

金属卤化钙钛矿带隙处在可见光与红外光区域，主要应用于光伏器件与发光材料。但钙钛矿块体材料的发光效率并不高，不能满足激光、显示器等应用需求。与块体材料相比，钙钛矿纳米晶体具有明显的量子限域效应、高缺陷容忍度、高量子产率及窄半峰宽，在新型显示设备应用领域展现出很大潜力。卤化钙钛矿纳米晶体属于胶体半导体纳米晶体中的一类，这一类纳米晶体在形貌上呈现点状、棒状、片状或立方形，特征尺寸一般小于 20 nm，在三个维度上均呈现出量子限域效应，因而也被称为钙钛矿量子点（quantum dots, QDs）。由于"量子点"多用于形容具有量子限域效应的 0 维材料，因此在本书中仍使用"纳米晶体"来指代钙钛矿纳米材料。

## 1.2.1　卤化钙钛矿纳米晶的性质与结构

卤化钙钛矿纳米晶之所以受到研究者们的青睐，是由于以铅基卤化钙钛矿为代表的纳米晶材料体现出的优异性能，具体表现为广泛可调谐的发光波长、极窄的发光半峰宽（12~42 nm）、超高的量子产率（最高可接近 100%）和较高的激子结合能[13]。这些优异性能对应到钙钛矿纳米晶本身的结构特性，可概括为卤化钙钛矿的多卤素组成策略、直接带隙结构与高缺陷容忍度。多样化的卤素组成直接决定了钙钛矿纳米晶禁带宽度的多变（2.82~1.44 eV）和广泛的发射光谱宽度（400~700 nm），如图 1.1 所示。

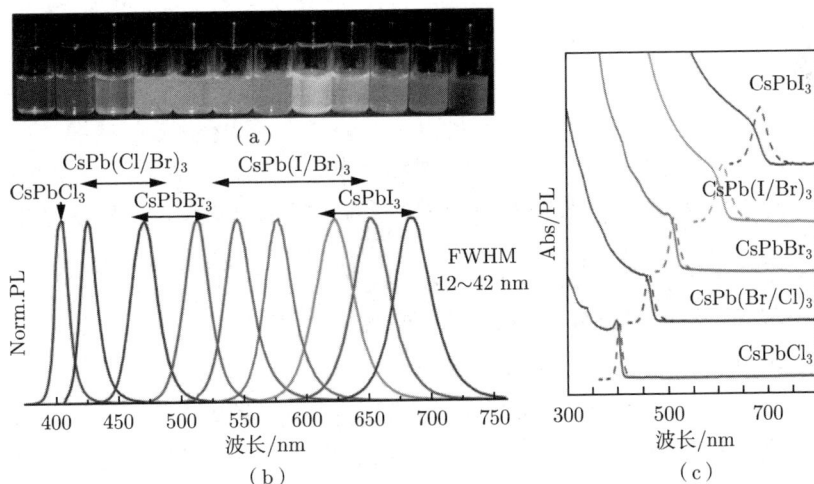

图 1.1　胶体 $CsPbX_3$ 展现出尺寸与组成依赖的禁带宽度与发光波长[11]

　　对于块体半导体而言，其导带和价带的能级处于连续状态。价带电子吸收光子后跃迁到导带，然后回落到价带并发射光子，如图 1.2（a）所示。当半导体的材料尺寸缩小到纳米级别时，原来连续的能带变成准分立的类分子能级[14]（图 1.2（b））。纳米晶的尺寸效应和量子约束效应使得半导体能级分裂加大，带隙加宽，其吸收光谱峰值波长及谱带向短波长区移动（蓝移）。吸收光谱峰值与发射光谱峰值之间的波长差被称为斯托克斯频移。

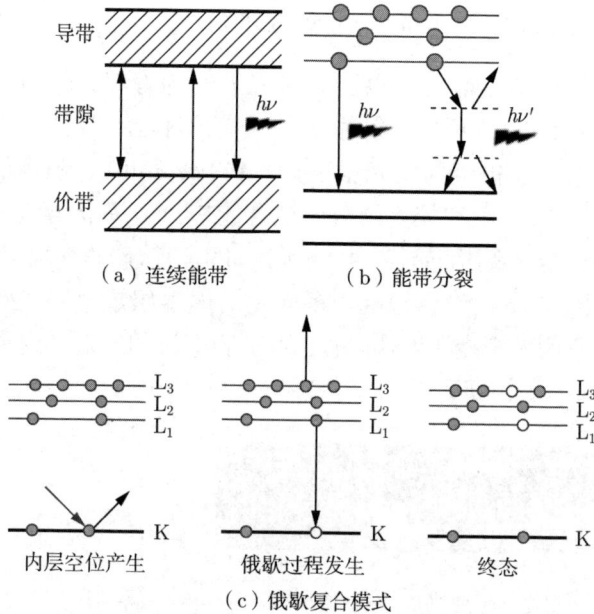

（a）连续能带　　　　　　　（b）能带分裂

内层空位产生　　　　　俄歇过程发生　　　　　终态

（c）俄歇复合模式

**图 1.2　半导体纳米晶体发光模式与俄歇复合模式示意图**

　　受激电子从激发态释放能量回到基态的过程被称为去活化的过程，按是否有光子发射可以分为辐射去活和非辐射去活[15]。其中，荧光发射就属于辐射去活过程，光生载流子（电子和空穴）直接复合放出光子，其他发光方式还包括表面缺陷态间接复合发光和杂质能级复合发光[14]。这几种发光过程互相竞争，当纳米晶体表面缺陷增多时，光生载流子一旦产生就被缺陷俘获，会显著降低纳米晶体的量子产率，进而降低输入能量的转化效率。为了增加纳米晶的量子产率，就需要尽量消除表面缺陷。

　　无辐射复合过程则包括多声子复合和俄歇复合（Auger recombination）等。俄歇效应 (Auger effect) 指在高能入射光子的作用下，原子内壳层上的输入电子被发射出来，在内壳层上出现空位。外壳层上高能态的电子向下跃迁填补低能态的空位，同时以发射光子或电子（称为俄歇电子，图 1.2（c））的形式向外释放能量。

铅基钙钛矿的高缺陷容忍度和直接带隙结构是这类半导体材料具有高量子产率的关键。传统的二元半导体晶体为了提高量子产率，需要形成类似于 CdSe/ZnS 的核壳型结构以达到钝化材料表面的目的[16]。而铅基卤化钙钛矿可以在没有核壳结构的包覆下达到 90% 以上的量子产率。材料的成键与反键性质是其缺陷容忍度高的原因。铅基卤化钙钛矿的价带最高点具有 X(3/4/5p)-Pb(6s) 的反键特性，导带源于 Pb(6p) 的自旋轨道效应。图 1.3（a）对比了缺陷不耐受与缺陷容忍半导体材料的能带结构。悬键本质上是非成键的，处于成键与反键状态之间。但铅基钙钛矿中的成键轨道不能形成价带（VB）和导带（CB）[17]，因而悬键所产生的陷阱位处于价带与导带的带隙之外，在带隙间不存在深阱态，使铅基钙钛矿体现出缺陷容忍的特性。直接带隙的结构取决于导带最小值与价带最大值的相对晶体动量，如图 1.3（b）所示，直接带隙和间接带隙有明显的区别。对于直接带隙材料，吸收和复合过程仅由光子引发，可保证高量子产率。相比之下，在间接带隙材料中存在声子辅助的过程，在跃迁过程中，辅助声子会转化成热能来降低量子产率[18]。

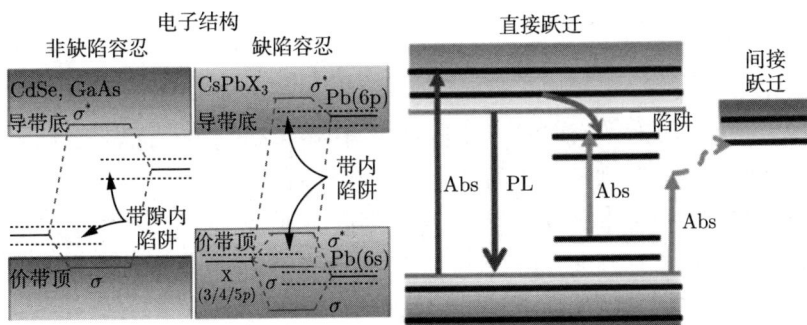

（a）缺陷容忍的能带结构（右）[2]　　（b）直接带隙与间接带隙示意图[18]

**图 1.3　CsPbX₃ 纳米晶的缺陷容忍与直接带隙结构示意图**

钙钛矿作为一类材料的统称，在铅基卤化钙钛矿外还包含多种元素组成的钙钛矿晶体。相较于经典的金属硫族纳米晶体，钙钛矿纳米晶体具有更高的离子特性[2]，因而晶格结构更加丰富多变。典型的钙钛矿化合物一般用通式 $ABX_3$ 表示，其晶格结构由角位共享的 $BX_6$ 八面体连接而成，A 原子处于 $BX_6$ 八面体之间。其中 A 原子与 12 个 X 原子配位，B 原子与 6 个 X 原子配位。对称性最高的钙钛矿为 $Pm\bar{3}m$ 立方晶系，如图 1.4（a）所示，也被认为是最主要的晶型。

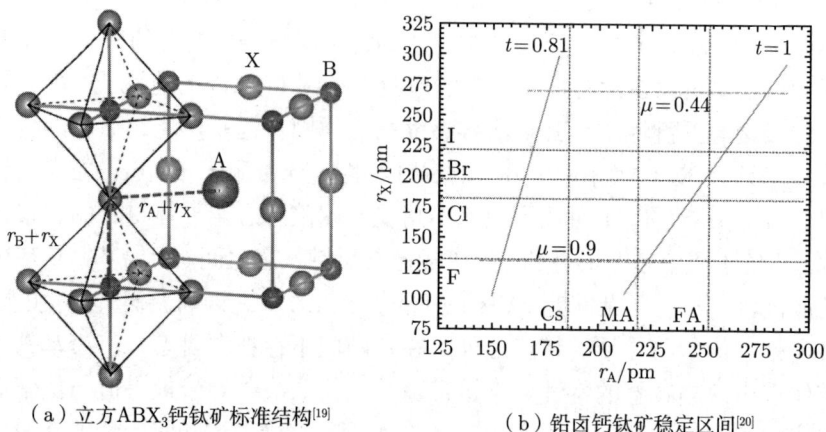

（a）立方ABX₃钙钛矿标准结构[19]      （b）铅卤钙钛矿稳定区间[20]

**图 1.4**    立方相钙钛矿结构与稳定性判据

为了判定不同原子所组成的钙钛矿晶体的稳定性，1926 年 Goldschmidt[21] 提出了容忍因子 $t$ 的判据：

$$t = \frac{r_A + r_X}{\sqrt{2}(r_B + r_X)} \tag{1.1}$$

其中，$r_A$、$r_B$、$r_X$ 分别为三种离子的离子半径。理想立方晶系钙钛矿的 $t = 1$，此时 A—X 和 B—X 的键长刚好等于 $r_A$ 与 $r_X$、$r_B$ 与 $r_X$ 之和。然而仅有容忍因子还不足以判断钙钛矿结构能否形成。为进一步细化 $ABX_3$ 型钙钛矿的稳定性判据，Li 等[22] 引入了 $(t, \mu)$ 构造图对卤化物钙钛矿的成形性进行了研究。其中 $\mu$ 为八面体因子，计算方式如下：

$$\mu = \frac{r_B}{r_X} \tag{1.2}$$

八面体因子是用于判断 $BX_6$ 八面体的稳定性参数。基于已有的卤化钙钛矿种类，他们总结出稳定卤化钙钛矿的参数区间为 $0.813 < t < 1.107$

和 $0.377 < \mu < 0.895$。对于铅卤钙钛矿，依据 $(t, \mu)$ 判据划出的稳定区间如图 1.4（b）所示。然而 $(t, \mu)$ 的参数区间只是 $ABX_3$ 型卤化钙钛矿成形性的必要不充分条件。于是 Sun 等[19] 于 2017 年又引入原子堆积率 $\eta$ 来预测钙钛矿的热稳定性，定义为当将晶体的组成原子视为刚性球后，单个晶胞内原子所占体积分数，计算方法如式(1.3):

$$\eta = \frac{V_A + V_B + 3V_X}{a^3} \tag{1.3}$$

其中，$V$ 表示各原子（离子）的体积，$a$ 为立方晶胞的晶胞常数。在引入原子堆积率后，对于两种钙钛矿之间相对稳定性的预测可以达到 90%。

　　虽然被人们所熟知的钙钛矿结构通式为 $ABX_3$，但并不代表以 $ABX_3$ 为化学式的晶体都是钙钛矿，也不表示化学式不是 $ABX_3$ 的晶体就一定不是钙钛矿。且由于晶格畸变，八面体畸变及有序存在的空位、有机阳离子和非金属离子簇等原因，大部分钙钛矿晶体的对称性会有所降低，转变成正交晶系或四方晶系等。为了清晰定义卤化钙钛矿的结构与分类，Akkerman 等[4] 在 2020 年针对卤化物钙钛矿的结构进行了详细的定义与说明。

　　卤化钙钛矿根据其组成与晶型的不同，可以分为无机金属卤化物钙钛矿（也称三元金属卤化物）、有机-无机杂化金属卤化物与 B 位卤化的反钙钛矿[4]。无机金属卤化物钙钛矿可以分为 $ABX_3$ 型钙钛矿及其他变体。一般情况下，$ABX_3$ 型钙钛矿的 A 位为大离子半径的一价碱金属离子，B 位为二价阳离子，X 为卤素离子，如图 1.5（a）所示。对于氟化钙钛矿而言，有时也会形成 A 位比 B 位具有更高氧化价态的逆钙钛矿（inverse perovskites）结构，如 $BaLiF_3$。这种情况仅发生在 A 位离子半径很大（如 $Ba^{2+}$ 和 $Sr^{2+}$）而 B 位离子半径很小（如 $Li^+$）的时候，此时 B 位离子只能与 $F^-$ 或 $H^-$ 形成八面体结构。当晶体中包含两种价态的阴离子（卤族和硫族阴离子）和一价阳离子时，则会形成化学式为 $A_3XY$ 的反钙钛矿（antiperovskites）结构，如图 1.5（b）所示。此时 A 位为一价阳离子，X、Y 则是两种阴离子，如 $Li_3OBr$ 和 $Ag_3SI$。纯无机重金属钙钛矿由于离子之间的尺寸差距，在常温下一般难以形成对称性最高的立方钙钛矿结构，而是呈现正交晶系（orthorhombic）或四方晶系（tetregonal）的结构，如图 1.5（c）所示。在这种结构下，虽然对称性有所降低，但钙钛矿的框架得以保留。其中一种典型的钙钛矿就是 $CsPbI_3$。已有研究表明，当温度从 370℃ 降低到 25℃ 时，$CsPbI_3$ 一共会经历四种晶型，分别是 α-$CsPbI_3$、β-$CsPbI_3$、γ-$CsPbI_3$ 和 δ-$CsPbI_3$[23]。其中只有 α-$CsPbI_3$ 是立方晶系，仅在 360℃ 以上的高温环境中存在。在 260℃ 会转晶成为空间群是 $P4/mbm$ 的 β-$CsPbI_3$ 晶型，在 175℃ 时则会转晶为空间群是 $Pbnm$ 的 γ-$CsPbI_3$。在 25℃ 下，钙钛矿结构彻底分解，变为黄色粉末 δ-$CsPbI_3$，空间群为 $Pnma$。

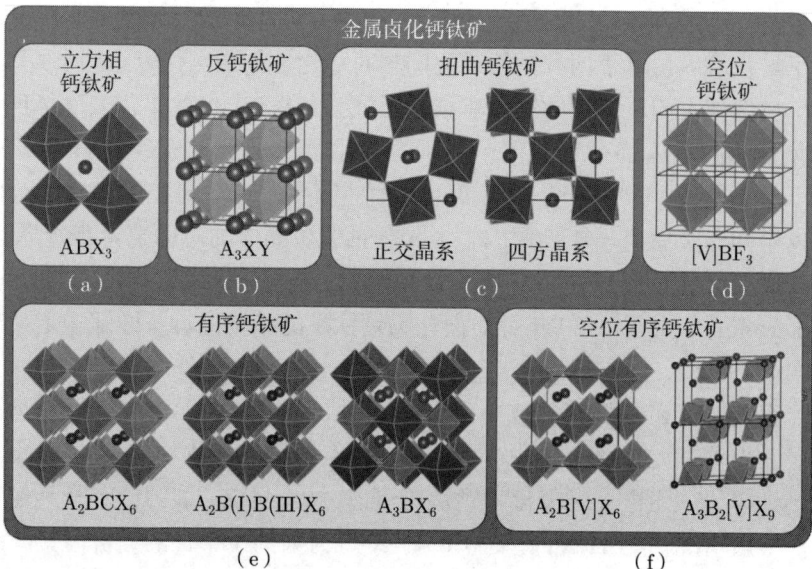

图 1.5　具有不同结构的无机金属卤化物钙钛矿[4]

无机金属卤化物钙钛矿的其他变体还包括 A 位空缺的 $BX_3$ 晶体，如图 1.5（d）所示，在卤化物中只有氟化物才有类似结构，如 $AlF_3$、$FeF_3$ 等。还有 B 位为多种价态的阳离子的双钙钛矿（double perovskites，图 1.5（e）），如 $Cs_2AgInCl_6$、$Cs_2AgBiBr_6$ 等，空间群为 $Fm\bar{3}m$。这种钙钛矿因具有更宽的发光带隙，而被作为无铅钙钛矿的研究对象。最后一种变体是空位有序的钙钛矿结构（vacancy ordered perovskites，图 1.5（f）），这种钙钛矿的部分 B 位阳离子被空位取代。最常见的是 $Cs_2BX_6$ 结构，一半 B 位为 4 价阳离子，另一半是空位，表现为 $Fm\bar{3}m$ 空间群，如 $Cs_2SnX_6$。还有一种 B 位为 3 价阳离子（$Bi^{3+}$、$Sb^{3+}$）的钙钛矿，阳离子与空位的比例是 2:1，化学式为 $A_3B_2[V]X_9$。这种钙钛矿材料的空位沿 (111) 平面排列，促使 $BX_6$ 八面体呈现二维排列方式。对于空位有序的钙钛矿结构，由于空位的比例过高，会降低材料的电导率，因此材料的性能也会受限。

有一些无机金属卤化物虽然具有与钙钛矿类似的化学式，但并不具有钙钛矿的标准结构（$BX_6$ 八面体通过共享角位互相连接，A 原子处在八面体之间）。这一类材料主要包含化学式为 $ABX_3$ 的后钙钛矿（post-perovskites），如 $\delta$-$CsPbI_3$、化学式为 $A_4BX_6$ 或 $AB_2X_5$ 的部分三元二价金属（如 $Sn^{2+}$，$Pb^{2+}$）的卤化物、有大尺寸阳离子的三元 Bi 基碘化物、形成四面体的过渡金属卤化物和非钙钛矿结构的层状金属卤化物等。以上卤化物部分因为 A 位离子尺寸太小或太大、超出了形成钙钛矿结构的容忍因子范围，部分不存在 $BX_6$ 八面体结构或者已经被命名为其他晶体类型（如层状金属卤化物也被称为 Ruddlesden-Popper 相），均不能被定义为钙钛矿结构。

卤化钙钛矿的第二大类就是有机-无机杂化卤化钙钛矿（hybrid organic-inorganic perovskites, HOIPs），有时也简称为"杂化钙钛矿"。杂化钙钛矿的 A 位被小的有机阳离子占据，一般为烷基胺阳离子（如甲胺 $MA^+$ 或甲脒 $FA^+$），B 位为大半径二价阳离子（如 $Pb^{2+}$、$Sn^{2+}$），如图 1.6（a）所示。但也并非所有的杂化卤化物都能形成钙钛矿的晶型，有一些卤化物（如 $FAPbI_3$）只在高温的条件下稳定，因此在室温条件下只能形成后钙钛矿相[23]。由于有机阳离子的各向异性，HOIPs 晶体的对称性会进一步降低。当 A 位阳离子的直径逐渐增大时，$ABX_3$ 型的杂化钙钛矿就会逐渐演变成为 $A_2BX_4$ 或 $ABX_4$（当有机阳离子拥有两个氨基基团时）杂化金属卤化物（图 1.6（b））。在这种情况下，正八面体就会被有机碳链分割成角位共享的层状结构，因此也只能被定义成"层状杂化有机-无机金属卤化物"。此外，还有一些金属卤化由大分子量的有机阳离子或多氨基基团的阳离子组成，就会形成由链状八面体（图 1.6（c））或完全独立的八面体（图 1.6（d））形成的金属卤化物（也被称为"1 维"或"0 维"有机钙钛矿），但实际上这两种结构也不应被称为钙钛矿结构。

总之，虽然金属卤化物的种类不断增加，但被定义为钙钛矿材料的晶体一般应具有如 $ABX_3$ 或与之等价的化学式和共享顶点的 $BX_6$ 八面体，除非有空位、有机小分子或无机团簇的存在，或可以形成反钙钛矿结构。随着围绕卤化钙钛矿纳米晶体展开的研究越来越多，研究者们更应该注意严谨地使用钙钛矿晶体的定义，仔细地辨析纳米晶体的结构。

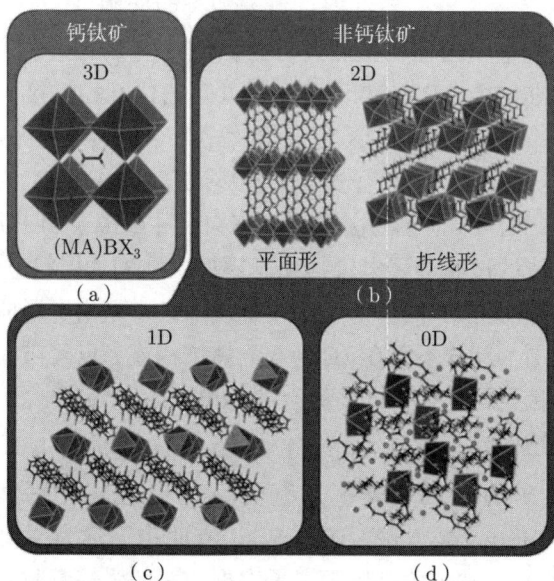

图 1.6    有机-无机杂化钙钛矿及非钙钛矿结构[4]

## 1.2.2    卤化钙钛矿纳米晶的釜式制备方法

钙钛矿材料发展如此迅速的原因之一是其简便多样的合成方式。相比于更坚硬、具有高度共价晶格的金属硫族纳米晶体，金属卤化钙钛矿则表现出更多的离子特性[2]。这种离子特性对金属卤化钙钛矿的合成与表面修饰产生了重要影响。传统量子点的制备需要升高反应温度来促进结晶过程。对于 CdS、PbS 和 InP 量子点，反应温度一般需要达到 100~350℃，对于 GaAs 量子点则可能需要高达 400℃。这些物质的前驱体还可能不耐空气、水分、高温或者难以制备。但对于金属卤化钙钛矿来说，由于其离子键的特性，在室温下就可以完成纳米晶体的制备，且原料来源广泛。

纳米材料的制备大多在烧杯或烧瓶中完成，也被称为釜式制备。金属卤化物钙钛矿纳米晶体的一步法制备可以分为高温法和室温法。高温法以热注入法（hot-injection）[11,24-25] 为代表，在几十到 200℃ 的温度范围内，将油酸铯前驱体注入卤化铅前驱体中。在配体的辅助下，Cs$^+$、Pb$^{2+}$ 和 X$^-$ 三种离子在数秒内会迅速成核生长成粒径为几纳米到十几纳米的晶体颗粒，然后需要将反应器浸泡在 0℃ 的冰水浴中终止晶体的生长，如图 1.7（a）所示。作为最经典的纳米晶体制备方式，热注入法为大多数研究者所使用，但需要对前驱体进行 N$_2$ 保护、高温除水等预处理操作，因此操作过程较为烦琐。也有研究者使用微波辅助（microwave-assisted）[26] 的方式（图 1.7（b）），对前驱体的混合物直接使用微波加热快速升温，并在不同的目标温度下获得了不同形貌的纳米晶体。微波辅助法的优点在于不需要对前驱体进行预处理或惰性气体保护，可以直接将前驱体混合后完成纳米晶体的制备。除此之外，Guo 等使用化学气相沉积（CVD）[27] 在 500℃ 以上制备得到微米级的钙钛矿晶体，应用于回音壁模式激光发射器的制备。

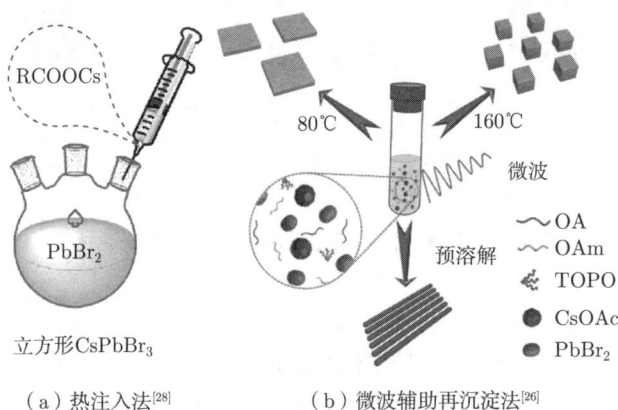

（a）热注入法[28]　　　　　（b）微波辅助再沉淀法[26]

**图 1.7　热注入法与微波辅助再沉淀法制备 CsPbBr$_3$ 钙钛矿纳米晶体**

在室温下就可以制备是钙钛矿纳米晶相对于其他纳米晶体的重要优势之一。最广泛使用的室温制备方法是配体辅助再沉淀法（ligand-assisted re-precipitation method, LARP），通过将前驱体离子的混合溶液迅速分散到不良溶剂中引起溶液过饱和度的变化，引发晶体爆炸性成核，最终生长成钙钛矿纳米晶体，如图 1.8所示。

配体辅助再沉淀法可用于制备全无机钙钛矿纳米晶体，如 CsPbX$_3$[29-30] 或 Cs$_3$Bi$_2$Br$_9$[31]，也可以用于有机-无机杂化钙钛矿纳米晶的制备[32-34]。钙钛矿结晶的过程可以被分为成核与生长两个阶段。晶体成核过程可以通过经典球形颗粒的均质成核理论[35]来描述，即在一定的过饱和度、过冷条件下，体系中直接形成晶核，也叫自发成核。晶体成核的热力学判据如式(1.4)：

$$\Delta G = 4\pi r^2 \gamma - \frac{4\pi r^3}{3Mr} RT \ln\left(\frac{S}{S_0}\right) \tag{1.4}$$

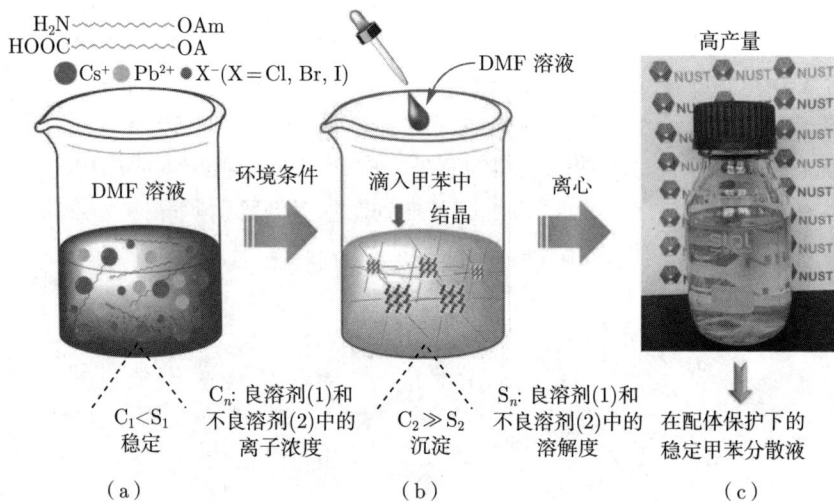

图 1.8    配体辅助再沉淀法制备钙钛矿纳米晶体[29]

其中，$\Delta G$ 是成核过程中体系吉布斯自由能的变化，$r$ 是晶核半径，$\gamma$ 是单位表面积的表面能，$M$ 是晶体的摩尔质量，$R$ 和 $T$ 分别是理想气体常数与温度。$S$ 是溶液浓度，$S_0$ 是溶质的溶解度，因而 $S/S_0$ 表示过饱和度。由式(1.4)可知，溶液的过饱和度越高，越有利于晶核的生成；而短时间内生成的晶核数量越多，纳米晶体的尺寸也会越小。在晶核形成后，前驱体会在晶核的表面继续聚集生长。晶体的生长过程可以使用边界层理论[35]进行描述：

$$\delta_c = D^{\frac{1}{3}} \eta^{\frac{1}{6}} \sqrt{\frac{x}{v_0}} \tag{1.5}$$

其中，$\delta_c$ 表示溶质的边界层厚度，$D$ 是溶质的扩散因子，$\eta$ 是溶液的黏滞系数，$x$ 是流体到晶体表面的距离，$v_0$ 是溶液的宏观流速。根据边界层理论，边界层的厚度决定了溶液到晶体表面的传质速度，从而影响晶体生长的速度。溶液流动速度越快，边界层越薄，从而有利于晶体的生长。这也是在配体辅助再沉淀法中常剧烈搅拌的原因。

其他的室温制备方法还包括超声波辅助法、阴阳离子反应法和球磨法等。Tong 等[36] 在 2016 年使用超声法直接促进碳酸铯、卤化铅在非质子化溶剂中反应 (图 1.9 (a))，制备成全光谱发光的 $CsPbX_3$ 纳米晶体。Xu 等[28] 在 2019 年使用阴阳离子反应法制备得到 $Cs_4PbBr_6$ 包裹的 $CsPbBr_3$ 纳米晶 (图 1.9 (b))，得到了具有优良光学性能的稳定纳米晶体。在室温法中，还有研究者选用无溶剂的球磨法 (ball milling) 制备钙钛矿纳米晶体[37-38]。利用机械化学的策略，将 CsBr 与 $PbBr_2$ 等前驱体加入球磨机研磨成黄色粉末，再加入油胺作为配体，粉末在紫外光的照射下就会发出明亮的绿色荧光 (图 1.9 (c))，同时规避了溶剂与高温的使用。

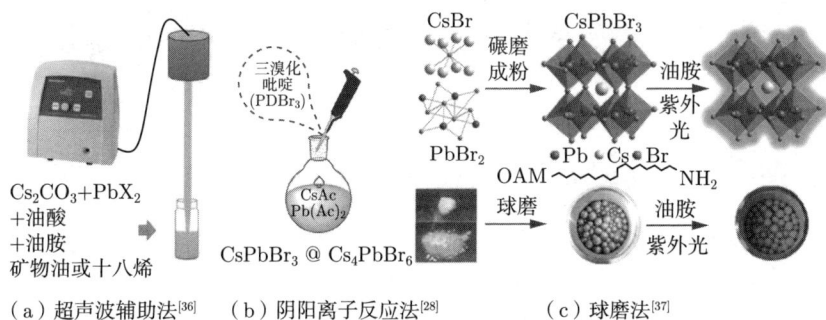

**图 1.9　其他室温下制备钙钛矿纳米晶体的方法**

除直接由前驱体一步法合成钙钛矿纳米晶体的途径外，还可以利用钙钛矿纳米晶体晶格易变和高离子迁移率的特性，对已合成的金属卤化物材料进行离子置换或晶格转变等后处理过程，如图 1.10所示。由于钙钛矿表面大量的卤素缺陷位点和卤素离子的高迁移率，阴离子置换[39-40]成为钙钛矿材料后处理的主要过程。通过向已有的 $CsPbBr_3$ 胶体溶液中加入 $ZnCl_2$ 或 $ZnI_2$，可以在不改变晶体结构的基础上调整钙钛矿纳米晶体的能带隙与发光波长，进而获得覆盖全可见光谱发光的纳米晶体，如图 1.10 (a) 所示。得益于铅卤钙钛矿晶格的高度可塑性，晶体中的阳离子也可以部分或全部被替换为其他阳离子，如 $Cs^+$ 可以与 $MA^+$、$FA^+$ 互相替换[41]，$Pb^{2+}$ 也可以部分或全部替换为 $Sn^{2+}$、$Cd^{2+}$、$Mn^{2+}$ 或

$Zn^{2+}$ [42-44]（图 1.10（b）和图 1.10（c））。例如，将 $Mn^{2+}$ 作为掺杂剂加入 $CsPbCl_3$ 中，可以将 $CsPbCl_3$ 发出的紫光调整为橘色荧光，并获得 58% 的量子产率[45]。

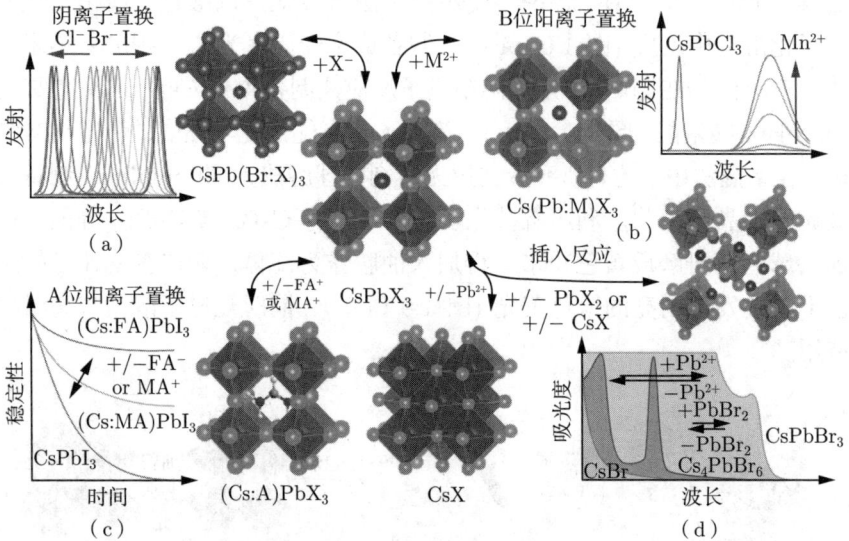

**图 1.10　铅卤钙钛矿纳米晶体后处理过程**[2]

通过插入或剥离离子或卤化金属盐，可以达到改变晶体结构的目的，实现 3 维钙钛矿和"0 维"材料之间的转变（图 1.10（d））。例如，借助配体从 $CsPbBr_3$ 中去除 $PbBr_2$ [46-47]，可以获得 $Cs_4PbBr_6$ 晶体。这种晶体在 1.2.1 节中曾被提及，该晶体虽然具有独立的 $[BrPb_6]^{4-}$ 八面体结构，但这些八面体不在钙钛矿晶相的结晶位置，而且 A 位阳离子处于两种不同的晶体点位，不能被称为钙钛矿晶体[4]，而被称为"0 维钙钛矿"。通过添加 $PbBr_2$ 或剥离 $CsBr$，$Cs_4PbBr_6$ 又可以转变回 $CsPbBr_3$。从 $CsPbBr_3$ 中进一步去除 $PbBr_2$，还可以获得 $CsBr$ 晶体。Akkerman 等[48]曾先在高温条件下制备 $Cs_4PbBr_6$ 材料，利用嵌入反应添加 $PbBr_2$，使 $Cs_4PbBr_6$ 相转变为 $CsPbBr_3$，提供了一种制备大尺寸（15 nm 以上）钙钛矿晶体的方法。但同样的策略在 $Cs_4PbI_6$ 转变为 $CsPbI_3$ 时，由于 I 系钙钛矿本征的不稳定性，纳米晶体会迅速淬灭。由于嵌入反应过程中晶体内出现了较多缺陷，因此通过这种方法合成的钙钛矿量子产率较低（最高仅为 26%）。Wu 等[49] 还借助水对卤化碱金属盐的高溶解度，在己烷-水的界面处洗去 $Cs_4PbBr_6$ 中的 CsBr，在有机相中留下具有高荧光亮度的 $CsPbBr_3$，其量子产率可以达到 75%。此外，Xie 等[50]还曾在 $Cs_4PbBr_6$ 相转变为 $CsPbBr_3$ 后，使用水相剥离方法从块体 $CsPbBr_3$ 材料中剥离出类 2 维的 $CsPbBr_3$ 纳米片。由于表面有充足的—OH 基团作为配体，因而使材料具备了本征防水的特性。

钙钛矿灵活的晶体结构使其拥有比其他传统纳米材料更多样的制备方法。其中，热注入法与配体辅助再沉淀法工艺成熟、操作简便，是研究者们在制备钙钛矿并进行应用探究时的优先选项。两步法是对钙钛矿制备方法的重要探索，但已有工艺得到的钙钛矿表面缺陷过多，若无后续修饰的过程，其量子产率始终低于一步法制备得到的纳米材料。

### 1.2.3　卤化钙钛矿纳米晶形貌与组成调控策略

由于卤化钙钛矿材料具有天然的各向异性及溶液加工的特点，钙钛矿纳米材料的形貌也具有广泛的调控区间。钙钛矿纳米晶按照形貌分类，可以分为纳米点、纳米棒、纳米线、纳米片、纳米立方体和超晶格结构[51-55]，如图 1.11（a）所示。在实际应用中，形貌和尺寸是影响纳米晶性能的重要因素，比如纳米晶的尺寸减小会使量子限域效应更加明显、二维纳米片具有偏振发光特性等。

除了 1.2.2 节最后提到的自上而下水相剥离法，晶体形貌调控更广泛的方法是自下而上地制备。自下而上的纳米晶形貌调控策略主要有三种：①通过调控温度改变纳米晶体的生长模式[26,56-57]；②通过调控反应时间获得不同反应阶段的纳米晶体[53,58]；③通过调整配体策略，如配体的种类和用量，诱导纳米晶的生长[59-60]。Akkermand 等[61]于 2016 年提出在室温下溶液法合成片状纳米晶的方法，通过向前驱体混合溶液中加入丙酮，触发晶体的成核和生长过程，并通过调整 HBr 的加入量，来控制纳米片的厚度，最终得到厚度为 3~5 层的纳米片。实验结果表明，纳米片在垂直方向上的限域效应更明显，表现为光致发光波长蓝移、半峰宽变窄、激子吸收增强及能带隙增加。但最终合成的 $CsPbBr_3$ 纳米片量子产率只有 31%，远低于同文献中立方晶体的量子产率 78%。这一方面是由于极大的比表面积使辐射复合发光过程对表面缺陷更加敏感，也有学者解释为较弱的介电屏蔽效应导致极化后的光子在缺陷处的散射难以被屏蔽[54]。Bekenstein 等[56] 于 2015 年在 90~200℃，通过调控退火温度与时间，获得了纳米线、纳米片和纳米立方体等各种类型的晶体。研究者认为是在低温条件下配体难以离开晶种表面，而让晶种呈现线性排列的方式；在高温条件下配体则可以引导晶种在多个维度上继续生长。且随着退火时间的延长，晶体的单分散性会有所提高，出现了类似于奥斯瓦尔德熟化的现象，其变化规律如图 1.11（b）所示。Zhang 等[57] 在微反应器中进一步验证了这种假设。

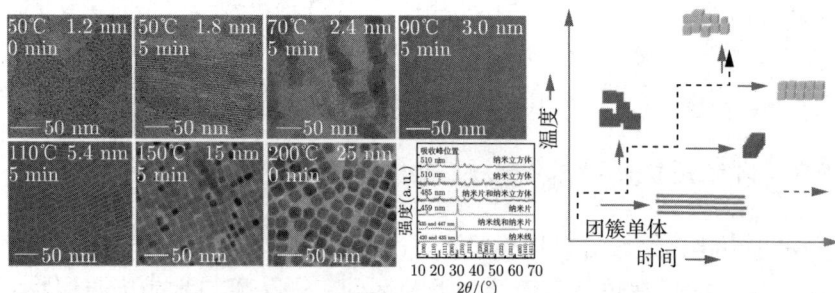

（a）不同形貌纳米晶体　　　　　　　（b）晶体形貌变化过程

**图 1.11　温度与时间依赖的纳米晶体形貌调控策略**[58]

在温度和反应时间调控的策略中，研究者们都不约而同地提到了配体在引导晶体生长过程中所起到的作用。实际上，有机配体是纳米材料合成与制备过程中的重要原料，在晶体的生长过程中起到活化前驱体、作为前驱体载体驱动晶体生长的作用；在晶体制备完成后起到稳定晶体结构和消除表面缺陷的作用[62-63]。配体一般由脂肪族羧酸和伯胺组成，Liang 等[59] 通过改变油酸（OA）和油胺（OAm）的配比，在 90℃ 下合成了点状、线状、片状和层状堆积的蓝色荧光纳米晶体，并对层状晶体的生长过程提出假设。OAm 作为盖帽剂（capping reagent）与 $PbBr_2$ 先形成层状结构，为钙钛矿纳米晶的生长提供软模板，最终沿着层状 $PbBr_2$ 生长成片状 $CsPbBr_3$。过量的油酸会结合在 $CsPbBr_3$ 的（001）晶面，因而（001）晶面的生长会慢于（100）和（010）晶面，进而形成片状结构，最终片状结构还会自组装形成超晶格结构。Sun 等[64] 曾在再沉淀法中用不同链长的配体得到不同形貌的钙钛矿纳米晶，并使用胶束转变机制来解释该现象，即在高于临界胶束浓度（CMC）时，酸碱配体在甲苯中的自组装受到疏水作用的支配，根据碳链长度和极性基团的不同组装成不同尺寸与形状的囊泡，最终生成不同形貌的晶体。

　　Almeida 等[63] 对脂肪族羧酸与伯胺组成的配体对在质子惰性溶剂中的作用进行了说明。首先在质子惰性的溶剂（如十八烯）中，羧酸与伯胺会结合生成羧酸氨基盐，并呈现如下平衡：

$$RNH_2 + R'COOH \longleftrightarrow RNH_3^+ \cdots COO^-R' \tag{1.6}$$

$PbBr_2$ 前驱体在非极性溶剂中的溶解是油酸与油胺共同作用的结果。在酸碱都过量时，溶解过程为

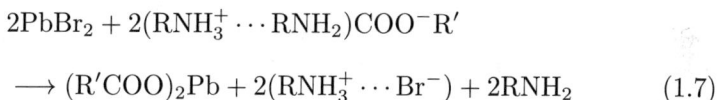

$$2PbBr_2 + 2(RNH_3^+ \cdots RNH_2)COO^-R'$$
$$\longrightarrow (R'COO)_2Pb + 2(RNH_3^+ \cdots Br^-) + 2RNH_2 \tag{1.7}$$

$CsPbBr_3$ 到 $Cs_4PbBr_6$ 的转变也是由配体对 $PbBr_2$ 的溶解造成的。当温度升高时，式 (1.6) 的平衡遵循列夏特勒原理出现逆向移动。温度高于某阈值后，$PbBr_2$ 就会析出，也会导致 $CsPbBr_3$ 到 $Cs_4PbBr_6$ 的转变。除此之外，$RNH_3^+$ 还会与 $Cs^+$ 竞争晶格位点，形成 $[RNH_3]_2[CsPbBr_3]_{n-1}PbBr_4$，$n$ 表示 $PbX_6$ 八面体沿厚度方向的个数。当增加 $[RNH_3]^+/[Cs^+]$ 的值时，更容易获得片状晶体。

　　综上所述，自下而上的卤化钙钛矿纳米晶的形貌调控过程是反应温度、生长时间与酸碱配体协同作用的结果，温度会改变酸碱配体的平衡与钙钛矿纳米晶的稳定晶型，配体的浓度与比例则会改变前驱体在溶剂中的溶解程度，最终实现多种形貌与晶型的调控。

　　钙钛矿纳米晶的组成调控的目的除提高晶体稳定性与光电性能之外，还包括发展无铅钙钛矿。虽然铅基卤化钙钛矿由于其优异的光学光电性能与便捷的制备方法得到了相当程度的研究与开发，但铅离子的毒性直接限制了铅基钙钛矿的商业发展，这在各国的电子信息产品管理办法中均有体现。2003 年，欧盟发布《有害物质限制指令》[65] 限制铅在电子电气设备中的固体组件占比不得超过 1000 ppm，中国 2016 年发布《电器电子产品有害物质限制使用管理办法》[66] 同样将铅及其化合物列入电器电子产品有害物质中。因此研究者们也在积极地寻找铅基卤化钙钛矿的替代策略，即发展具有高光电性能的无铅钙钛矿[67-69]。

图 1.12 中标记出了可作为 B 位铅替代离子的元素范围（底色涂满）与双钙钛矿的元素范围（角标记）。在选取 Pb 的替代元素时，仍可以从容忍因子（式 (1.1)）和八面体因子（式 (1.2)）出发，计算可能形成的钙钛矿纳米晶体的结构稳定性。单元素的替代一般会从与铅同主族的元素出发，如第 IV 主族的 Sn 和 Ge，或与 Pb 临近的元素，如第 V 主族的 Sb 和 Bi，或使用过渡金属，如 Mn 和 Cu，组成 $AB(II)X_3$、$A_2B(IV)X_6$ 或 $A_3B(III)_2X_9$ [34,70-72]。此外，还可以用多种价态的离子来占据 B 位，组成 $A_2B(I)B(III)X_6$、$A_4B(III)B(V)X_{12}$ 或 $A_4B(II)B(III)_2X_{12}$ 型钙钛矿[18,73-75]。

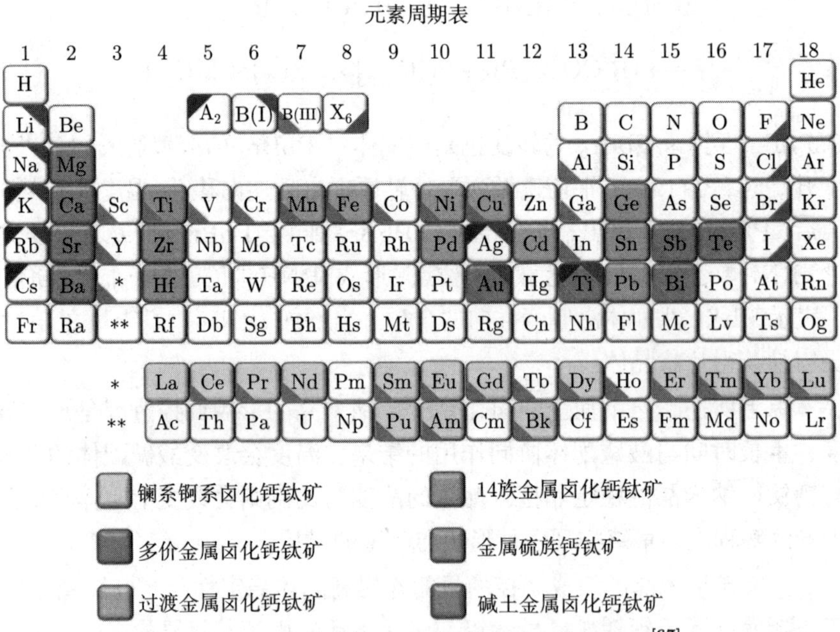

元素周期表

图 1.12    卤化钙钛矿中 B 位离子的选取范围[67]

Sn 与 Pb 同属于第 IV 主族，且由于镧系收缩的缘故，$Pb^{2+}$ 与 $Sn^{2+}$ 具有相近的离子半径（$r(Pb^{2+}) = 1.19$ Å，$r(Sn^{2+}) = 1.12$ Å）。而且 Sn 的毒性远小于 Pb，因而被视为 Pb 的最佳替代元素。但 $Sn^{2+}$ 容易被氧化为 +4 价，导致晶格内部较多的空位缺陷，会降低晶体辐射复合发光的比例。$CsSnBr_3$ 的单晶于 1974 年被合成[76]，纳米晶体于 2016 年被合成[77]。由于 $Sn^{2+}$ 的电负性更高，含 Sn 钙钛矿的发光光谱会红移，

$CsSnBr_3$ 的发射波长在 630~680 nm，全无机 $CsSnX_3$（X=I，Br，Cl）的发光范围可以从可见光覆盖到近红外光。Sn 基钙钛矿的缺陷形成能约为 250 meV，如此低的缺陷形成能也是 Sn 基钙钛矿高缺陷度的原因之一。Lyu 等[78] 使用明胶钝化并包裹 $CsSnCl_3$ 纳米晶体，为晶体表面提供了富配体环境，可以有效提升晶体的稳定性，在分散到水中 3 天后，仍能保持初始值 77% 的荧光强度。当然，抑制 $Sn^{2+}$ 氧化的尽头是直接使用 $Sn^{4+}$ 制备纳米晶体，Han 等[79] 报道使用水热法制备得到稳定 $Cs_2SnX_6$（X=I 或 Br）晶体（图 1.13），将其用于光子探测器，并获得了 673 nm 和 870 nm 的发光峰。

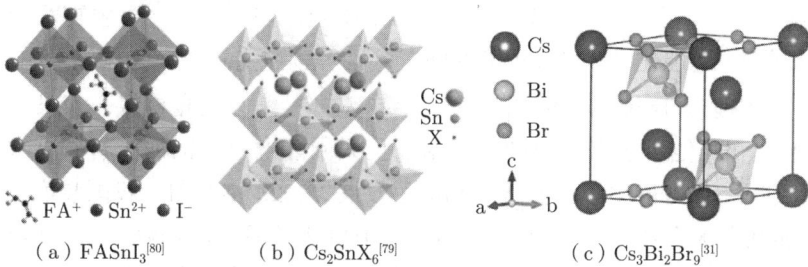

（a）$FASnI_3$[80] 　　　（b）$Cs_2SnX_6$[79] 　　　（c）$Cs_3Bi_2Br_9$[31]

图 1.13　Sn 基与 Bi 基钙钛矿的晶体结构图

铅基钙钛矿出色的光电性能很大程度上源于 $Pb^{2+}$ 离子 $6s^26p^0$ 的电子构型，由于 6s 惰性电子对效应，Pb 的稳定价态为 +2 价而非 +4 价。拥有类似电子层结构的还有第 Ⅲ 主族的 $Tl^{3+}$ 和第 V 主族的 $Bi^{3+}$。其中只有 $Bi^{3+}$ 的毒性较低，因而 Bi 也可以作为发展无铅钙钛矿的替代元素。除此之外，Bi 基钙钛矿也被认为是具有缺陷容忍度的钙钛矿晶体[81]。由于 $Bi^{3+}$ 为 +3 价，所形成的钙钛矿是由空位有序排列的 $A_3Bi_2X_9$ 结构，且表现出更高的稳定性[82]。2016 年，Leng 等[34] 率先合成了 $MA_3Bi_2Br_9$ 有机-无机杂化钙钛矿，并获得了 12% 的量子产率，远高于 Sn 基钙钛矿。进而，$MA_3Bi_2X_9$ 系列钙钛矿的发射峰可以在 360~540 nm 调整。该课题组又于 2018 年报道了在合成全无机 $Cs_3Bi_2Br_9$ 钙钛矿方面的进展[31]，发射波长为 410 nm 的 $Cs_3Bi_2Br_9$ 拥有 19.4% 的量子产率，高于发蓝光的 $CsPbCl_3$ 纳米晶体。$Cs_3Bi_2X_9$ 系列钙钛矿的发光范围覆盖 393~545 nm，可与 $CsPbX_3$ 在红光区的优秀发光性能互为补充，对蓝光 LED 的发展起到了重要推动作用。通过 BiOBr 对钙钛矿表面的钝化作用，可以进一步提高 Bi 基钙钛矿的稳定性。此外，$MA_3Bi_2X_9$ 系列钙钛矿也存在不同形貌的纳米晶体[83]，在此则不一一赘述。

总之，由于卤化钙钛矿晶体结构的多变性，$Pb^{2+}$ 离子的替代策略也十分丰富。本节只着重讲到了两种主要替代元素，也是笔者在实验研究过程中主要探究的两种元素。然而，铅基钙钛矿所特有的直接带隙结构、高缺陷容忍度、高激子结合能等优势，还有待于在无铅钙钛矿中继续探索。

### 1.2.4    卤化钙钛矿纳米晶的应用进展与挑战

过去十年，钙钛矿材料受益于自身优异的光学和光电性质，在光电探测器[84-87]、激光发生器[10,25,27,88]、LED 显示器[30,33,89-96]、生物荧光标记[97-101]、光催化[75,102] 与光伏器件[103-109] 等领域受到了广泛关注。

钙钛矿太阳能电池使用钙钛矿半导体材料作为吸光材料，与染料敏化电池和其他量子点电池同属于第三代太阳能电池，也称作新概念太阳能电池[110]。为推动能源低碳化和绿色发展，2020 年 9 月，我国政府在第75 届联合国大会上宣布中国力争在 2030 年前实现"碳达峰"，2060 年前实现"碳中和"。发展新能源、实现能源转型、降低化石能源消费、提高能源利用率、构建绿色低碳的能源体系是降低二氧化碳排放、实现"双碳"目标的重要举措。BP Energy 预计到 2060 年，70% 的电力将由清洁可再生能源供应。发展第三代太阳能电池已成为实现能源转型的重要组成部分。与现有太阳能电池技术相比，钙钛矿材料具有消光系数高、吸收光谱广、双极性载流子运输、开路电压高、结构简单及制备条件温和的特点。钙钛矿太阳能电池一般由透明电极、电子传输层、钙钛矿层、空穴传输层与金属电极五部分组成，如图 1.14所示。在接受光照时，钙钛矿层吸收光子产生电子-空穴对，未复合的电子和空穴分别被电子传输层和空穴传输层收集，最后通过连接 ITO 和金属电极的电路产生光电流。

2009 年，Kojima[112] 等将有机铅卤钙钛矿用于制备太阳能电池，并获得了 3.8% 的光电转换效率。2013 年，牛津大学 Snaith 课题组[113] 报道了使用有机金属卤化钙钛矿（$CH_3NH_3PbX_3$）作为吸光材料的全固态太阳能电池，获得了 10.9% 的光电转化效率，被 *Science* 期刊评价为 2013 年度世界十大科技进展之一。截至 2020 年，钙钛矿太阳能最高认证光电转化效率达到了 25.7%，钙钛矿/硅叠层太阳能电池最高认证光电转化效率高达 29.8%[114]。近十年，中国研究者在钙钛矿太阳能电池领域做出了重要贡献，在某些指标上处于国际领先地位。如中国纳纤光电的钙钛矿光伏组件最高认证稳态效率达 21.4% / 19.32 $cm^2$，在实验室阶段，南京大学谭海仁团队[115] 获得了 24.2% 的钙钛矿/钙钛矿叠层太阳能电池光电转化效率（1.05 $cm^2$）。此外，中国南方科技大学何祝兵团队[116] 也在锡基钙钛矿太阳能电池的开发中获得了 14.81% 的光电转化效率。

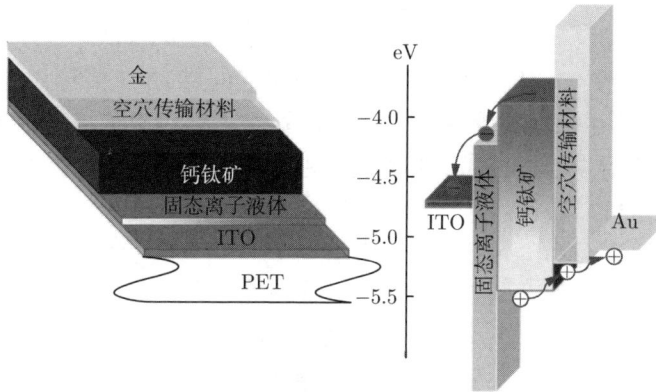

（a）钙钛矿太阳能电池结构示意图（左）和能级结构图（右）

（b）钙钛矿太阳能电池截面SEM图

**图 1.14　钙钛矿太阳能电池示意图**[111]

钙钛矿纳米晶的第二大热门应用是在显示器件领域。20 世纪 90 年代初，美国提出了"绿色照明"的概念，自 1998 年起，日本、美国、欧盟、中国和韩国等国家或组织相继提出了半导体照明工程[117]。钙钛矿纳米晶作为一种具有高量子产率、高色光纯度的光致发光半导体，是用于开发节能显示与照明器件的新起之秀。钙钛矿发光器件的设计思路与太阳能电池相反。太阳能电池多选用钙钛矿单晶或薄膜材料，而发光器件则需要利用具有量子限域效应的钙钛矿纳米晶体。钙钛矿纳米晶体除了具有高载流子迁移率、长激子扩散长度、带隙可调等优势外，在纳米尺度的限域结构内，钙钛矿纳米晶体的激子结合能会提高，抑制激子分离，有助于提高激子辐射复合发光的比例，进而提高量子产率，因此可用于发光二极管（light-emitting diode, LED）器件的制备[118]。Zheng 等[119] 于 2015 年报道 $MAPbBr_3$ 纳米晶体的激子结合能是 0.32 eV，是体单晶材料（0.084 eV）的 3.8 倍，将量子产率从体单晶的 0.1% 提高到 17%。也有研究表明，当激子被限制在二维空间内时，可以将激子结合能提升至体相材料的四倍。通过近几年的发展，钙钛矿纳米晶的量子产率早已超过 90%，甚至可以获得接近 100% 的量子产率[120]。钙钛矿 LED 器件根据激发方式可以分为电致发光（图 1.15（a））与光致发光（图 1.15（b））两种。

电致发光钙钛矿二极管具有类似"三明治"的结构，由电极、空穴传输层、电子传输层和钙钛矿发光层组成。空穴传输层和电子传输层位于钙钛矿层的下方和上方，电子和空穴经过传输层注入钙钛矿层进行辐射复合，从而实现电致发光。外量子效率（external quantum efficiencies, EQEs）定义为单位时间内平面内发出的光子数与注入的电子-空穴对的比值，是衡量 LED 器件发光效率的重要参数。截至 2022 年，近红外、绿光、蓝光和白光 LED 的最高 EQEs 记录分别为 21.6%[93]、23.4%[121]、12.8%[122] 和 12.2%[123]。光致发光器件是利用钙钛矿下转换发光的特性，将由短波长激发的钙钛矿纳米晶体封装在 LED 芯片上，利用 LED 芯片的光激发钙钛矿材料，从而获得不同颜色的荧光。使用量子点强化膜和量子点彩色滤光片的 QLED 显示器的设计策略也是如此。

由于钙钛矿纳米晶的发光范围广，发光光谱窄，因此发光纯度也更高。使用钙钛矿纳米晶体制备得到的 LED 发光范围可以完全覆盖美国电视标准委员会（National Television Standards Committee，NTSC）标准，如图 1.16 所示，市场中已有的 QLED 显示器色域也基本达到了 120% sRGB。

综上，光伏器件与显示器件是钙钛矿材料最有应用前景的两大领域，

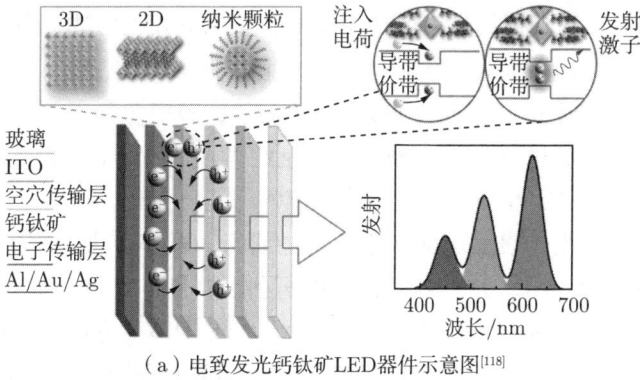

（a）电致发光钙钛矿LED器件示意图[118]

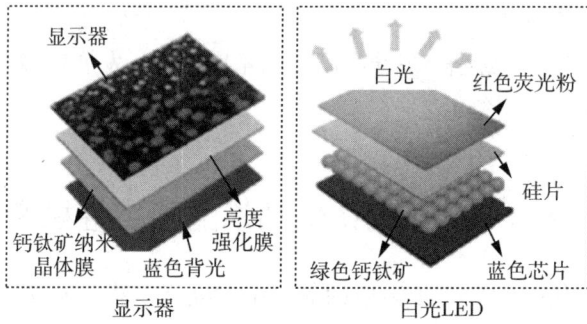

（b）光致发光钙钛矿LED器件示意图[92]

**图 1.15 钙钛矿发光器件示意图**

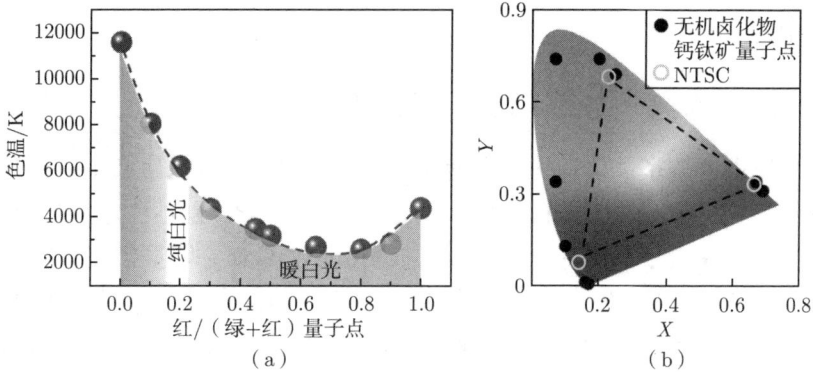

**图 1.16 铯铅卤钙钛矿 LED 色温与 CIE 色坐标[29]**

也吸引着越来越多的研究者们投身其中。钙钛矿太阳能电池的光电转化效率和 LED 器件的外量子效率、使用寿命等参数的纪录在不断被刷新。

钙钛矿材料距离真正投入市场使用还面临着以下几项挑战[124]：

（1）需要进一步对钙钛矿材料的光生载流子产生机理、电子/空穴运输机理等进行揭示，这对持续提升光伏器件的转换效率十分重要。

（2）钙钛矿材料本身不够稳定，制约其使用寿命的原因需要进一步分析，提升其稳定性的策略还亟待提出。

（3）纳米晶体表面配体作用机制的研究。配体一方面起到稳定和钝化纳米晶体的作用，另一方面长碳链不利于器件内的电荷迁移。在充分钝化纳米晶体表面的前提下，需要进一步降低配体对电荷迁移的阻碍。

（4）受制于各国政策对含铅电子电气设备的管制，亟需发展高性能的无铅钙钛矿材料。

（5）从绿色、经济、安全、高效的角度出发，发展环境友好的钙钛矿纳米晶体规模化制备工艺。

# 1.3　卤化钙钛矿纳米晶稳定性探究

金属卤化钙钛矿离子性质的晶格结构就像一把双刃剑，一方面赋予了卤化钙钛矿容易制备、性能优异的优势，让其在过去十余年间得到了众多关注；另一方面也因较差的稳定性而制约了钙钛矿纳米晶体材料的发展。正如 1.2.4 节最后所讲，钙钛矿稳定性的提升是钙钛矿材料发展过程中的一大挑战。

## 1.3.1　卤化钙钛矿纳米晶的不稳定性因素

脆弱的离子晶体结构与高度动态化的配体结合状态使钙钛矿具有晶体结构的不稳定性、界面引发的不稳定性和环境导致的不稳定性[20]。

首先是由于晶格的离子特性，金属卤化钙钛矿在不同温度下有不同的稳定晶型；当两种不同卤素组成的钙钛矿胶体混合时，离子置换的特性使钙钛矿纳米晶体荧光偏移从而失去单色性[125-126]。要形成钙钛矿晶体，首先应满足容忍因子和八面体因子规定的稳定区间。由于钙钛矿的形成能较低，易受环境中光照、氧气、热量的影响而分解。标准钙钛矿的结构（图 1.4（a））应该是高度对称的立方形晶体，但这种理想结构是最高温度相[127]。随着温度降低到室温，钙钛矿会发生晶型转变从而偏离立方结构。$CsPbI_3$ 从 360℃ 到室温，会经历 α，β，γ 和 δ 四种晶相的变化[23]，如图 1.17所示。其中 $δ-CsPbI_3$ 是黄色粉末，也被称为"黄相"，会彻底失去光致发光的特性。$CsPbBr_3$ 则会从 130℃ 开始从立方晶系转变为四方晶系，再于 88℃ 从四方晶系转变为正交晶系[8]。$CsPbCl_3$ 的三个相转变点分别是 47℃（从立方晶系到四方晶系）、42℃（从四方晶系到正交晶系）和 37℃（从正交晶系到单斜晶系）[128]。

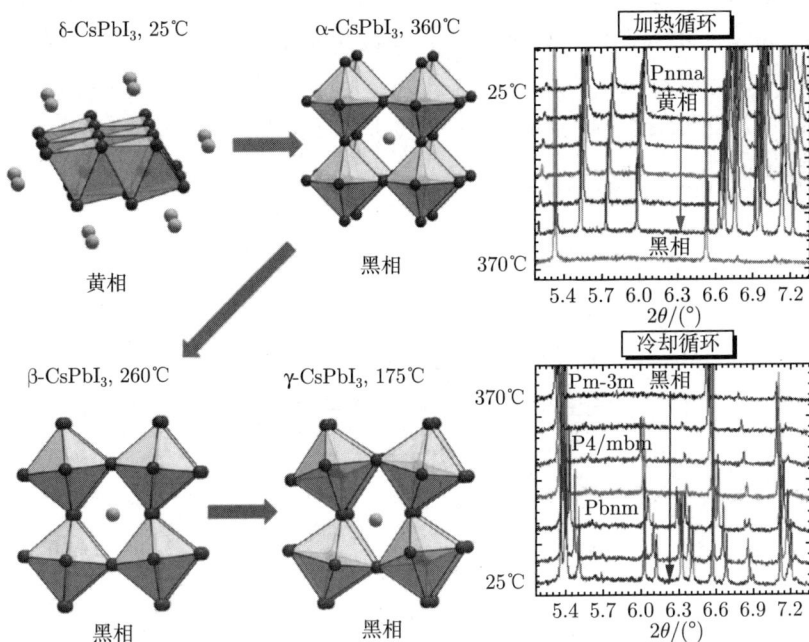

**图 1.17　$CsPbI_3$ 随温度变化的晶相转变过程**[23]

纳米晶体与体单晶的性质也略有不同，一方面极高的比表面积使纳米晶体更容易受到外界的影响[129]；另一方面因尺寸缩小而增大的表面能又有助于晶体维持形貌[130]。以 $CsPbI_3$ 晶体为例，体单晶只有在 300℃ 以上的高温才能保持立方晶系，但纳米尺寸的 $CsPbI_3$ 经过适当的处理后，在室温下也可以保持立方晶型[130]。相比于立方晶系，其他晶系中的正八面体都出现了一定角度的倾斜。引起正八面体倾斜的原因可以分为五类[131]：①Jahn-Teller 效应引起正八面体倾斜；②八面体中心的偏心位移效应；③小离子半径 A 位阳离子填充在连续的 $PbX_6$ 八面体框架中；

④存在混合阳离子 A、B 或空位的序列；⑤混合阴离子 X 或空位的序列。随着晶格的倾斜，晶体的光电特性也会发生变化；但晶格易变的特性也给钙钛矿纳米晶体带来了更大的调控空间。

其次是动态界面引发的不稳定性。卤化钙钛矿纳米晶作为一种离子晶体，与表面配体的相互作用也体现出离子特性。Roo 等[132] 于 2016 年揭示了 $CsPbBr_3$ 纳米晶体表面配体动态结合的特性。质子化的油胺结合油酸进入配体层，起到稳定纳米晶体作用的配体包括油胺、羧酸油胺与溴化油胺，如图 1.18（a）所示。但油酸与油胺配体并非紧密结合在纳米晶体表面，而是高度动态化的，在纯化的过程中很容易被溶剂洗去，进而引发纳米晶体的裂解，如图 1.18（b）所示。

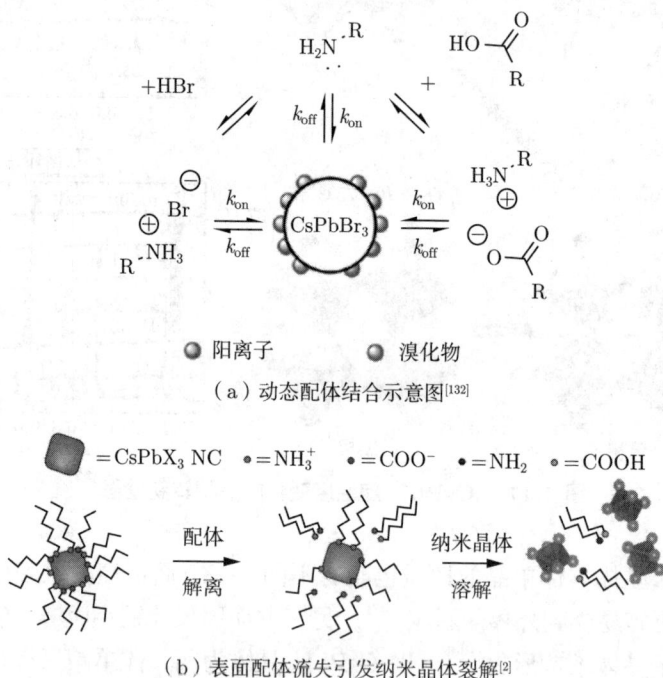

（a）动态配体结合示意图[132]

（b）表面配体流失引发纳米晶体裂解[2]

**图 1.18　动态界面导致的钙钛矿纳米晶不稳定性**

研究者使用扩散-有序核磁共振光谱（diffusion ordered NMR spectroscopy, DOSY）进一步表征了表面配体的扩散过程。扩散系数 $D$ 被定义为

$$D = \frac{k_B T}{f} \tag{1.8}$$

其中，$f$ 为摩擦因数，$k_B$ 为玻耳兹曼常数，$T$ 表示绝对温度。实验表明，溴化油胺在含 $CsPbBr_3$ 纳米晶体的分散液中 $D = 166 \pm 18\,\mu m^2/s$，这表示配体并非紧密结合在晶体的表面，而是在结合状态与自由状态之间动态转变。

　　最后是环境因素引发的不稳定性。这些环境因素包括光、氧气、水分和热量等。卤化钙钛矿纳米晶作为光伏器件中的吸光材料和 LED 中的发光材料，需要长时间暴露在光照的条件下。因此，光吸收效应（light-soaking effect）[133] 就成为光伏器件中的一种常见现象。Tian 等[134] 曾发现在氧气氛围下，持续的光照会对表面沉积 $MAPbBr_3$ 晶体的发光产生增益作用，同时会延长晶体的荧光寿命。对于钙钛矿纳米晶体而言，$MAPbBr_3$[135] 和 $CsPbBr_3$[136] 的光增强效应均有被证实。但在氮气氛围下，晶体的发光强度只会随着时间的推移而减弱[137]。Chen 等[138] 为光引发的 $CsPbBr_3$ 失稳过程提出了一种猜想：随着光照时间的延长，光生载流子扩散到 $CsPbBr_3$ 纳米晶表面被表面配体捕获，导致配体扩散到溶剂中。同时，处于自由态的配体结合在纳米晶表面引发晶体之间的聚并。由于盖帽剂的流逝，晶体表面陷阱位增多，导致了光学性能的折损，如图 1.19（a）所示。

　　虽然研究者们普遍认为处于基态的铅基卤化钙钛矿可以在干燥的氧气环境中保持长期稳定，且认为氧气对钙钛矿纳米晶体的发光强度具有增益作用，但光照条件下氧气的长期存在反而会加速钙钛矿纳米晶的分解[139-140]。光照氧化的过程如图 1.19（b）所示，氧气会先扩散到晶格中并填补缺陷位，在光照的条件下，导带和价带分别产生电子和空穴。光生载流子对氧气分子十分敏感，使氧气转变为超氧离子（$O_2^-$），进而引发 $MAPbI_3$ 的分解。

　　第三种引发钙钛矿纳米晶分解的环境因素是水分。由于钙钛矿纳米晶的离子特性，卤化钙钛矿对包括水在内的极性溶剂都表现出极大的不耐受性。氧气只会在光照的条件下引发卤化钙钛矿晶体分解，但水分即使在黑暗条件下也会破坏钙钛矿晶体的结构。目前研究者们对于 $MAPbI_3$ 在含水环境中的分解做出了较为具体的阐释[141]。水分子会先与 $MAPbI_3$

形成一水合物。在干燥环境中，这种一水合物的形成过程是可逆的。随着水合过程的发生，会逐渐生成二水合物。随着 $PbI_2$ 盐的析出，分解过程加速。二水合物最终分解为甲胺、HI 与 $PbI_2$。甲胺与 HI 均具有挥发性并可溶于水，最后会留下黄色的 $PbI_2$ 固体[142]。对于全无机钙钛矿的水合分解过程，目前还没有明确的说明，但可以确定的是水分会引发无机金属卤化钙钛矿的溶解与重结晶过程，并生成大尺寸的晶粒，伴随着量子产率的降低。

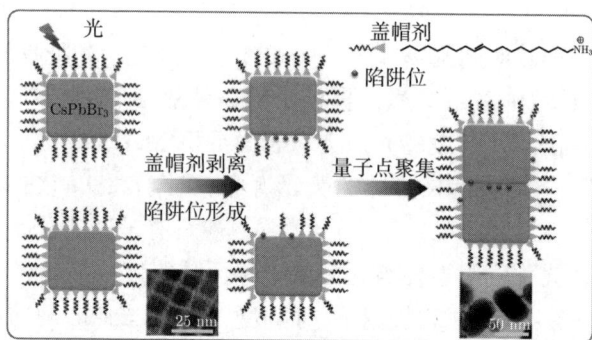

（a）光引发纳米晶体聚并[138]

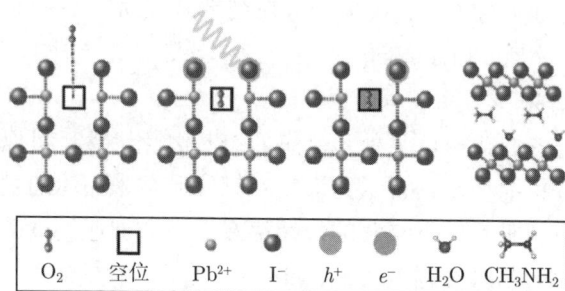

（b）氧气引发纳米晶体分解[139]

图 1.19　光与氧气引发的钙钛矿纳米晶不稳定性

　　热分解是导致钙钛矿不稳定性的最后一个因素。热重分析实验表明，有机-无机杂化钙钛矿的分解分两个步骤进行。首先是 HX 和 $CH_3NH_2$ 在 220~250℃ 的升华，然后在 500℃ 以后出现 $PbX_6$ 八面体的升华[143-144]。在热稳定性方面，全无机钙钛矿表现出比杂化钙钛矿更高的稳定性。$CsPbX_3$ 的热分解温度在 500℃ 以上[143]。虽然全无机钙钛矿与杂化钙钛矿都表现出一定的热稳定性，但在水分、氧气、光照等因素共同存在的条件下，升温会加速钙钛矿晶体的分解[145]。

除热分解外，已有理论和实验表明，半导体材料的禁带宽度和发光强度是温度依赖的，半导体材料禁带宽度随温度的变化率称为温度系数（temperature coefficient）。一般认为，温度对禁带宽度的影响来自于晶格的膨胀，以及激子与声子互相作用导致的有效质量变化[146]。体半导体的禁带-温度依赖关系用 Varshni 理论[147] 描述：

$$E_{\text{g}}(T) = E_{\text{g}}(0) - \frac{\alpha T^2}{T + \beta} \tag{1.9}$$

其中，$\alpha$ 表示能带收缩系数 $-\mathrm{d}E_{\text{g}}(T)/\mathrm{d}T$ 在 $T \to \infty$ 时的极限值，$\beta$ 是一个认为可比拟材料德拜（Deby）温度的参数[148]，$T$ 是热力学温度，$E_{\text{g}}(0)$ 是 $T = 0$ K 时的禁带宽度。

纳米晶体荧光发射强度随温度的变化用式(1.10)[149] 表示：

$$I_{\text{PL}} = \frac{I_0}{1 + A \exp\left(\dfrac{-E_a}{k_{\text{B}}T}\right) + B \exp\left(\dfrac{-E_b}{k_{\text{B}}T}\right)} \tag{1.10}$$

其中，$I_0$ 表示 $T=0$ K 时的荧光发射强度，$E_a$ 和 $E_b$ 是不同活化机制下的活化能。表示随着温度的升高，半导体材料的带隙会减小，发光红移，且峰强度会降低，半峰宽也会发生展宽。

综上所述，晶体结构的不稳定性、界面引发的不稳定性和环境导致的不稳定性都会对金属卤化钙钛矿的晶体结构与光学性质产生影响。解决钙钛矿纳米晶不稳定的问题，与优化纳米晶的光学性能在推动钙钛矿纳米晶走向应用领域的路上具有殊途同归的效果。

## 1.3.2　卤化钙钛矿纳米晶稳定性提升策略

近年来，研究者们在提升钙钛矿纳米晶的稳定性上倾注了大量心血，多种多样的稳定性提高策略也应运而生。Wei 等[20] 曾针对钙钛矿纳米晶不稳定的因素，整理总结了四类稳定性提升策略，如图 1.20所示，主要包括：

（1）通过组分掺杂，调整钙钛矿的晶体结构或组成，提高无机金属卤化物钙钛矿的内在稳定性。

（2）通过表面工程或配体工程，使用具有大位阻或强结合力的配体，一方面隔绝水与空气，另一方面提升配体与晶体表面的结合能力。

（3）使用有机物、氧化物或盐类作为基质封装钙钛矿纳米晶体，提升其对环境因素的抵抗性。

（4）对钙钛矿纳米晶制成的器件进行封装。

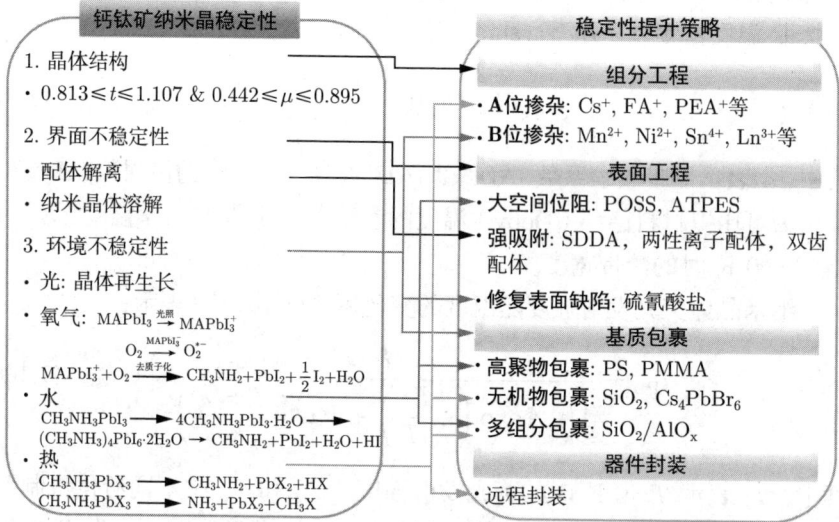

**图 1.20    钙钛矿纳米晶体不稳定因素及相应的解决方案[20]**

离子掺杂的方法曾在 1.2.2 节的最后作为两步法制备钙钛矿的方式展开，并说明离子掺杂可以达到调节发光光谱范围与提高纳米晶体量子产率的目的。本节着重介绍离子掺杂对钙钛矿稳定性提升的影响及效果。碘系钙钛矿的稳定性始终是太阳能电池应用方向亟需攻克的难题。碘化物钙钛矿的能带隙最小，几乎可以吸收全可见光谱内的光和紫外光，十分适合作为太阳能电池的光吸收材料。但由于 $I^-$ 的离子半径相比于 $Cs^+$ 过大，处于 $(t, \mu)$ 稳定区域的边界，在常温下很容易变成正交晶系或斜方晶系。Protesescu 等[41] 将少量 $FA^+$ 离子掺杂到 $CsPbI_3$ 中，组成 $FA_{0.1}Cs_{0.9}PbI_3$ 钙钛矿，使掺杂后的钙钛矿胶体分散液在六个月后仍可发射红光（图 1.21（a））。Wang 等[150] 使用二甲胺碘酸盐（DMAI）作为前驱体之一，辅助钙钛矿晶体的生长，并获得了 β-$CsPbI_3$ 晶体，并通过合适的退火方式除去了 DMAI，避免了 DMA 离子给光伏器件带来的负面影响（图 1.21（c））。Akkerman 等[151] 通过向 CsPbI$_3$ 中掺杂 Mn$^{2+}$，将常温下处于亚稳态的 α-CsPbI$_3$ 稳定了 1 个月之余（图 1.21（b）），而没有掺杂的 α-CsPbI$_3$ 在五天内就转变为 δ-CsPbI$_3$。

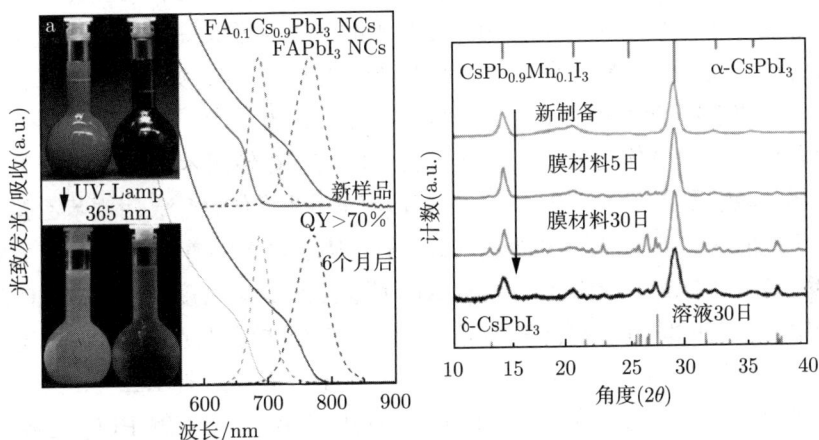

（a）FA$^+$掺杂的CsPbI$_3$[41]

（b）CsPb$_{0.9}$Mn$_{0.1}$I$_3$的XRD图谱[151]

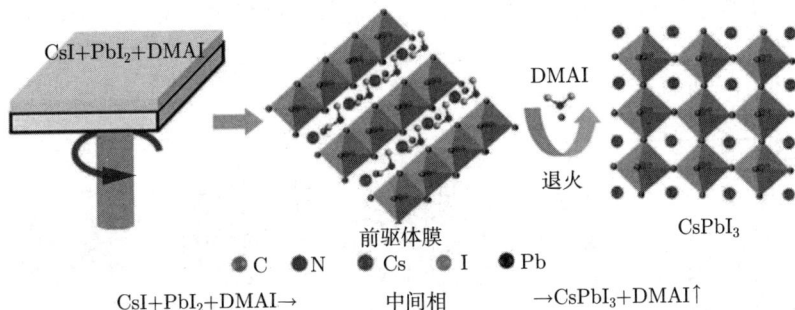

（c）DMAI辅助CsPbI$_3$晶体生长示意图[150]

图 1.21　组成改变提升 CsPbI$_3$ 稳定性的策略

钙钛矿纳米晶体的表面环境对其光学性能有重要影响，表面的缺陷会提高非辐射复合的比例，降低晶体的量子产率。由于纳米晶的巨大比表面积，缺陷对纳米晶体的影响会更大。尽管钙钛矿纳米晶具有较高的缺陷容忍度，但改良纳米晶体表面仍然会显著提升晶体的量子产率与稳定性[152]。Wang 等[153] 使用三氟醋酸铯作为铯源前驱体，让三氟醋酸根与 Pb$^{2+}$ 复合，修饰表面缺陷，保证电子与空穴流入晶体内部，提高辐射复合发光的比例。最终制成的 QLED 可以达到 250 h 的工作时长，是以 CsBr 作为前驱体制备得到的 CsPbBr$_3$ LED 的 17 倍。修饰表面缺陷的另一种方法是更换配体，比如将油胺配体更换为具有胺基基团的硅烷偶联剂氨丙基-3-乙氧基硅烷（APTES），在提供碱性配体的同时利用硅烷偶联剂水解生成 Si—O—Si 键的作用，在纳米晶体表面形成一层隔绝水分与氧气的保护膜，强化配体在晶体表面的结合能力[154-155]，如图 1.22（a）所示。被改性后的纳米晶体量子产率可以达到 90% 以上，并有效抑制了不同卤化物纳米晶体间的离子交换。也有研究者在使用苯乙胺（PEA）作为部分碱性配体合成 CsPbX$_3$（X=Br，I）纳米晶体之后，使用苯乙胺替换长链的油胺[156]。配体更换为 PEA 后，质子化作用增强，PEA 与表面的卤离子结合成为 PEABr 或 PEAI，降低表面缺陷密度。在器件化的过程中，长链配体具有更强的绝缘性，而短链配体可以促进器件内的电流迁移，使红光 LED 获得了 14.08% 的外量子效率，如图 1.22（b）所示。或者使用溶剂优化的策略，Liu 等[120] 使用 TOP 作为溶解 PbI$_2$ 的溶剂，提高 PbI$_2$ 前驱体在热注入法中的反应活性，进而提高 CsPbI$_3$ 晶格完整度，获得了绝对量子产率接近 100% 且能长时间稳定（30 天）的 CsPbI$_3$ 纳米晶体。

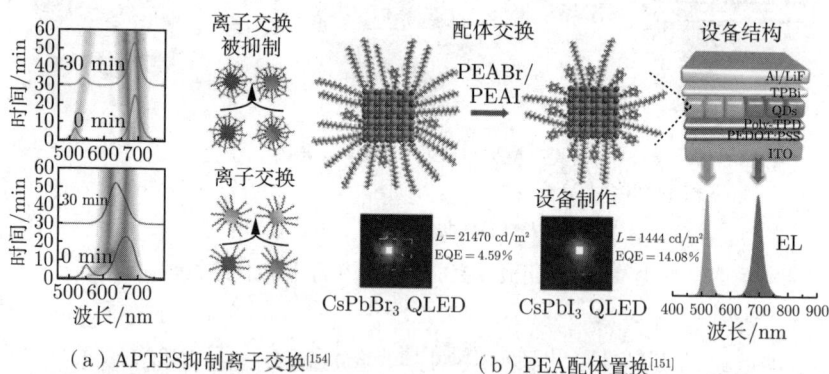

（a）APTES抑制离子交换[154]　　　　（b）PEA配体置换[151]

**图 1.22　配体工程提升金属卤化钙钛矿稳定性**

采用基质封装的方式可以十分有效地隔绝钙钛矿纳米晶体与外部的影响因素，使晶体具有更高的防水性。同时，聚合物还可以起到钝化作用，从而提升光致发光性能。且封装材料的选择范围十分广泛，包括高聚物[157-159]、氧化物[88,125,160-161]、盐类[28]、磷脂[97,162]和有机金属骨架[163]等。

　　Lu 等[158]率先提出了纺丝化学的概念，使铯铅卤前驱体在 PMMA 的甲苯溶剂中生长，外部包裹热塑性聚氨酯（TPU），一步法制备出防水、柔性的薄膜。钟海政课题组[159]于 2016 年报道了一步法将纳米晶体掺杂在聚合物基底中，获得光致发光与电致发光材料的方法。采用基质包裹的优势之一是增加了纳米晶体的间距，在提升纳米晶稳定性的同时，可以避免不同能带隙的纳米晶间发生荧光共振能量转移（FRET）[164]，用多种发光波长的纳米晶作为荧光探针与荧光编码[101]（图 1.23（a））。聚合物包裹具有优越的水稳定性，但耐热性欠佳，在加热后会导致材料的收缩或形变。而无机包裹材料具有更好的机械强度和耐热性。二氧化硅是一种常见的无机物包覆材料，Dirin 等[160]使用介孔二氧化硅作为钙钛矿晶体生长的模板（图 1.23（b）），得到了量子产率达到 50% 以上的 $CsPbBr_3$ 和 $CsPbBr_{0.25}I_{0.75}$ 粉末。Li 等[88]使用 3-巯丙基三甲基硅氧

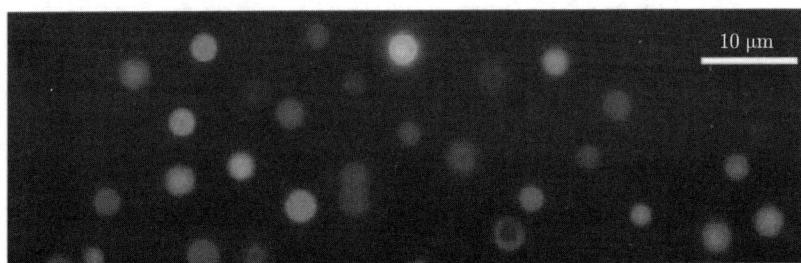

（a）PS包裹钙钛矿可用于荧光编码[101]

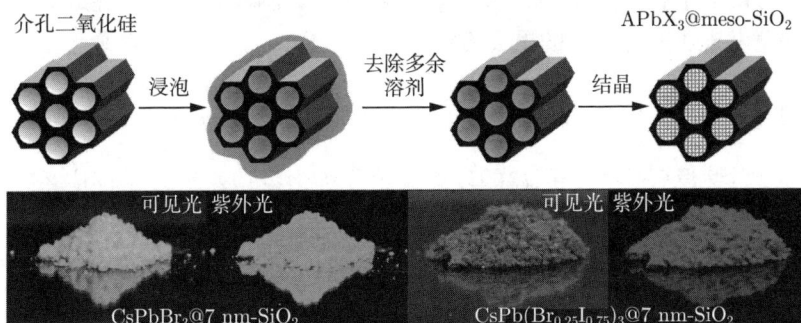

（b）介孔二氧化硅内生长钙钛矿提升纳米晶稳定性[160]

**图 1.23　基质封装提升金属卤化钙钛矿稳定性**

烷（MPTMS）后处理钙钛矿纳米晶（PNCs），MPTMS 与纳米晶表面会形成牢固的 Pb—S 键，通过水解作用使 MPTMS 在纳米晶表面交联形成 Si—O—Si 层，得到 PNCs@SiO$_2$-SH 纳米球。纳米球在分散在水中 13h 后仍能维持 80％的荧光强度。其他可形成二氧化硅的前驱体还包括正硅酸甲酯（TMOS）、正硅酸乙酯（TEOS）等。

综上所述，研究者在过去几年中开发了许多策略来克服钙钛矿纳米晶的弱稳定性问题，显著提高了 PNCs 的稳定性和相应的器件寿命。然而离商业应用的标准还很远，需要进一步稳定钙钛矿并防止其分解。在各种策略中，突出的光致发光特性可以通过成分或表面工程保持，但在使用致密的聚合物或无机物涂层之后，材料的导电性会有所降低。因此，获得的复合材料不再适用于光电器件。同时，尽管在提高钙钛矿纳米晶的水氧稳定性方面取得了巨大进展，但它们的热稳定性仍然有限。因此还需要发展能同时保证热稳定性与导电性的单分散致密的壳层材料。

# 1.4　基于微反应系统的钙钛矿纳米晶体制备

先进材料的规模化制备离不开合成工艺与技术的发展。微化工技术作为 20 世纪 90 年代提出的崭新技术，旨在通过化工装备的微（小）型化实现化工过程的安全、高效和绿色[165]，为化工学科的基础研究与工艺优化提出了全新的方向。由于具有操作连续可控、比表面积大、传递距离短、混合速度快、反应条件均一、反应过程安全高效等特点，微化工技术已成为化工学科的前沿方向和化工产业发展的制高点之一，更成为先进材料优化与规模化制备的重要方法。

## 1.4.1　微反应系统的组成与加工方法

以微型设备为核心构建的反应系统称为微反应系统。微反应系统主要由原料输送设备、微型设备、流体管道、传感器和在线分析设备组成。微型设备是微反应系统的核心组成部件，包括微换热器、微反应器、微混合器、微分散器、微传感器与微检测器等[165]。相比于管式反应器，微型设备内流体的混合和分散尺度要小 1~2 个数量级，尺寸在十微米到百微米之间，热质传递系数高 2~3 个数量级，具备灵活搭配与安装简便的特点，因此也被认为是"模块化"的反应系统。研究者与工程师可以独立完成微结构的设计、制造与装配过程，也可直接购买到市售的微型零件。

微型功能结构的制造方式通常可以分为减材制造与增材制造两种方式[166-168]。减材制造，顾名思义，通过去除基材中的部分材料，在原位留下微通道结构，加工方法包括微铣削、微电火花加工、激光刻蚀与平板刻蚀等。微铣削是通过数控雕刻机将绘制在设计软件中的图形直接雕刻在高聚物或金属基材上[169]（图 1.24（a））。微铣削加工的操作条件，如切削深度、进给速度、主轴转速、所选冷却剂的性质，以及铣刀的类型和尺寸都会影响微通道的尺寸和表面质量。微铣削的典型基材是聚甲基丙烯酸甲酯（PMMA），一种具有优异透明性和低成本的有机玻璃。PMMA 基板可以被铣削成直线、曲线、交错通道，甚至更复杂的 3D 微结构，如用于强化混合的特斯拉阀结构[16]。除有机基材外，用微立铣刀进行微铣削也可以制造金属材料的复杂三维结构。

微电火花加工（$\mu$-EDM）是在金属基材上加工微通道的优选方式，具有无边缘材料堆积的优点[170]。因此这种加工方式通常用于制造微通道模具，然后使用热压法在塑料基材上获得微通道结构。相比于传统的电火花加工，$\mu$-EDM 每次放电的能耗低于 $W_e = 100\,\mu J$，加工电机的最小直径也可以达到 0.02 mm，这种非接触式的加工方式使结构宽度不受限于电极直径，因此可以加工宽度小于 15 $\mu$m 的微型结构。此外，$\mu$-EDM 直接使用电流与热能对材料进行加工，因此材料的硬度对加工过程影响不大，可借用"软加工"的方式加工坚硬的基材[171]。

激光刻蚀具有加工精度高、热损伤区域小和加工速率高的特点，在微结构制造中有着广阔的运用前景，可用于加工透明材料[177]，如石英玻璃、硅酸盐玻璃等，也可用于加工四氟材料制备微筛孔[178]等微结构组件。通过平版印刷与反应刻蚀，Marre 等[173] 还发明了一种硅-玻璃复合的微反应器结构。首先在硅片上印刷出目标通道的结构，然后通过湿法或干法刻蚀的方式去除通道部分的硅材料，最后通过键合将耐高温的派热克斯玻璃与硅片结合。这种通道可以承受 30 MPa、400℃ 的反应条件，如图 1.24（b）所示。

增材制造方法指 3D 打印技术，又称快速成型技术。在 3D 打印中，数字模型可以通过对材料选择性的固化和沉积转变为实体模型，因此可以达到大规模设计定制的目的。传统的 3D 打印材料主要是聚合物，包括热塑性聚合物和光聚合物。为了保证微流控系统的透光性，Gal-Or 等[179]使用钙钠玻璃作为 3D 打印的材料，得到了可用于化学分析的具有良好光学性质的微流控通道。Li 等[35] 就使用 3D 打印的微反应通道（图 1.24（c））制备得到 $CH_3NH_3PbX_3$ 纳米晶体，获得了 76.9% 的量子产率。

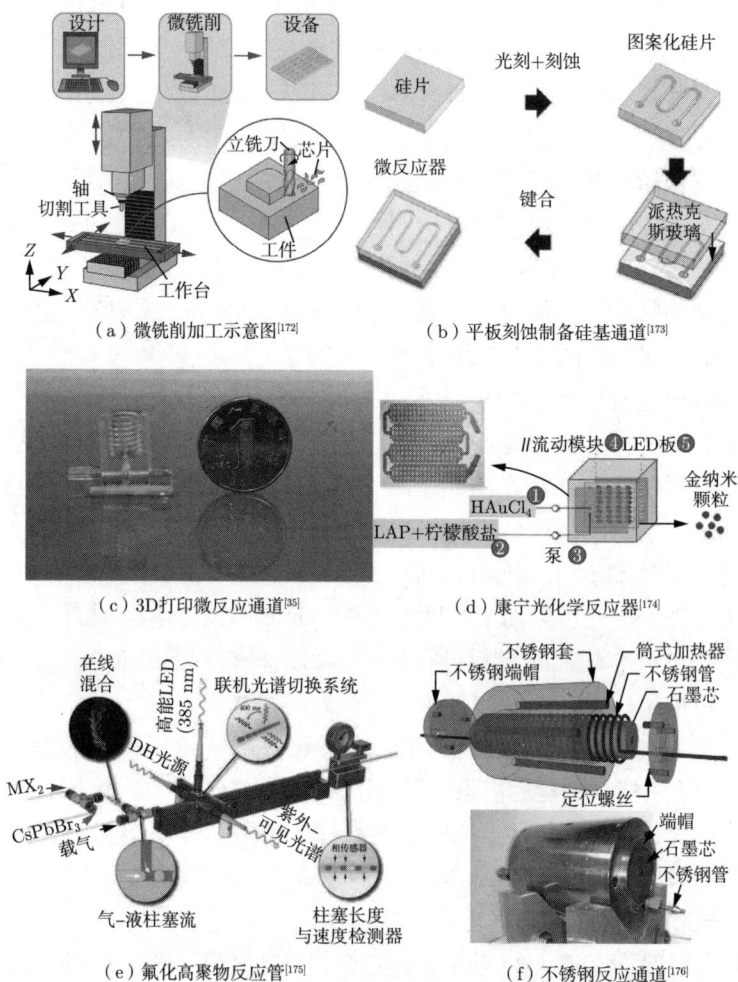

（a）微铣削加工示意图[172]　　（b）平板刻蚀制备硅基通道[173]

（c）3D打印微反应通道[35]　　（d）康宁光化学反应器[174]

（e）氟化高聚物反应管[175]　　（f）不锈钢反应通道[176]

图 1.24　结构多样的微反应系统

　　除了自己加工通道，研究者还可以直接购买市售的微型反应器或零件。康宁公司的 Advanced-Flow G3 光反应器[174] 就被用于光化学法制备金纳米颗粒（图 1.24（d）），一天的反应通量可以达到 360 L。管式流动微反应器包括玻璃毛细管[180]、含氟聚合物[181]和不锈钢管等。玻璃毛细管透明度高、尺寸精度高，但具有脆弱易折的缺陷，因此更适用于常温常压条件下的反应与在线观测过程。而含氟聚合物具有优异的稳定性与透光性、柔软易弯曲的特点，可承受 200°C 以下的高温，还可以通过精巧的编织结构制成混合强化器件（图 1.24（e）），降低混合器内的死区[175]，适用于大多数条件下的微反应过程[182]。如果需要进一步提升反应系统内的温度和压力，则需采用不锈钢管一类耐高温高压的结构。Kumar 等[176]通过设计基于不锈钢材质的模块化连续流反应器（图 1.24（f）），在高达 750°C 的温度下合成了 CdSe 和 ZnSe 纳米棒，将 CdSe 的生产规模扩大到 158 g/d。

　　无论微反应器设计如何，微尺度流体平台都为反应器结构提供了一种适应性强、模块化和可重构的方法，可以满足大多数纳米材料合成的物理和化学需求。

## 1.4.2　微反应系统用于制备钙钛矿纳米晶的研究进展

　　由于钙钛矿纳米晶的离子晶体特性，纳米晶体的反应过程十分迅速，尤其是使用高温热注入法时，在数秒内就结束了反应过程[11]。研究者虽使用高温法制备得到了尺寸均一的纳米颗粒，但操作中的升温、混合和冷却过程相对于数秒的反应过程来说，都具有不可忽视的影响，因此需要复杂的洗涤和纯化步骤来提高纳米晶体的单分散性。钙钛矿纳米晶的表面配体动态结合又决定了在洗涤过程中，纳米晶体势必会经历配体的洗脱而发生光学性能的折损。于是釜式法制备钙钛矿纳米晶就会陷入一种两难的境地。此外，釜式法还具有批次间条件不统一、产品质量不稳定的劣势。

　　从化工的角度分析，解决高性能材料的可控制备，需要发展高效、可控和易于放大的制备方法。在微反应系统内，可以显著提高对流动、分散、混合和传递等行为的控制精度[183]，正适用于对钙钛矿纳米晶制备这种秒级反应过程的精准调控[6]。具体而言，纳米晶的形成过程遵循经典的成核-生长理论[184]。对于钙钛矿纳米晶体来说，需要快速混合以满足其爆炸性成核的需求，在短时间内形成大量晶核，限制晶体生长的尺寸。在微反应器内的流型一般是层流（$Re < 2000$），反应物的混合主要靠分子扩

散，特征混合时间（$t_m$）与特征扩散距离（$L$）的二次方成正比，与扩散系数（$D$）成反比（式(1.11)），百微米尺度的反应管道可以显著缩小前驱体的混合时间，实现反应物的快速混合。

$$t_m \propto \frac{L^2}{D} \tag{1.11}$$

根据微反应系统内的流动相数量，可以分为单相流与多相流，多相流又包含气-液两相流、液-液两相流、气-液-液三相流等[168,185]，如图1.25所示。单相流的流型一般为层流，可用于热注入法或配体辅助再沉淀法这一类均相反应[35,57,186-188]。但由于层流中的壁面效应，反应管中的流体速度呈抛物线分布，导致流体停留时间不均一、结晶产物挂壁等现象，影响纳米晶体的单分散性，严重时可引起反应管道的堵塞。

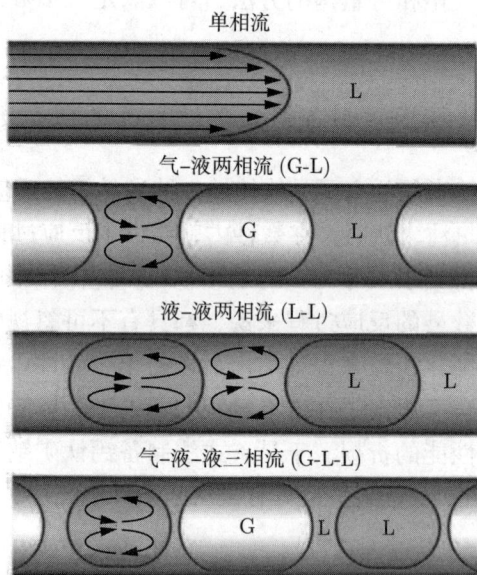

单相流

气–液两相流 (G-L)

液–液两相流 (L-L)

气–液–液三相流 (G-L-L)

图 1.25　微反应器内的流型分类[185]

两相流是指在反应管内同时存在不互溶的两种流动相，如气-液流动相或液-液流动相。引入第二相的作用包括需要在两相之间发生非均相反应[189]，或者其中一相需要作为载体（通常为连续相）推动另一相流动或传递热量。在第二种情况下，反应管中的液滴尺寸通常为 $nL$ 级别，液滴可以被看作一个个独立的反应系统，因此又被称为"微液滴反应器"[190-191]。引入连续惰性组分后,可以避免分散相与反应管壁面的接触,消除轴向流体的返混,并准确控制停留时间。连续相在被剪切成液滴时,由于界面间的剪切作用在液滴内生成涡流,可以对液滴内的传质起到二次强化的作用[192]。

　　然而,两相流微反应器也存在着难点与挑战。首先,连续相与分散相之间的溶解度应尽可能地小,避免干扰分散相内的反应;其次,在添加表面活性剂的情况下,将反应物接出之后让两相分离还需要花费大量的时间,或者,在不添加表面活性剂的情况下,液滴在通道内因界面张力作用引起的聚并难以避免,液滴聚并会影响传质传热的速度,进而影响产品质量。因此有人提出可以再引入第三相,如在液-液两相流中引入气相,阻止液滴之间的聚并[193]。

　　微反应系统除了具备均一、高效、安全、可控的优势,还可以与在线检测装置结合,在线分析纳米晶体的形貌、结晶度、尺寸、尺寸分布及表面性质。涉及的在线检测手段包括 X 射线散射、动态光散射、光致发光光谱、红外光谱、紫外-可见吸收光谱及 X 射线吸收光谱等[194-195]。不同在线检测手段可用于检测纳米晶形貌、结晶度、尺寸、尺寸分布、组成与表面化学状态等多种信息,如图 1.26 所示,最终对纳米晶体性质进行全面的描述。

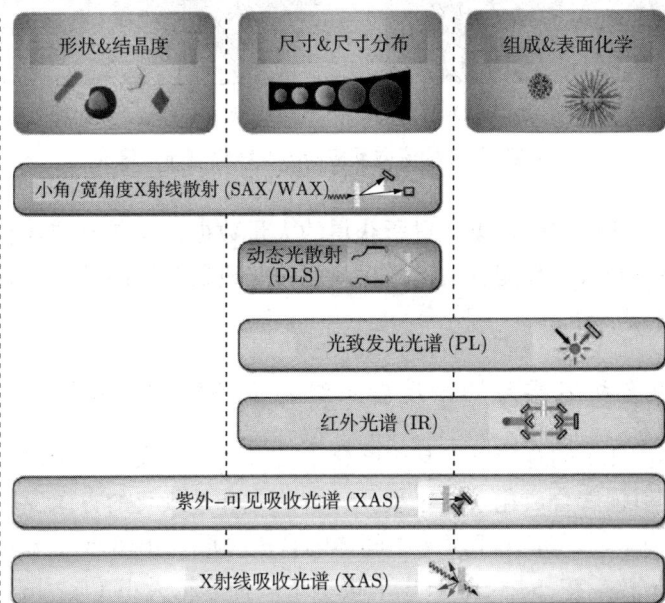

图 1.26　可与微反应系统集成的在线检测技术[185]

非侵入式的在线检测装置可以帮助研究者原位观测纳米材料的结晶生长过程，有助于对纳米晶体生长和变化机理的进一步揭示，也有助于纳米晶制备方法的快速优化。Lignos 等[190] 就借助在线荧光与紫外检测，在两相流中合成 $CsPbX_3$ 钙钛矿纳米晶体，如图 1.27（a）所示，并检测到纳米晶体在数秒内的荧光变化过程，推断在热注入法中，前驱体在四秒内即可完成晶体的成核与生长过程，延长反应时间对荧光发射波长的影响不大。这种对反应时间的精准控制在釜式法中是难以实现的。Bateni 等[196] 还使用三相流微反应器平台结合在线荧光与紫外检测（图 1.27（b）），检测在 $Mn^{2+}$ 掺杂到 $CsPbCl_3$ 晶体的过程中，光致发光的强度与吸光度的变化，并对 $Mn^{2+}$ 离子掺杂机理进行了推断。

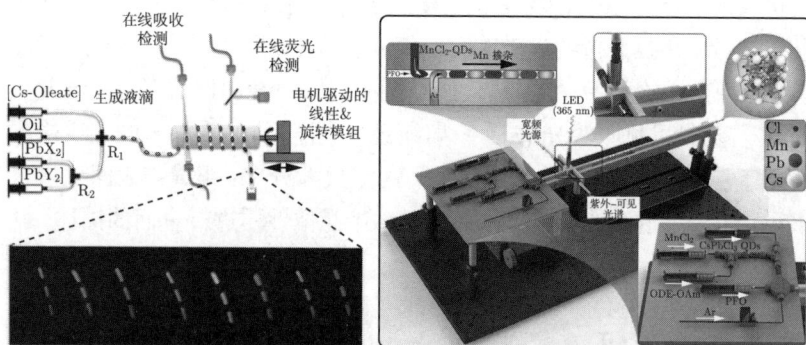

（a）两相流反应器制备PQDs[190]　　　　（b）三相流反应器监测$Mn^{2+}$掺杂过程[196]

图 1.27　　多相流微反应器与在线检测技术集成

为充分利用在线采集装置所获得的大量数据，还需要结合能够在线分析与决策的人工智能算法。微反应系统与机器学习的结合进展，将在 1.4.3 节详细展开。

### 1.4.3　结合机器学习的微反应系统制备钙钛矿纳米晶研究进展

在工业 4.0 的背景下，基于微化工技术发展起来的智能化与自动化合成工具引领着合成化学向小型化、智能化和连续化的方向发展。智能微化工系统被率先应用于医药中间体的合成领域。2016 年，麻省理工学院 Jensen 教授在 *Science* 杂志上报道了一种冰箱大小（0.7 m×1.0 m×1.8 m）的连续流系统设备[197]，可以按照客户需要在一天内连续制备上千份药物制剂。此后，智能微化工系统在医药合成领域的应用也带动了其他精细化学品与材料行业的发展，钙钛矿纳米晶的制备与优化也在逐步走向自动化和智能化[198]。

基于微反应系统与人工智能技术建立起来的自主优化平台具有高样品通量、连续数据采集、在线数据分析与决策及全自动控制的特点，可以快速实现参数空间构建、合成方法优化及应用导向型的合成路径探索。北卡罗莱纳州立大学的 Milad Abolhasani 教授团队曾提出搭建基于人工智能的全自动反应平台所需要解决的几项关键问题[185]：

（1）系统的全部硬件，包括温度控制器、原料输送装置、材料表征设备，需要完全自动化；

（2）在线测量模块能提供准确且稳定的数据；

（3）相关参数的数据分析能够通过无须辅助的特征检测或提取算法实现自动化；

（4）微流控纳米材料合成平台必须在相对较低的采样变异性下为每个实验参数确定相关范围；

（5）在整个探索或优化过程中，微流控平台必须可以连续化操作；

（6）目标参数与输入变量充分相关，并能通过实验选择算法优化。

为解决以上关键问题，首先，需要具备基础技术知识，以便设计和组装一个微反应系统。其次，大多数设备制造商都提供"即插即用"的通信设备，并已经提供数据的测量提取策略。最后，将所有硬件集合并自动分析所产生的数据需要有自动化与计算机语言编程的背景。常用的编程语言包括 LabVIEW 和 Python 等。LabVIEW 是用于设计虚拟仪器的一种图形化编程语言工具，具有人机界面友好、功能函数库丰富的优点，被各国工业界与科研机构广泛认同。在借用算法优化操作参数时，可选用一些开源的优化算法。最早实现的自主纳米颗粒合成装置应用了开源软件包 Stable Noisy Optimiztion by Branch and Fit 来调整 CdSe 量子点的荧光发射[199]。在 2020 年，香港中文大学、深圳大学与湖北大学的团队联合开发了一个智能云实验室[200]，使用同样的算法与远程用户界面集成，由机器人处理离线圆二色光谱以检测钙钛矿中的手性，实现了远程用户的按需实验设计，如图 1.28（a）所示。同年，Nelder-Mead 单纯形法被用作 $CsPbBr_3$ 纳米晶体连续制造[201]。

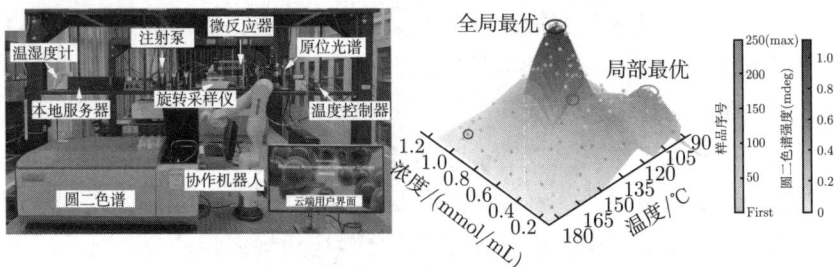

（a）自主发现旋光性无机钙钛矿纳米晶的智能云实验室[200]

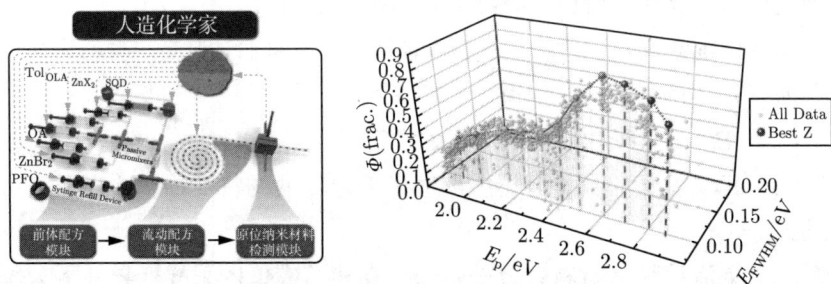

（b）阴离子掺杂过程自动优化的人造化学家[202]

**图 1.28　结合人工智能的微反应系统**

与大多数预包装的优化算法相比，基于高斯过程回归的算法提供了更多可用的调整参数，但实施过程更为复杂，曾被用于 CdSe、CdSeTe[203] 和多元卤化铅纳米晶体[204] 的合成过程。Milad Abolhasani 教授团队于 2020 年报道了一种基于集合神经网络算法的人造化学家，集成了基于机器学习的实验决策功能和高效自动流动化学工艺，用于自主调整 CsPbBr$_3$ 纳米晶体的卤素置换过程[202]，如图 1.28（b）所示。

现有的自主优化微流控系统依赖于温度和反应物浓度来调整纳米晶体合成路线。虽然这些技术大大减轻了对劳动密集型参数筛选的需求，但它们的发展带来了更大的机会。与近些年在流动反应器中人工智能辅助有机合成的开创性工作类似，自动化纳米颗粒反应器已准备好进入全面的成分筛选阶段。现在可以设计将可用前体的分子特征纳入实验选择过程的用于探索优化合成条件的算法平台。具有多种可用前体与基本材料信息学算法集成的自我优化流体系统将在流动化学和纳米科学中提供前所未有的合成探索。这样的系统将揭示围绕形状、尺寸和成分调控的胶体纳米粒子合成机制，并将产生新的更高性能的纳米材料。

尽管微流控合成系统具有上述多种优势，但目前在纳米材料合成领域的大多数突破性进展仍然是通过在烧瓶内进行的实验实现的，而微反应系统更多扮演了工艺优化与规模放大的角色。充分结合微反应技术、胶体纳米材料研究与人工智能算法仍然是一项跨学科的挑战。这需要各个领域的研究者深度合作，从头开发合成策略；也需要工程师和设备开发商创建即插即用的微反应系统模块与检测系统模块，来降低启动微流控实验的壁垒。

## 1.5　关键科学问题和本书研究框架

综上所述，无机金属卤化钙钛矿纳米晶体具有制备方法简便、表征手段多样的研究优势，可以供研究者们从多个维度解释钙钛矿纳米晶的性质和调控机制。同时，由于其具有高缺陷容忍度、高量子产率、窄发射半峰宽、可调谐的发光波长等性能优势，发光性能显著优于其他一元或二元纳米晶体。最后，钙钛矿纳米晶具有器件化途径简单、器件性能优异的应用优势，在 LED 显示、荧光编码、光伏电池等多个领域均有广阔的应用前景。但钙钛矿纳米晶体在快速发展的同时，仍然受到几项决速步的制约。

一方面，现有的主流釜式制备方法难以精确控制钙钛矿快速成核生长的秒级反应，在反应参数的调节与优化方面还需要花费大量的时间、原料与人力资源。微反应系统可以为钙钛矿纳米晶的精准在线调控提供解决思路。已被报道的研究工作侧重证实微反应系统制备纳米晶体的可行性，还缺少在原位生长过程中高效抗堵、高鲁棒性的微化工设备与技术，国内更是缺少与在线检测技术、人工智能技术相结合的智能纳米材料合成平台。

另一方面，作为一种发光性能非常优异的材料，钙钛矿纳米晶体器件化应用的阻碍是其不稳定性与铅离子的毒性，传统的纳米晶体配体（脂肪羧酸与脂肪胺类）由于其动态结合的特性容易被溶剂洗去，过长的配体碳链会降低荧光强度与量子产率。因此需要寻找适当的配体制备在水和空气介质中稳定的钙钛矿纳米晶体，并寻找铅的替代元素，发展无铅低毒的高性能稳定纳米晶体。

基于以上分析，本书的研究目的在于发展钙钛矿纳米晶的智能化微反应系统规模化制备技术，合成具有高环境稳定性与优异光学性能的纳米晶体。需要解决的关键科学问题与技术难点有：

（1）铅卤钙钛矿纳米晶体在微反应器内的成核-生长机制；

（2）卤化钙钛矿表面配体种类对其晶型与发光性能影响的内在机制；

（3）具有鲁棒性、在线检测与远程控制功能的微反应器系统设计与构建原理。

为解决以上关键问题与难点，本书的研究框架如图 1.29 所示，呈现"两横四纵"的结构。包含液滴流微反应器平台搭建与具有在线检测和远程控制功能的微反应系统搭建两条主要路径，每条路径可分为平台搭建、平台功能实现、规律探究及应用拓展四个模块。

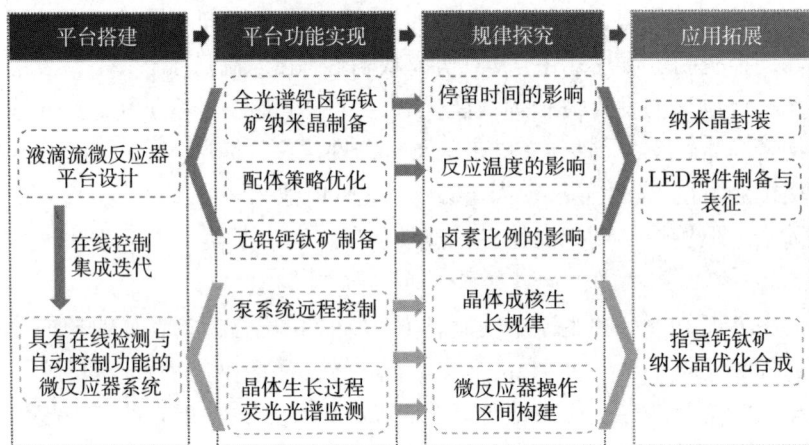

**图 1.29    本书研究框架**

首先，需要设计液滴流微反应器平台，实现全光谱铅卤钙钛矿纳米晶的规模化制备，对反应物的停留时间、反应温度、卤素比例的影响进行探究；对获得的纳米晶进行封装，将纳米晶制成 LED 器件，并表征器件的光学性能及其稳定性。

其次，优化钙钛矿纳米晶制备过程中的碱性配体，借助硅烷偶联剂自水解的特性在钙钛矿表面构建 Si—O—Si 保护膜，探究配体对钙钛矿纳米晶生长过程的影响，提升铅卤钙钛矿纳米晶的稳定性及量子产率，并进行器件化制备。

再次，在已有的液滴流微反应器平台的基础上进行模块升级，搭建具有在线检测与远程控制功能的微反应系统。原位探究铯铅卤钙钛矿纳米晶的成核生长规律，构建微反应器操作区间，用于指导钙钛矿纳米晶的优化合成。

最后，初步探究微反应器内无铅钙钛矿的制备路径，使用铋元素作为铅的替代元素，对无铅钙钛矿纳米晶进行光学性能与稳定性表征。

# 第 2 章　微反应器内规模化制备铯铅卤钙钛矿纳米晶体

本书在第 1 章分别介绍了高温下和室温下钙钛矿纳米晶的釜式制备方法。虽然在实验室阶段，高纯度、高单分散度的钙钛矿纳米晶可以在烧瓶内直接制备，但必须采取剧烈搅拌、低反应物浓度、高配体浓度的方法来获得具有量子限域效应（quantum confinement effect，QCE）的纳米晶体。此外，在溶解前驱体和纯化产品的过程中需要使用大量溶剂，给溶剂处理带来了巨大负担。

本章的主要目的在于设计一种能精确控制反应时间并具有高传热传质效率的液滴流微反应系统，集原料输送、混合、加热、反应、淬灭与分离于一体，实现钙钛矿纳米晶的规模化生产。同时，通过使用醋酸铯作为 $Cs^+$ 源前驱体，提高反应物在前驱体溶液中的浓度[60]，降低单位质量前驱体所需要的配体用量，并通过在线调控反应物的反应温度、停留时间、前驱体组成等因素，对钙钛矿纳米晶形貌、组成与发光性能之间的构效关系进行深入探究。

## 2.1　实 验 方 法

### 2.1.1　实验试剂

本章所使用试剂均于购买后直接使用，主要包括：

（1）铯铅卤钙钛矿纳米晶制备使用的醋酸铯（CsOAc, 3A Chemicals, 99.9%），碘化铅（$PbI_2$, Energy Chemical, 99%），溴化铅（$PbBr_2$, Aladdin, 99%），氯化铅（$PbCl_2$, Energy Chemical, 99%），1-十八烯

（ODE，Alfa Aesar，90%），油酸（OA，Aladdin，AR），油胺（OAm，Macklin，80%~90%），三正辛基膦（TOP，Rhawn Chemical，90%），正己烷（Genera–Reagent，97%），Galden 导热氟油（PFPE，HT200），二甲基硅氧烷（Meryer，180℃）；

（2）测量钙钛矿纳米晶量子产率使用的罗丹明 6G（Meryer，95%），荧光素（Meryer，90%），香豆素 343（Acros，99%），甲苯（通广试剂，AR），无水乙醇（Greagent，≥99.7%），氢氧化钠（Greagent，≥96%）；

（3）其他试剂如封装钙钛矿纳米晶使用的聚甲基丙烯酸甲酯（PMMA，Energy Chemical），甲苯（通广试剂，AR）；拍摄通道流型所用染色剂苏丹 I（Aladdin，AR）。

## 2.1.2　材料表征方法

### 2.1.2.1　纳米晶结构表征

透射电子显微镜（transmission electron microscope，TEM）图像和选区电子衍射（selected area electron diffraction，SAED）图像使用 JEOL JEM2021 和 JEOL 2100 PLUS 透射电镜拍摄，加速电压为 80~200 kV。能量色散谱（energy-dispersire spectroscopy，EDS）与元素分布图使用牛津仪器公司 X 射线能谱仪测量，采集范围为 B5-U92。纳米晶体粒径测量使用 Nanomeasure 软件。电子在晶体中发生衍射遵循布拉格方程：

$$2d \sin \theta = \lambda \tag{2.1}$$

其中，$\lambda \approx 0.001$ nm 为电子波波长，$d$ 为晶面间距，$\theta$ 为电子衍射角，一般只有几度。得到多晶电子衍射环图样后，使用式(2.2)计算对应晶面间距：

$$d = \frac{2}{D} \tag{2.2}$$

从式(2.1)到式(2.2)的推导过程已省略，式(2.2)中 $D$ 为衍射环直径，单位为 1/nm。

X 射线光电子能谱（X-ray photoelectron spectroscopy，XPS）使用英国赛默氏公司 250(XI)X 射线光电子能谱仪测量，所有光谱通过污染碳峰（284.80 eV）校正。

X 射线衍射图谱（X-ray diffraction patterns, XRD）使用日本理学公司 D/max-2550 X 射线衍射仪（Cu K$\alpha$, $\lambda$=1.54 Å）测量，衍射角度（$2\theta$）为 5°～95°。晶体的标准 XRD 数据来自无机晶体结构数据库（inorganic crystal structure database, ICSD）。

傅里叶变换红外（Fourier transform infrared，FT-IR）光谱使用热电（上海）科技仪器公司的 Nicolet 6700FTIR 红外光谱仪测量，扫描范围为 350～7000 cm$^{-1}$。

### 2.1.2.2　纳米晶光学性质表征

人眼判断纳米晶体的荧光颜色时，使用波长为 365 nm 的紫外光手电激发，必要时需佩戴紫外光防护眼镜。

紫外-可见吸收光谱用于计算钙钛矿纳米晶的带隙能量（bandgap energy，$E_g$）。测试仪器为日本 SHIMADZU 紫外-可见分光光度计（型号 UV-2450），扫描区间为 300～700 nm。铯铅卤钙钛矿纳米晶半导体具有直接带隙特征，禁带计算公式为[14]

$$ah\nu = C(h\nu - E_g)^{\frac{1}{2}} \tag{2.3}$$

其中，$a$ 为吸光系数，$h$ 为普朗克常数，$\nu$ 为光频率，$C$ 为比例系数，$h\nu$ 与波长 $\lambda$ 的关系满足 $h\nu = 1240/\lambda$。根据朗伯-比尔定律，吸光度 $A$ 与吸光系数 $a$ 的关系为

$$A = abc \tag{2.4}$$

其中，$b$ 为样品厚度，$c$ 为溶质浓度。将关系式(2.4)代入式(2.3)，可得：

$$\left(\frac{Ah\nu}{K}\right)^2 = h\nu - E_g \tag{2.5}$$

其中，$K = bc$。可以通过作 $(Ah\nu)^2 - h\nu$ 图，使用 Origin 软件的 Tangent 插件在吸收曲线线性上升处作切线，与 $X$ 轴的截距即为钙钛矿纳米晶的禁带宽度 $E_g$。

光致发光（photoluminescence，PL）光谱用于获取胶体钙钛矿纳米晶体分散液的发光波长、半峰宽（full width at half maximum，FWHM）、峰面积等参数，使用日本 SHIMADZU 荧光分光光度计（型号 RF-5301PC）测量。

光致发光荧光寿命使用 Edingburgh Instruments FLS980 型光谱仪测量，使用时间分辨单光子计数方式收集，红、绿、蓝光区的激发光分别为 470 nm、430 nm 和 370 nm，光子计数量为 5000。相同激发光条件下测试仪器响应函数光谱（IRF）。荧光衰减曲线使用三指数函数拟合[15,59,154]，拟合公式为

$$\text{Fit} = A + B_1 \exp\left(-\frac{\tau}{\tau_1}\right) + B_2 \exp\left(-\frac{\tau}{\tau_2}\right) + B_3 \exp\left(-\frac{\tau}{\tau_3}\right) \qquad (2.6)$$

平均寿命使用式(2.7)计算：

$$\tau = \frac{B_1 \tau_1^2 + B_2 \tau_2^2 + B_3 \tau_3^2}{B_1 \tau_1 + B_2 \tau_2 + B_3 \tau_3} \qquad (2.7)$$

其中，$\tau$ 表示纳米晶体的荧光寿命。

相对光致发光量子产率（photoluminescence quantum yield，PLQY）使用间接法测量[205]。在红光、绿光与蓝光区分别使用荧光染料罗丹明 6G、荧光素、香豆素 343 作为标准物质，三种溶液在日光下与紫外光下的颜色如图 2.1所示。

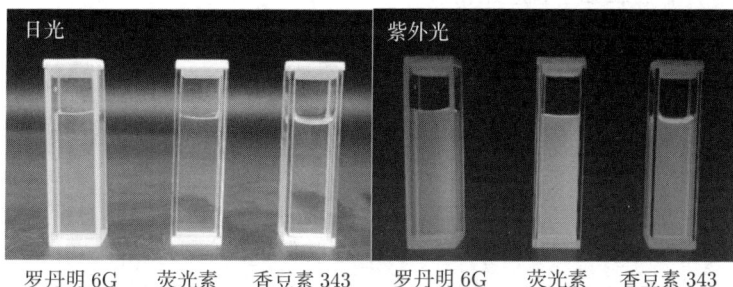

图 2.1　相对量子产率测量参比溶液（见文前彩图）

在确定参比溶液的量子产率 $\phi_s$ 时，首先使用稳态荧光光谱仪 Edingburgh Instruments FLS980 测量罗丹明 6G 的绝对量子产率，然后以罗丹明 6G 为参比测量荧光素与香豆素 343 的相对量子产率。三种标准物质的溶剂与 PLQY 数据见表 2.1，表中 $\phi_s$ 表示测量结果，$\phi_{\text{ref}}$ 表示文献数值。

表 2.1　间接法标准物质溶液的量子产率

| 标准物质 | 溶剂 | $\phi_\text{s}/\%$ | 参比物质 | $\phi_\text{ref}/\%$ |
|---|---|---|---|---|
| 罗丹明 6G | 乙醇 | 97 | 直接测量 | 95[206] |
| 荧光素 | 0.1 mol/L NaOH | 89 | 罗丹明 6G | 90[205] |
| 香豆素 343 | 甲苯 | 60 | 荧光素 | 58[207] |

在同一设备和激发光强度下测定已知量子产率标准溶液和另一未知量子产率溶液的校正荧光发生光谱面积时，有

$$\phi_x = \frac{n_x^2}{n_\text{s}^2} \cdot \frac{A_\text{s} \cdot D_x}{A_x \cdot D_\text{s}} \cdot \phi_\text{s}, \quad A \leqslant 0.05 \tag{2.8}$$

其中，s 脚注表示标准溶液，$x$ 脚注表示未知量子产率溶液，$A$ 为吸光度，$n$ 为溶液折射率，$D$ 为校正荧光发射光谱积分面积。所用溶剂折射率可以在表 A.1 中查询。若在荧光光谱仪上采用样品溶液与标准溶液吸收光谱交点处的波长作为激发波长，此点 $A_\text{s} = A_x$，式 (2.8) 则简化为

$$\phi_x = \frac{n_x^2}{n_\text{s}^2} \cdot \frac{D_x}{D_\text{s}} \cdot \phi_\text{s}, \quad A \leqslant 0.05 \tag{2.9}$$

### 2.1.2.3　微反应器中流型拍摄

拍摄彩色流动过程图片使用装配了 PixelLink PL-B72U 高速照相机的光学显微镜，拍摄软件为 Pixel。拍摄微反应通道内流型图片时使用的是 DK-2740 高速显微镜，所用软件为 Phantom Camera，图像采集速度为 1000 帧/s。

### 2.1.3　液滴流微反应器设计与流型观测

本章所用液滴流微反应器主要包括输送模块、混合模块、预热模块、反应模块、淬灭模块与泄压模块，如图 2.2 所示。输送模块使用的注射泵型号为兰格 LSP01-1BH、兰格 LSP02-1B 和 Harvard PHD ULTRA 注射泵，输送管道采用内径 0.9 mm、外径 1.6 mm 的聚四氟乙烯管（polytetrafluoroethylene，PTFE）。前驱体为油酸铯溶液和卤化铅溶液，M1 为内径 0.8 mm 的三通混合器，用于预混合两种卤化铅前驱体。M2 为内径 0.25 mm 的微三通混合器，用于预混合卤化铅前驱体与油酸铯前驱体。

M3 为内径 0.8 mm 的微三通混合器，前驱体混合溶液在此处会被导热氟油剪切为直径约 630 μm、体积约 130 nL 的液滴，液滴生成频率约为 130 个/s。

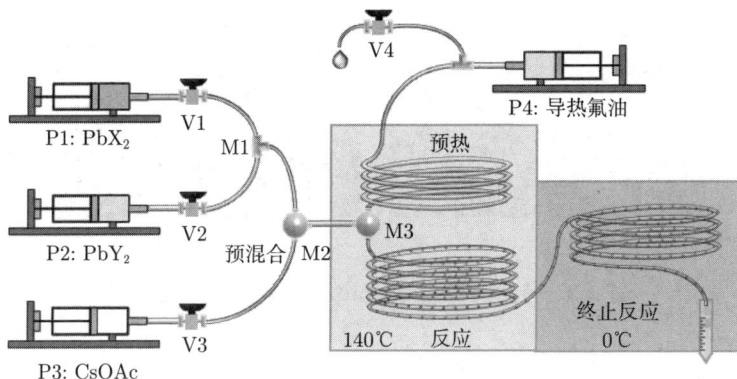

图 2.2　液滴流微反应器

导热氟油出口处的 V4 两通球阀作为泄压阀，当通道内晶体生长过快而堵塞通道时，应打开 V4 球阀降低通道内压力，达到保护注射泵、注射器与 PTFE 管道的目的。预热管使用 316L 不锈钢材质，内径为 0.6 mm，外径为 1.6 mm，长度为 50 cm。导热氟油将在此段被加热到反应温度（100~180℃）。为便于观察通道内的流动情况，反应管和淬灭管都使用内径为 0.9 mm、外径为 1.6 mm 的 PTFE 管。淬灭管长度为 50 cm，反应管长度与前驱体流速可以调节，因此前驱体在反应管的停留时间可以在 1~27.5 s 变化。加热装置使用博纳科技 DF-101Z 集热式恒温加热磁力搅拌器，硅油用作油浴介质。

为观测多相流体在微反应器管道内的混合与剪切情况，本书采用微铣削的方法使用 PMMA 板加工了两种内径为 0.25 mm 和 0.8 mm 的 T 型通道。由于溶液在 PMMA 板和金属通道中的浸润性不同，对液体剪切过程的影响尤其明显，因此仅在 PMMA 微通道中观察前驱体混合过程。

在观察前驱体混合过程时，两股流体分别用 ODE 和 0.5%（质量分数）苏丹 I 的 ODE 溶液代替。在图 2.3 中，两股流体对撞相遇后会出现明显的分界面，苏丹 I 染料主要靠分子扩散从一相传递到另一相中。在流程达到 15mm 时尚未混合均匀。因此在 M2 混合器后加装了一段 50 cm

的 PTFE 螺旋管, 保证前驱体混合均匀。

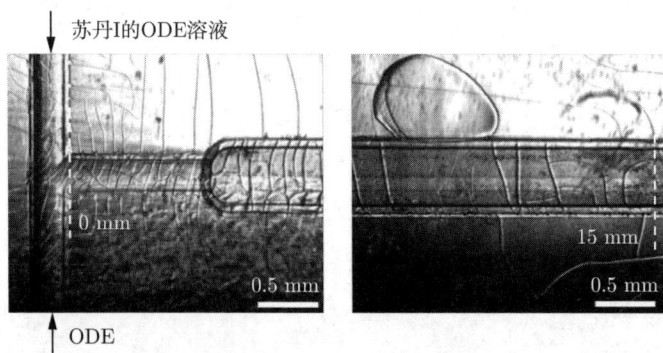

**图 2.3　前驱体在 0.25 mm 微通道中的混合过程**

　　液滴在管道中流动的过程如图 2.4 (a) 所示。连续相为导热氟油, 流量为 5 mL/min, 分散相为 ODE, 流量为 1 mL/min。在导热氟油的剪切作用下, ODE 被分散为直径 630 μm 的液滴, 体积约为 130 nL, 液滴生成频率约为 130 个/s。在反应过程中, 前驱体在数以千计的 nL 级液滴反应器中完成成核与生长的过程, 前驱体的混合、剪切、成核、生长如

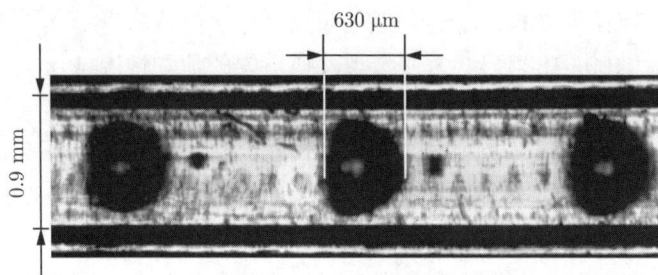

(a) 前驱体液滴在反应管中呈液滴流

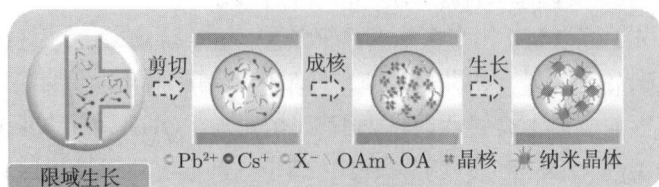

(b) 前驱体在液滴中的限域生长过程

**图 2.4　反应物液滴流流型与限域生长过程示意图**

图 2.4（b）所示。由氟油剪切前驱体溶液生成液滴，一方面避免了液滴与管壁的接触，防止纳米晶体沿壁面生长甚至堵塞通道；另一方面连续相的剪切作用可以强化液滴内循环，加快前驱体溶液的混合速度。根据经典球形颗粒的均匀成核理论，在结晶初期，增加过饱和度可促进晶核形成，晶种数量增加有助于生成更小尺寸的晶体。

　　为确定液滴在管道流动过程中的稳定性，使用 3D 打印技术制作了如图 2.5（a）所示的管道模板，将 PTFE 管道嵌入模板方槽中，制作成液滴流型观察通道。使用此通道，可以在高速显微镜下观察到在 T 型混合器处剪切生成的液滴在流经不同管长时的形貌和聚并情况，如图 2.5（b）所示。图中展示了在微混合器出口 8~122 cm 之间 8 个观测位点的液滴流动状态。在刚流出 T 型微混合器时液滴尺寸分布与间隔均匀，由于剪切流速较快，会伴生一些小的微型液滴。观测通道多次弯折，在后续观测位点中液滴间距变小，但直到反应管尾端（122 cm 处）才会发生轻微聚并。说明由全氟聚醚剪切生成的液滴在反应过程中主要处于独立的流动状态，不易发生聚并。

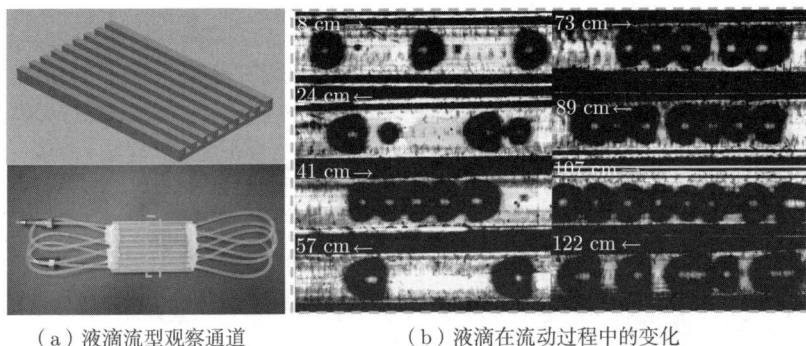

（a）液滴流型观察通道　　　　　　（b）液滴在流动过程中的变化

图 2.5　反应管中液滴流型观察

## 2.1.4　实验操作

### 2.1.4.1　前驱体溶液配置

　　本书使用醋酸铯代替碳酸铯作为 $Cs^+$ 的前驱体，因为以碳酸铯为前驱体的溶液在常温下容易析出晶体，而微反应过程的前驱体都是在常温条件下注射到反应装置内。考虑到醋酸铯在常温下即可被 OA 与 ODE 溶解，可以将反应物中 $Cs^+$ 浓度提高到文献方法 [11] 的 6.8 倍，同时将铯铅比由 1:4 提高到 1:1.5，减少了过量铅的使用。前驱体、溶剂与配体的用量在表 2.2中列出。

表 2.2　前驱体、溶剂与配体用量表

| 钙钛矿种类 | 前驱体 | 反应物质量/g | 物质的量/mmol | ODE/mL | OA/mL | OAm/mL | TOP/mL | 物质的量浓度/(mol/L) |
|---|---|---|---|---|---|---|---|---|
| CsPbI$_3$ | CsOAc | 0.1920 | 1.000 | 9 | 1 | — | — | 0.100 |
| | PbI$_2$ | 0.6915 | 1.500 | 8 | 1 | 1 | — | 0.150 |
| CsPbBr$_3$ | CsOAc | 0.1920 | 1.000 | 9 | 1 | — | — | 0.100 |
| | PbBr$_2$ | 0.5505 | 1.500 | 7 | 1.5 | 1.5 | — | 0.150 |
| CsPbCl$_3$ | CsOAc | 0.1440 | 0.750 | 9 | 1 | — | — | 0.075 |
| | PbCl$_2$ | 0.3129 | 1.125 | 7 | 1 | 1 | 1 | 0.113 |

配置油酸铯前体溶液：按表 2.2中用量在 25 mL 的玻璃烧杯中加入 CsOAc 与 ODE，在 120℃ 真空烘箱中干燥 1 h。然后在烧杯中加入 OA，在磁力搅拌仪上用余温将 CsOAc 搅拌溶解。需要批量制备时则将各组分按比例放大用量。

配置卤化铅前体溶液：按表 2.2中用量在 25 mL 三颈烧瓶中加入 $PbX_2$（X=I，Br，Cl）与 ODE，在 120℃ 真空烘箱中干燥 1 h。然后向三颈烧瓶中加入 OA 与 OAm 配体，在三颈烧瓶中充入 $N_2$ 后在 120℃ 油浴锅中搅拌溶解。溶解 $PbCl_2$ 时需要额外加入 1 mL TOP，在 150℃ 油浴锅中搅拌溶解。

### 2.1.4.2　微反应器内合成钙钛矿纳米晶

在所有的前驱体溶液冷却至室温后，转移到 10 mL 塑料注射器中，使用常压注射泵注射。PFPE 液体被装入 2 管 50 mL 的塑料注射器中，加载到两台高压注射泵上。在制备单卤素钙钛矿时，首先关闭阀 V1~V4，待油浴锅升温到指定温度时，打开 PFPE 的注射泵，总流量设定为 5 mL/min。待反应出口处流出液体后，打开阀 V2、V3 与前驱体的注射泵，单相流量为 0.5 mL/min。前驱体通过预混合段后被 PFPE 相剪切成为液滴，在反应管段经历快速成核与生长过程。在紫外灯（$\lambda=365$ nm）的照射下，液滴在刚离开 T 型剪切通道后就会发出明亮的荧光。且随着液滴的流动，液滴荧光逐渐向长波长方向移动，如图 2.6 所示。这种现象在 $CsPbI_3$ 与 $CsPbBr_3$ 反应过程中比较常见，而 $CsPbCl_3$ 发出的紫色荧光波长较短，容易被散射，因此只能观察到乳白色的溶液。反应器离开反应段后进入淬灭段，淬灭段被浸泡在 0℃ 冰水浴中。

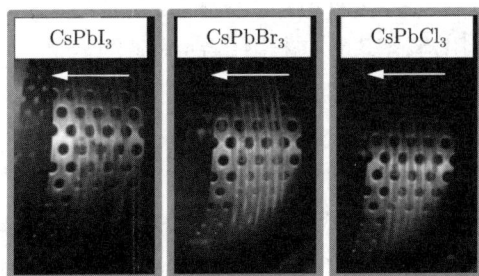

**图 2.6　前驱体液滴在反应管中的光致发光现象（见文前彩图）**

由于 ODE 与 PFPE 不互溶且密度不同，两相在接到离心管后会立即分相。取上层反应物溶液到离心管中，8000 r/min 离心 5 min，弃去上清液。将沉淀分散在 10 mL 正己烷中，再次以 8000 r/min 离心 5 min，弃去沉淀。将上清液保存在 4℃ 的黑暗环境中，进行后续测试。PFPE 相在 6000 r/min 离心 5 min 后使用梨形漏斗分出澄清液体，可以重复使用。

### 2.1.4.3　CsPbX$_3$@PMMA 荧光高聚物制作

首先，将 2g 的 PMMA 粉末溶解在 20 mL 甲苯中，搅拌 48 h。然后将 200 μL 纳米晶的正己烷分散液加入 2 mL PMMA 甲苯溶液中。由于 PMMA 几乎不溶于正己烷，所以需要搅拌溶液至 PMMA 重新溶解。将纳米晶、PMMA 与甲苯的混合物倒入字母硅胶模具中或滴在 18 mm×18 mm 的盖玻片上，待甲苯完全挥发后，即可获得被封装在高聚物中的荧光块或荧光膜。

# 2.2　三元铯铅卤钙钛矿纳米晶制备与表征

本节将主要介绍三元（单一卤素）钙钛矿纳米晶的制备与表征结果。在制备单一卤素钙钛矿纳米晶时，使用的反应管长度为 130 cm，PFPE 与前驱体溶液的总流量分别为 5 mL/min 与 1 mL/min。停留时间按式(2.10)计算：

$$t = \frac{\pi(d_i/2)^2 L}{Q_c + Q_d} \tag{2.10}$$

其中，$d_i$ 为反应管内径 0.9 mm，$L$ 为反应管长度，$Q_c$ 为连续相流量，$Q_d$ 为分散相流量。经计算，本节中反应物的停留时间为 8.26 s。

为了证明使用液滴流反应器制备钙钛矿纳米晶的规模优势，本书核算了文献中使用的配体辅助再沉淀法（ligand-assisted reprecipitation，LARP）[29,64]、纺丝法 [158]、釜式热注入法 [11,24-25,53,56,59] 与微反应器制备 [57,190] 等方法中的有效前驱体浓度（Cs$^+$ 浓度）、酸碱配体总体积与反应物物质的量之比、单次反应所能得到的纳米晶理论产量，与本工作的上述参数对比绘制在图 2.7中。

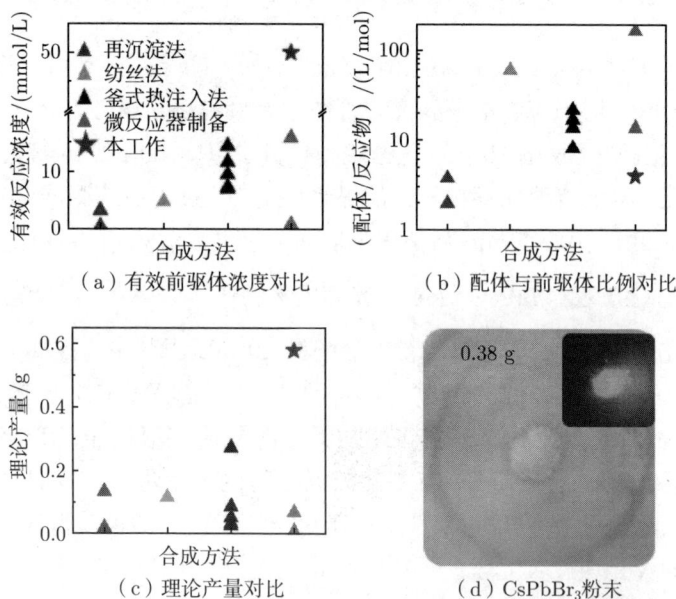

图 2.7　不同合成路径中反应物浓度、配体用量与理论产量的对比

从图 2.7（a）中可看出，本工作中的有效前驱体浓度可以达到 50 mmol/L，是其他方法的 3~116 倍。前驱体浓度的提高同步提升了配体利用率，在保证配体充分过量的前提下，配体与前驱体的比例可以降低到其他热注入法的 2%~50%（图 2.7（b）），有助于提升纳米晶体的结

晶度与纯度,降低过量长链配体对纳米晶体发光性能的影响。配体辅助再沉淀法由于在常温下进行,晶体成核生长速度较慢,不需要大量配体辅助终止晶体生长,但一般的高温法则需要过量配体的辅助。高前驱体浓度也有助于提升单次反应的理论产量,可以达到其他方法的 2~61.5 倍(图 2.7(c))。此外,液滴流微反应器系统可以在前驱体供应充足的情况下连续合成纳米晶体,为大规模合成钙钛矿纳米晶体提供新策略。经过纯化和干燥,运行 20 min 的微反应器可以生产 0.38 g CsPbBr$_3$ 纳米晶体粉末(图 2.7(d)),是理论产量的 66%,比 LARP 方法高出 100 多倍[32]。

1.3.2 节中曾说明 CsPbX$_3$(X=I, Br, Cl)的标准晶型为立方晶系(空间群为 $Pm\bar{3}m$),但在低温环境下的稳定晶型为四方晶系、正交晶系或斜方晶系。由于合成温度高(140℃)和配体的稳定作用,立方相可以经过高温法制得并在室温下存在。CsPbX$_3$ 纳米晶的 TEM 图如图 2.8 所示。从左至右依次为 CsPbI$_3$、CsPbBr$_3$、CsPbCl$_3$ 的大范围 TEM 图,高分辨 TEM 图(右上角)与己烷分散液在紫外灯照射下发射荧光的图。在 TEM 图中,纳米晶体呈现尺寸均一的立方体形状。由于纳米晶体对电子束较为敏感[208],电子束辐照会引起卤化铯的挥发,留下 Pb(0) 原子晶体,在 TEM 中呈现为黑色点状物。每张子图的右上角标出了三种晶体 (100) 面的晶格间距,分别为 6.2 Å、5.8 Å 和 5.5 Å。随着卤素离子半径的减小,晶格间距也会相应减小。图 2.8 中纳米晶体粒径的分布如图 2.9 所示,CsPbI$_3$、CsPbBr$_3$ 和 CsPbCl$_3$ 的粒径分别为 13.0±1.5 nm、8.05±1.0 nm 和 9.0±1.0 nm。

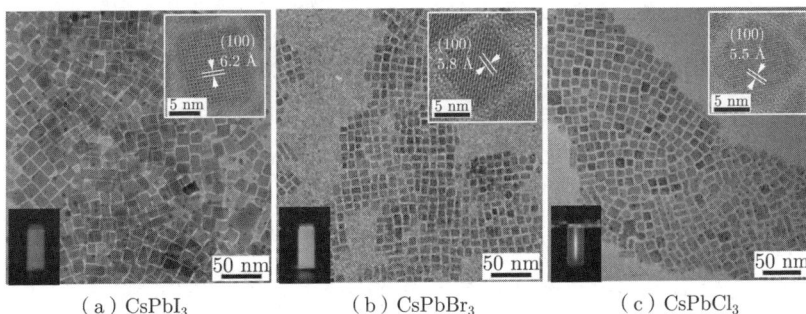

(a) CsPbI$_3$　　　　(b) CsPbBr$_3$　　　　(c) CsPbCl$_3$

图 2.8　CsPbX$_3$(X=I, Br, Cl)纳米晶的 TEM 与胶体分散液荧光图

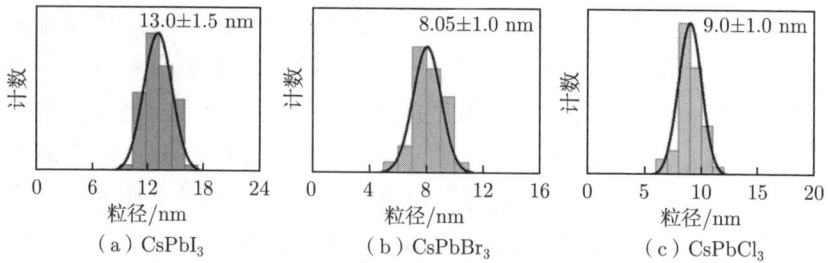

（a）CsPbI$_3$　　　　（b）CsPbBr$_3$　　　　（c）CsPbCl$_3$

**图 2.9　CsPbX$_3$（X=I，Br，Cl）纳米晶的尺寸分布**

SAED 图像用于进一步验证纳米晶体的晶型。图 2.10 中为三种 CsPbX$_3$ 纳米晶的选区电子衍射图样与衍射区域（左上角），所有衍射区域直径均大于 600 nm，以证明大范围内纳米晶体晶型的均一性。衍射环与所对应的晶面也在图中标出，三种晶体的衍射图样均可以清晰地识别出三种晶体 (100)、(110)、(200) 和 (220) 晶面的衍射环。

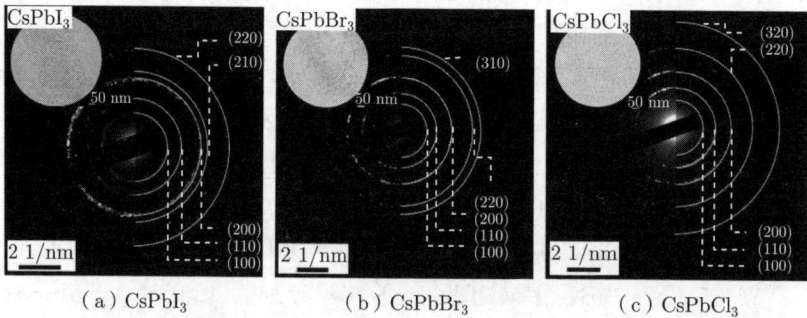

（a）CsPbI$_3$　　　　（b）CsPbBr$_3$　　　　（c）CsPbCl$_3$

**图 2.10　CsPbX$_3$（X=I，Br，Cl）纳米晶选区电子衍射环**

图 2.11从上至下依次为 CsPbI$_3$、CsPbBr$_3$、CsPbCl$_3$ 的 EDS 元素图谱，由图可见 Cs、Pb、X 三种元素均匀地分布在纳米晶体中。

红外光谱图用于确定材料表面配体的结合状态，图 2.12（a）为 CsPbBr$_3$ 纳米晶的红外光谱图，图中标注出了属于—NH$_2$ 的 N—H 与属于—COOH 的 O—H 伸缩振动峰（3434 cm$^{-1}$），C=O 的伸缩振动峰（1630 cm$^{-1}$）与 C—H 的弯曲振动峰（1492 cm$^{-1}$ 与 1340 cm$^{-1}$），证明酸碱配体结合在纳米晶体表面。图 2.12（b）为 CsPbI$_3$ 的 XPS 谱图，其中 137.9 eV 和 142.8 eV 的结合能峰对应 Pb 4f$_{7/2}$ 与 Pb 4f$_{5/2}$ 轨道，619.05 eV 与 630.5 eV 的峰对应 I 3d$_{5/2}$ 和 I 3d$_{3/2}$ 轨道，724.7 eV 和 738.3 eV 的峰对应 Cs 3d$_{5/2}$ 和 Cs 3d$_{3/2}$ 轨道[88]。

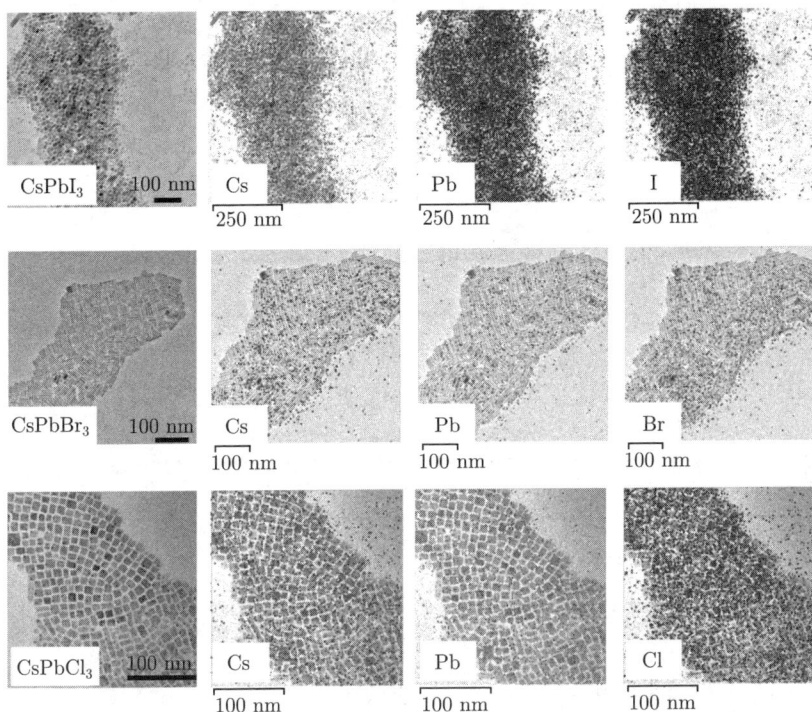

**图 2.11　CsPbX₃（X＝I，Br，Cl）纳米晶的元素分布图**

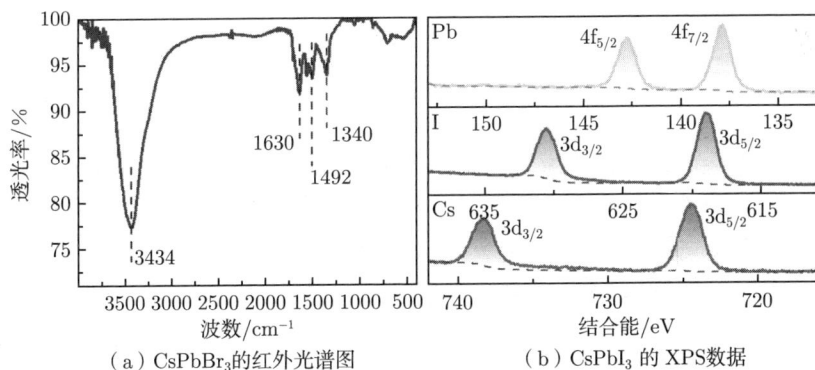

（a）CsPbBr₃的红外光谱图　　　　　（b）CsPbI₃ 的 XPS数据

**图 2.12　铯铅卤纳米晶的红外图谱与 XPS 数据**

纳米晶体的 XRD 数据（图 2.13）进一步证明此方法制得的钙钛矿晶体属于立方相。以 CsPbBr₃ 为例，15.1°、21.5°、30.6° 和 37.7° 的衍射峰分别对应立方晶体的 (100)、(110)、(200) 和 (211) 晶面。从 CsPbI₃

到 CsPbCl$_3$，相应特征峰随着晶格间距的减小向高角度方向移动。从图中还可以发现 CsPbI$_3$ 的峰偏窄，一方面是由于晶体尺寸较大，另一方面是由于 CsPbI$_3$ 稳定性低，在粉末状态下容易分解。

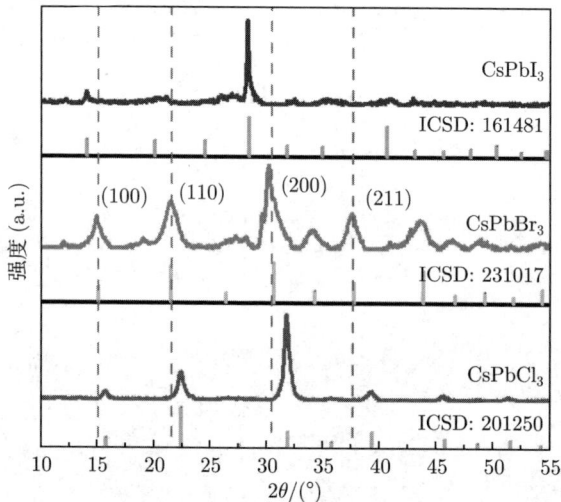

**图 2.13    CsPbX$_3$（X=I，Br，Cl）纳米晶的 XRD 图**

使用 Scherrer 公式(2.11)可以从 XRD 数据中估算得到纳米晶体的尺寸：

$$\bar{d} = \frac{K\lambda}{B\cos\theta} \tag{2.11}$$

其中，$\bar{d}$ 表示平均粒径；$K$ 是 Scherrer 常数，在此处取 0.89；$\lambda$=1.54 Å，表示 X 射线的波长；$B$ 为半峰宽，单位是弧度；$\theta$ 是布拉格衍射角。对于 CsPbBr$_3$ 和 CsPbCl$_3$，垂直于三个晶面方向的平均尺寸计算结果列在表 2.3 中，CsPbBr$_3$ 计算所得粒径与通过 TEM 图测量所得粒径较为相近。

CsPbX$_3$ 的吸收光谱与荧光发射光谱如图 2.14 所示。图 2.14（a）中标注出 CsPbI$_3$、CsPbBr$_3$、CsPbCl$_3$ 的能带隙分别为 3.04 eV、2.43 eV 和 1.97 eV，图 2.14（b）显示三种纳米晶体光致发光波长分别为 406 nm、501 nm 和 677 nm，FWHM 在 12~32 nm 变化，具有优异的单色性。使用 2.1.2 节中介绍的方法测量三种纳米晶体的相对量子产率，CsPbBr$_3$ 的量子产率可达到 87%，CsPbI$_3$ 的量子产率为 40%，而 CsPbCl$_3$ 的量子产率小于 1%。

表 2.3　使用 Scherrer 公式计算得到的 CsPbBr$_3$ 和 CsPbCl$_3$ 平均粒径

| 晶面 | 平均粒径/nm | |
|------|-------------|---|
| | CsPbBr$_3$ | CsPbCl$_3$ |
| (110) | 7.3 | 15.8 |
| (200) | 8.3 | 12.5 |
| (211) | 9.4 | 17.1 |

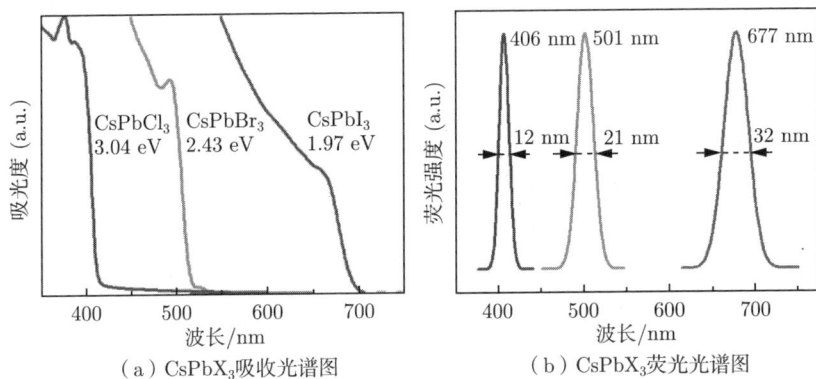

（a）CsPbX$_3$吸收光谱图　　　（b）CsPbX$_3$荧光光谱图

图 2.14　CsPbX$_3$（X＝I，Br，Cl）纳米晶的吸收光谱与荧光光谱

按 2.1.2 节中的方法将 CsPbI$_3$ 与 CsPbBr$_3$ 纳米晶封装在 PMMA 高聚物内，可以得到如图 2.15 所示的荧光字母色块，左侧为白光 LED 灯照射下的图片，右侧为紫外手电照射下的图片，可以看到字母色块发出明

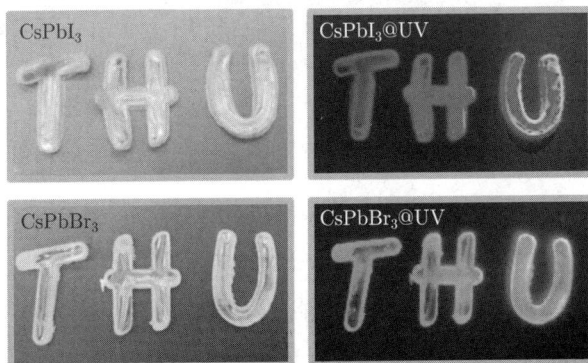

图 2.15　CsPbI$_3$ 与 CsPbBr$_3$ 制成的荧光色块

亮的红色与绿色荧光。被封装在 PMMA 中的量子点稳定性显著提高，在实验室环境中可以保存至少 46 天。

## 2.3　CsPbBr$_3$ 纳米晶在液滴流微反应器内的生长规律探究

CsPbX$_3$ 晶体的离子性质决定了其在高温条件下有非常快的结晶生长速度，成核与生长过程可以在几秒内完成。已有的研究工作表明，在反应初期的 1~3 s 即可完成大部分的晶体生长过程[190]。本节以 CsPbBr$_3$ 纳米晶为主要研究对象，通过调整前驱体在液滴流微反应器中的停留时间与反应温度，观测到不同反应条件下的晶体形貌变化与发光性能变化。

首先是对反应时间的调控，通过调整反应管段的管长与连续相、分散相的流量，可以调控前驱体在反应管内的停留时间。具体操作参数列在表 A.2 中。图 2.16 显示当控制反应温度为 140℃，停留时间从 1 s 增加到 27.5 s 时，CsPbBr$_3$ 晶体形态从纳米线转变为纳米立方体，特征尺寸（纳米线的径向直径或纳米立方体的边长）随之增加，白色比例尺的长度代表 20 nm。

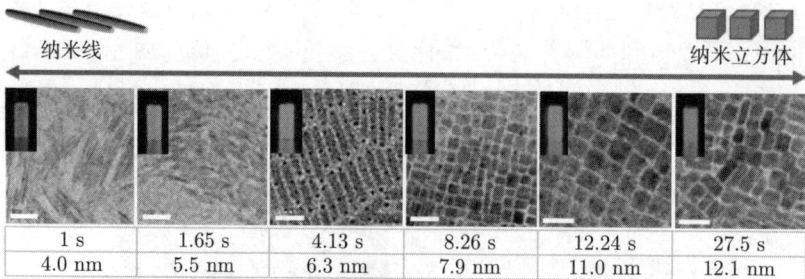

| 纳米线 | | | | | 纳米立方体 |
|---|---|---|---|---|---|
| 1 s | 1.65 s | 4.13 s | 8.26 s | 12.24 s | 27.5 s |
| 4.0 nm | 5.5 nm | 6.3 nm | 7.9 nm | 11.0 nm | 12.1 nm |

图 2.16　CsPbBr$_3$ 形貌与特征尺寸随停留时间的变化（见文前彩图）

TEM 图左上角的插图是不同停留时间下 CsPbBr$_3$ 胶体分散液在紫外灯下的荧光图，随着停留时间的延长，荧光从蓝光变化为绿光。停留时间不仅影响钙钛矿纳米晶的粒径，也使纳米晶在生长方向上显示出各向异性。分析原因，可能是在不同的停留时间下，前驱体液滴在从反应管进入冷却管时正处于不同的生长阶段（如成核结束阶段或生长完全阶段）。

在从反应温度降低到淬灭温度的过程中，刚刚成核的纳米晶尚需要经历低温生长的环节。而在较低的温度下，配体辅助的纳米晶发生定向附着，纳米团簇倾向于生长成纳米线的结构[57]。随着停留时间的延长，纳米团簇在高温条件下（140℃）可以在多个面上同时结合生长，最终变为纳米立方体。

当停留时间小于 5 s 时，纳米晶的尺寸小于 Wannier-Mott 激子波尔直径 7 nm[11]，其发光性能显示出明显的量子限域效应。如图 2.17（a）与图 2.17（b）所示，随着停留时间的延长，CsPbBr$_3$ 纳米晶的吸收光谱与发射光谱红移，发射峰峰值从 474 nm 增加到 515 nm，带隙能量从 2.61 eV 降低到 2.43 eV，并伴随着半峰宽的减小，表明随着晶体生长逐渐完整，纳米晶体也展现出更好的单分散性。光致发光参数的变化在反应初期（8 s 内）尤为明显，这再次说明 CsPbBr$_3$ 纳米晶的成核生长是一个快反应过程。从图 2.17（c）中可以看出，随着停留时间的延长，产品中四方相晶体（ICSD: 231018）的比例也会逐渐增加。停留时间为 8.26 s 时，晶体 XRD 图谱与 2.2节中的图谱近似。

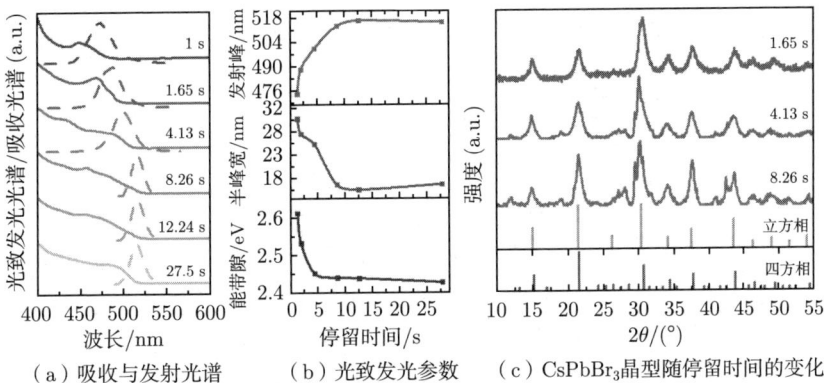

（a）吸收与发射光谱　　　（b）光致发光参数　　（c）CsPbBr$_3$晶型随停留时间的变化

图 2.17　CsPbBr$_3$ 的荧光性能与晶型随时间的变化

如果控制 CsPbBr$_3$ 纳米晶的停留时间为 8.26 s，反应温度从 100℃ 到 180℃ 之间变化，同样可以发现纳米晶的形态从纳米线到纳米立方体变化，如图 2.18所示，白色比例尺代表 20 nm。随着反应温度的升高，CsPbBr$_3$ 纳米晶的特征长度从 6.9 nm 增长至 8.7 nm，发射光从蓝绿色变为明亮的绿色，产品粉末也从浅黄色转变为橘黄色。

纳米线

纳米立方体

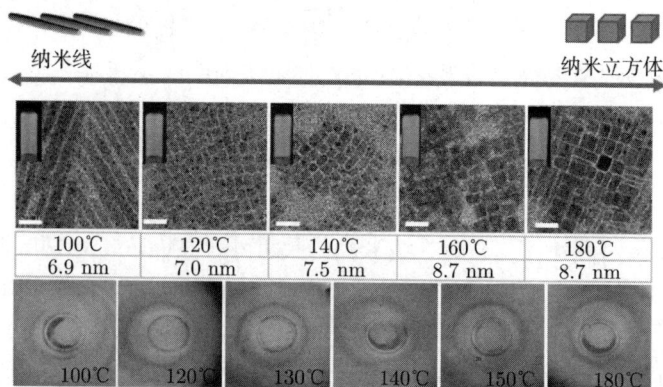

| 100℃ | 120℃ | 140℃ | 160℃ | 180℃ |
| 6.9 nm | 7.0 nm | 7.5 nm | 8.7 nm | 8.7 nm |

| 100℃ | 120℃ | 130℃ | 140℃ | 150℃ | 180℃ |

图 2.18　CsPbBr₃ 形貌、尺寸与颜色随反应温度的变化（见文前彩图）

在调控反应温度的过程中，CsPbBr₃ 纳米晶同样表现出了随尺寸减小而发生的量子限域效应。如图 2.19 所示，随着温度的升高，纳米晶的发光波长从 474 nm 红移至 512 nm，能带隙从 2.56 eV 减小到 2.52 eV，半峰宽也从 32 nm 减小到 19 nm。在 8.26 s 的停留时间里，反应温度对纳米晶尺寸、发射峰等参数的影响更小，只是在温度达到 140℃ 后具有更为

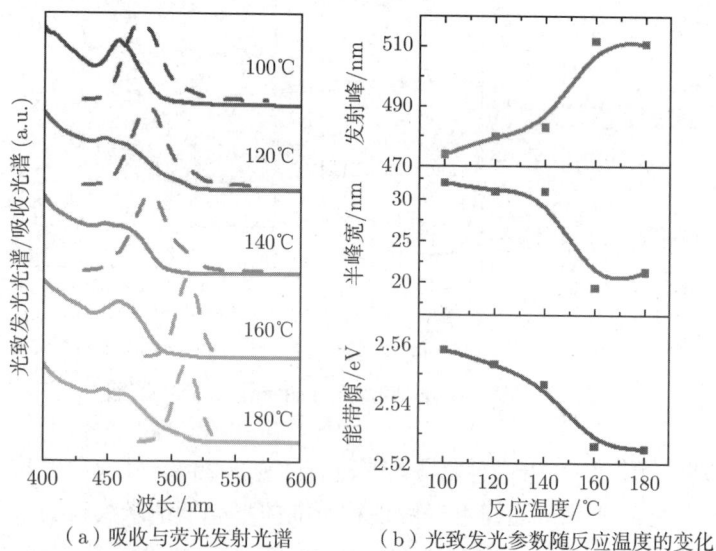

（a）吸收与荧光发射光谱　　（b）光致发光参数随反应温度的变化

图 2.19　CsPbBr₃ 的荧光性能与晶型随反应温度的变化

明显的影响，具体表现为发射峰明显红移与半峰宽、能带隙的显著降低，这与 $CsPbBr_3$ 从四方晶系转变为立方晶系的相变点 $130°C^{[8]}$ 相吻合。

　　结合晶体形貌、尺寸与光致发光的参数，可以认为 $CsPbBr_3$ 纳米晶的光致发光特性符合"木桶理论"，即其发光性能受短特征尺寸的影响。尤其对于线性纳米晶来说，虽然其轴向尺寸明显长于 Wannier-Mott 激子波尔直径，但由于其径向尺寸小，仍能展现出明显的量子限域效应。此外，停留时间对纳米晶形貌的影响比反应温度更为明显，且随着停留时间的延长，晶型组成会更为复杂。在反应温度高于 140°C 时，更有助于获得尺寸均一、发光光谱窄的 $CsPbBr_3$ 纳米晶。

## 2.4　全可见光谱发光的铯铅卤钙钛矿纳米晶体制备及器件化应用

　　对于卤素组成多变的 $CsPbX_3$ 钙钛矿纳米晶来说，液滴流微反应器的一大优势就是可以在单次装置运行过程中，在线调控卤素前驱体的比例，进而获得多种卤素组成、荧光光谱可调的钙钛矿纳米晶。为了能灵活调控钙钛矿纳米晶的卤素组成，图 2.2 中的泵 P1、P2 需要装载上 $PbI_2$、$PbBr_2$ 或 $PbBr_2$、$PbCl_2$ 前驱体溶液，在反应过程中通过改变 P1 与 P2 的注射流量来调控进入混合器 M2 中前驱体卤素的比例。在一次反应中，最多合成 13 种卤素组成的 $CsPbX_3$ 纳米晶体，其光致发光光谱如图 2.20（a）所示，荧光峰值范围为 406~677 nm，半峰宽在 12~32 nm 之间变化。其中 9 种卤素组成的纳米晶前驱体流量已列在表 A.3 中，其他卤素组成的纳米晶体均可以通过调整前驱体的比例而制成。图 2.20（b）是 $CsPbX_3$ 胶体在日光灯与紫外光灯下的图片。选择其中荧光颜色差异明显的纳米晶体分散在 PMMA 的甲苯溶液中，再倒入字母硅胶模具，待甲苯挥发后即可得到固体的荧光字母块。图 2.20（c）即为不同卤素组成的 $CsPbX_3$@PMMA 拼成的 RAINBOW（彩虹）单词。

　　图 2.21 对 $CsPbX_3$ 纳米晶的光致发光性能进行了详细阐释。图 2.21（a）为 $CsPbX_3$ 纳米晶的荧光光谱与吸收光谱，所有卤素组成的 $CsPbX_3$ 纳米晶均表现出下转换发光的特性，其量子产率也标示在图中。$CsPbX_3$ 纳米晶的光致发光荧光寿命与半导体固有的特性和纳米晶体表面的化学

状态有关。如果表面缺陷增加，会增加非辐射复合的概率，从而导致激子寿命缩短。通过三指数衰减函数 (式 (2.6)) 拟合曲线，图 2.21（b）绘出了五种 $CsPbX_3$ 荧光衰减曲线，表 2.4 中列出了不同卤素组成的纳米晶体荧光寿命，在 2.9~97.4 ns 之间。相比于其他热注入法[11]，在液滴流微反应器中合成的钙钛矿纳米晶具有更长的荧光寿命。$CsPbI_3$ 纳米晶的荧光寿命甚至长于 PLQY 接近 100% 的 $CsPbI_3$ 荧光寿命（36 ns[120]），$CsPbBr_3$ 的荧光寿命同样长于其他文献中 PLQY 接近 100% 的 $CsPbBr_3$ 荧光寿命（11.03 ns[156]）。这说明在高浓度前驱体液滴内合成的 $CsPbX_3$ 具有更少的表面缺陷，成功抑制了光生载流子非辐射复合的路径。所有 $CsPbX_3$ 纳米晶的荧光衰减曲线及其拟合公式的具体参数可以查询图 A.1 和表 A.4。

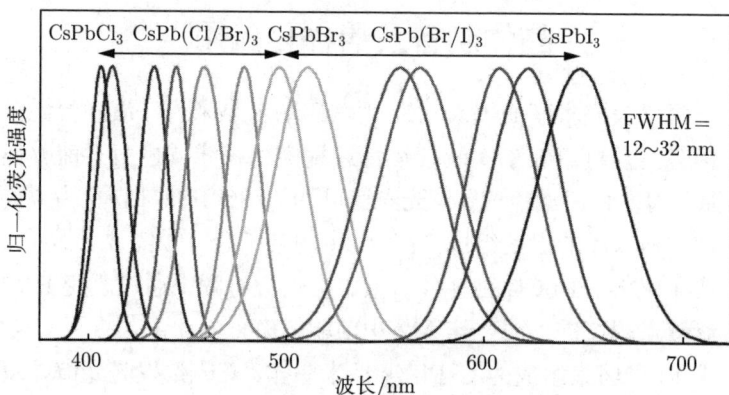

（a）$CsPbX_3$ 全可见光谱荧光图谱

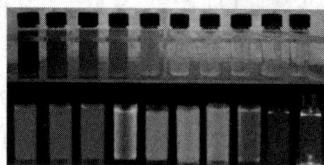

（b）$CsPbX_3$ 胶体图片　　　　（c）$CsPbX_3$@PMMA 荧光字母

**图 2.20　全可见光谱发光的 $CsPbX_3$ 纳米晶体（见文前彩图）**

为了验证卤素离子的成功掺杂，图 2.22（a）显示了 $CsPbI_{1.5}Br_{1.5}$ 的 EDS 元素图谱，其中 Cs、Pb、I、Br 四种元素在纳米晶体中均匀分布，表明 $Br^-$ 与 $I^-$ 在纳米晶中均匀掺杂。图 2.22（b）显示，从 $CsPbI_{1.5}Br_{1.5}$

到 $CsPbI_2Br$，随着 $I^-$ 比例的增加，纳米晶体胶体分散液发光从橘色变为红色（右上角插图），(100) 面晶格间距也随大半径阴离子比例的增加而增加（从 5.88 Å 到 6.0 Å）。

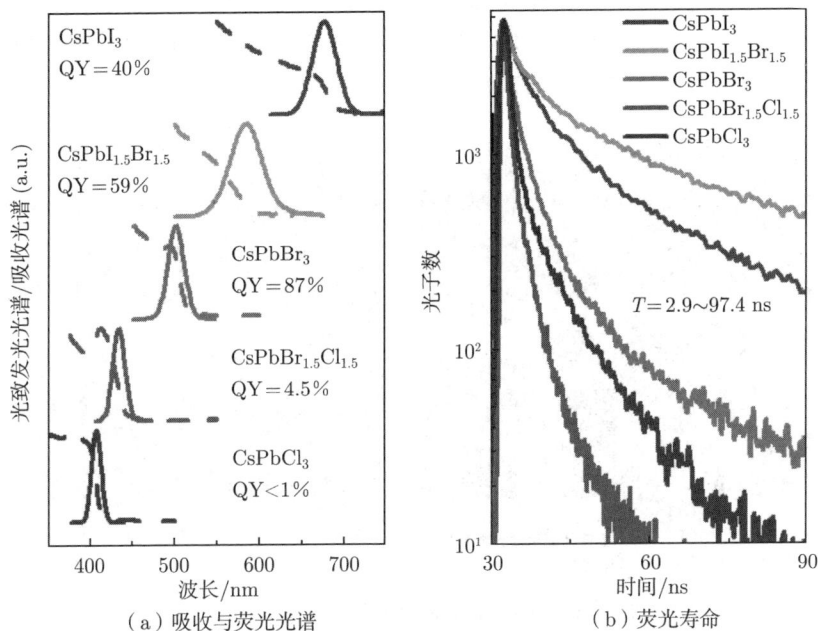

（a）吸收与荧光光谱　　　　　　（b）荧光寿命

图 2.21　**$CsPbX_3$ 纳米晶的光致发光性能（见文前彩图）**

表 2.4　不同卤素组成的 $CsPbX_3$ 纳米晶的荧光寿命

| 纳米晶体 | 荧光寿命/ns | 纳米晶体 | 荧光寿命/ns |
|---|---|---|---|
| $CsPbI_3$ | 44.80 | $CsPbBr_2Cl$ | 8.39 |
| $CsPbI_2Br$ | 64.50 | $CsPbBrCl_2$ | 2.94 |
| $CsPbI_{1.5}Br_{1.5}$ | 97.41 | $CsPbBr_{1.5}Cl_{1.5}$ | 4.34 |
| $CsPbIBr_2$ | 4.14 | $CsPbCl_3$ | 7.10 |
| $CsPbBr_3$ | 16.61 | | |

　　受益于良好的光学特性，多种卤素组成的钙钛矿纳米晶可以被封装在 PMMA 中，以构建各种 LED 设备。本节最后将介绍一种柔性的 LED 灯带。以蓝光 LED 灯带为基底，将钙钛矿、PMMA 与甲苯的混合溶液滴

在蓝光 LED 灯带上，待甲苯挥发后，即可得到如图 2.23（a）所示的彩色 LED 灯带。图 2.23（b）展示了将灯带缝制在白色实验服上后得到的可穿戴设备及开关状态，检测环境为北京 10 月的室外环境，环境温度约为 10℃。随后，可穿戴 LED 实验服在室温 20℃ 和烘箱内（20～100℃）均能保持明亮的荧光（图 2.23（c））。其高温耐受性良好，使 LED 灯带可以适用于需要高温操作的场合。

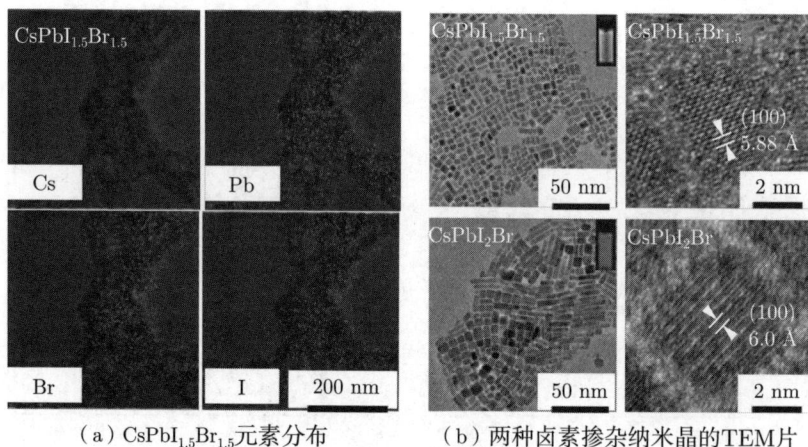

（a）CsPbI$_{1.5}$Br$_{1.5}$元素分布　　　　（b）两种卤素掺杂纳米晶的TEM片

图 2.22　卤素掺杂钙钛矿纳米晶的元素分布与晶格测量

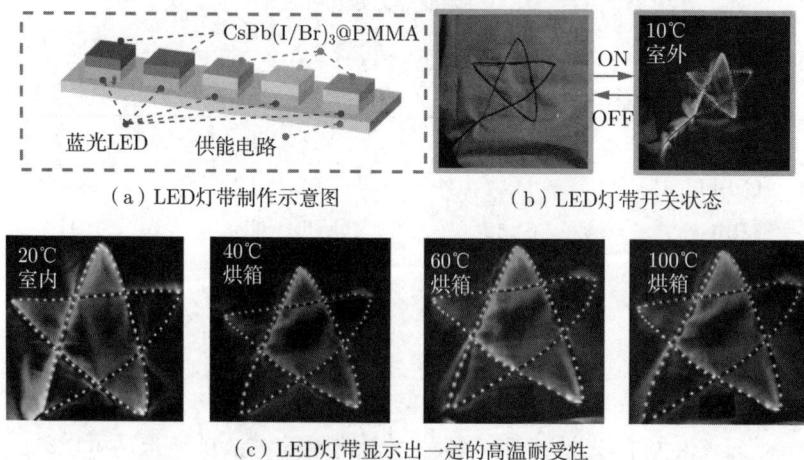

（a）LED灯带制作示意图　　　　（b）LED灯带开关状态

（c）LED灯带显示出一定的高温耐受性

图 2.23　LED 灯带制作及其温度稳定性

# 2.5　小　　结

本章设计了一种新型环境友好的合成全无机卤化钙钛矿纳米晶液滴流微反应器平台。该平台具有四个突出的优点：

（1）通过模块化的组装方法，液滴流微反应器可以连续高效地合成钙钛矿纳米晶。纳米晶体具有较高量子产率，最高可达 87%，显著高于其他微流控合成方法。同时，该平台可以连续调节卤化钙钛矿纳米晶的反应条件，从而极大地节省了优化操作参数所需要的时间、原料与人力。

（2）液滴流微反应器平台可将有效前体浓度提高到同类制备方法的 3~116 倍，配体浓度降低到现有方法的 2%~50%，单次反应理论产率提高 2~61.5 倍，单次反应（20 min）实际 $CsPbBr_3$ 粉末产量为 0.38 g。在合成钙钛矿纳米晶的过程中，本工艺大大降低了溶剂处理负担，提高了晶体纯度。高浓度的前体还有助于提高晶体表面的完整性，从而提高量子产率，延长荧光寿命。

（3）通过灵活调控反应物的停留时间与反应温度，实现了对线状、棒状、立方体状 $CsPbBr_3$ 纳米晶的可控制备，并证明纳米晶体的量子限域效应由短特征尺寸决定。

（4）液滴流微反应器平台通过使用多个注射泵同时注入不同的卤化铅前驱体，可以在一次操作过程内合成具有整个可见光谱发光（406~677 nm）的纳米晶体，半峰宽为 12~32 nm，荧光寿命在 2~97 ns。

总之，该液滴流微反应器平台成功地解决了提高纳米晶体产量和控制晶体尺寸之间的矛盾，为钙钛矿纳米晶的生长动力学研究和大规模生产提供了崭新的策略，同时为钙钛矿纳米晶的大规模应用奠定了基础。

# 第 3 章　配体工程提高铅卤钙钛矿纳米晶稳定性及应用探究

在第 2 章中通过设计搭建液滴流微反应器平台，实现了铯铅卤钙钛矿纳米晶体的规模化制备，并获得了具有窄半峰宽、较长荧光寿命且能够覆盖全可见光谱的钙钛矿纳米晶体。但正如第 1 章中所论述的，以油胺油酸为配体的钙钛矿纳米晶具有动态配体的特性，配体在溶剂中容易脱落。纳米晶对水分、氧气或热量具有敏感性，离子化的晶格结构过于脆弱而无法保持其光学性能，且离子交换的特性使得具有不同卤素组成的钙钛矿纳米晶在混合时容易失去单色性。

根据已有的钙钛矿纳米晶稳定性提升策略，本章拟采用配体工程，引入硅烷偶联剂优化钙钛矿纳米晶的配体组成。硅烷偶联剂是一种用于对纳米粒子表面改性的重要分散剂，通常具有双官能团，通式为 R'Si(OR)$_3$，其中 R' 基团为有机官能团，OR 表示水解官能团[209]。硅烷偶联剂的作用机理包括水解和缩合两个主要过程。首先是水解成为硅醇，然后硅醇与固体表面或其他硅醇、硅氧烷发生缩合作用，生成 Si—O—C 键或 Si—O—Si 键。

首先，本章在第 2 章的基础上，使用带氨基的硅烷偶联剂 APTES 作为碱性配体，利用其自水解的特性在合成过程中形成 Si—O—Si 保护层，减少纳米晶表面缺陷，进而达到提升稳定性与量子产率的目的，实现稳定钙钛矿纳米晶的规模化制备；其次，对于稳定性最差的 CsPbI$_3$ 纳米晶，系统探究碱性配体链长对其生长速度与尺寸的影响，优化 CsPbI$_3$ 钙钛矿纳米晶制备过程中的停留时间与配体组成；最后，制备全光谱发光的高稳定性钙钛矿纳米晶，并探究其在光致发光 LED 器件领域的应用。

# 3.1　实 验 方 法

## 3.1.1　实验试剂

本章所使用试剂均于购买后直接使用，主要包括：

（1）铯铅卤钙钛矿纳米晶制备使用的醋酸铯（CsOAc，3A Chemicals，99.9%），碘化铅（PbI$_2$，Energy Chemical，99%），溴化铅（PbBr$_2$，Aladdin，99%），氯化铅（PbCl$_2$，Energy Chemical，99%），1-十八烯（ODE，Alfa Aesar，90%），油酸（OA，Aladdin，AR），油胺（OAm，Macklin，80%~90%），3-氨丙基三乙氧基硅烷（3-aminopropyltriethoxysilane，APTES，Beijing Solarbio Science & technology），氢碘酸（HI，J&K Scientific，57%），三正辛基膦（TOP，Rhawn Chemical，90%），乙酸甲酯（MeOAc，Innochem，99%），正己烷（Genera–Reagent，97%），Galden 导热氟油（PFPE，HT200），二甲基硅氧烷（Meryer，180℃）；

（2）测量钙钛矿纳米晶量子产率使用的罗丹明 6G（Meryer，95%），荧光素（Meryer，90%），香豆素 343（Acros，99%），甲苯（通广试剂，AR），无水乙醇（Greagent，≥99.7%），氢氧化钠（Greagent，≥96%）；

（3）封装钙钛矿纳米晶使用的聚甲基丙烯酸甲酯（PMMA，Energy Chemical），甲苯（通广试剂，AR）。

## 3.1.2　表征手段

本章将使用到 2.1.2 节中介绍的所有结构与光学性能的表征方法。除此之外，其他表征方法如下。

纳米晶荧光衰减动力学分析。辐射衰减速率常数 $k_r$ 和非辐射衰减速率常数 $k_{nr}$ 与荧光寿命 $\tau$ 满足关系式(3.1)[15]：

$$\tau = \frac{1}{k_r + k_{nr}} \tag{3.1}$$

量子产率的定义为发射光子数与吸收光子数的比例，也可用衰减速率常数表示为[210]

$$\phi = \frac{k_r}{k_r + k_{nr}} \tag{3.2}$$

若已知荧光寿命与量子产率，可根据式(3.1)和式(3.2)计算纳米晶发光过程的衰减速率常数与辐射复合寿命 $\tau_r$：

$$k_r = \frac{\phi}{\tau} \tag{3.3}$$

$$k_{nr} = \frac{1}{\tau} - k_r \tag{3.4}$$

$$\tau_r = \frac{1}{k_r} = \frac{\tau}{\phi} \tag{3.5}$$

钙钛矿纳米晶 LED 灯珠 CIE 1931$(x, y)$ 空间色坐标使用 ZWL 光色电综合测试系统测量。本章选用 sRGB 与 NTSC 两种标准色域范围[211]，其色坐标值列在表 3.1 中。本章中 LED 灯珠的 NTSC 色域计算使用 GB 21520—2015[212] 中的计算式(3.6)。NTSC 色域对应 sRGB 色域的值为 141.2% sRGB[213]。

$$G_{NTSC} = \frac{(x_R - x_B) \times (y_G - y_B) - (x_G - x_B) \times (y_R - y_B)}{0.3141} \times 100\% \tag{3.6}$$

**表 3.1    sRGB 与 NTSC 标准色域值**

|   | sRGB | | NTSC | |
|---|---|---|---|---|
|   | $x$ | $y$ | $x$ | $y$ |
| R | 0.6400 | 0.3300 | 0.6700 | 0.3300 |
| G | 0.3000 | 0.6000 | 0.2100 | 0.7100 |
| B | 0.1500 | 0.0600 | 0.1400 | 0.0800 |

### 3.1.3    分子模拟计算

本章使用 Materials sutdio 2017 中的 CASTEP 程序计算油胺与 APTES 配体在 CsPbBr$_3$ 纳米晶体表面的结合能，使用 Gaussian 80 计算油胺与 APTES 配体的分子轨道。

### 3.1.4    反应器设计与实验操作

#### 3.1.4.1    液滴流微反应器设计

本章所用液滴流反应器与 2.1.3 节中反应器结构近似，基于模块化结构的液滴流微反应器系统集成了输送模块、混合模块、预热模块、反应模块、淬灭模块与泄压模块，其结构如图 3.1所示。

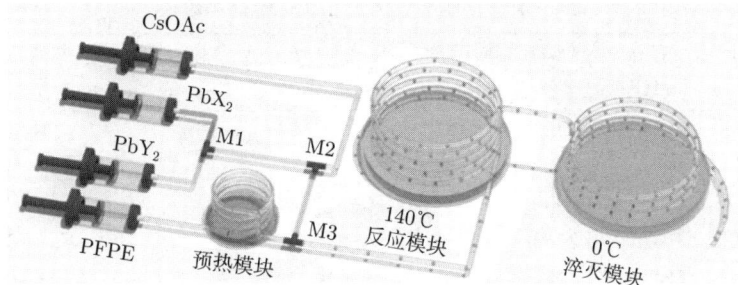

图 3.1　液滴流微反应器结构示意图

其中卤化铅前驱体使用两台兰格 LSP02-1B 常压泵注射，在内径为 0.8 mm 的 T 型混合器 M1 中混合。油酸铯前驱体使用 Harvard PHD ULTRA 常压泵注射，全氟聚醚使用可耐高压的平流泵（北京航天世纪星科技有限公司 2PB 系列）输送。混合模块由内径为 0.25 mm 的 T 型三通混合器 M2 与长为 50 cm、外径为 1.6 mm、内径为 0.9 mm 的 PTFE 软管组成。PFPE 作为惰性载体导热油，在进入反应器之前，先通过一段长为 50 cm、外径为 1.6 mm、内径为 0.6 mm 的 316L 不锈钢管并预热至反应温度 140℃。反应模块由 PTFE 管构成，长为 130cm，外径为 1.6 mm，内径为 0.9 mm。前驱体溶液在内径为 0.8 mm 的 T 型混合器 M3 中被载油剪切，产生直径约为 630 μm 的液滴作为前驱体的微型反应器。淬灭模块中，PTFE 管被浸入冰水浴中，通过快速降温终止晶体生长。图 3.1 中未画出泄压模块，泄压模块的操作方式同 2.1.3 节。

### 3.1.4.2　前驱体溶液配置

在 2.1.4 节实验配方的基础上，本节将碱性配体 OAm 替换成带有氨基基团的硅烷偶联剂 APTES，利用 APTES 自水解的特性在钙钛矿纳米晶表面形成 Si—O—Si 保护层，达到提升钙钛矿稳定性的目的。为区别两种碱性配体制备的纳米晶，以 OAm 为配体的钙钛矿纳米晶用 $CsPbX_3$@OAm 表示，以 APTES 为碱性配体的钙钛矿纳米晶用 $CsPbX_3$@APTES 表示。前驱体、溶剂与优化后的配体用量已列在表 3.2 中。

在配置油酸铯前驱体溶液时，按表 3.2 中用量在 25 mL 玻璃烧杯中加入 CsOAc 和溶剂 ODE，将反应物放入 120℃ 真空烘箱中干燥 1 h，然后加入 OA，使用余温在磁力搅拌器上搅拌溶解。

表 3.2　前驱体、溶剂与优化配体用量表

| 钙钛矿种类 | 前驱体 | 反应物质量/g | 物质的量/mmol | ODE/mL | OA/mL | APTES/mL | TOP/mL | 物质的量浓度/(mol/L) |
|---|---|---|---|---|---|---|---|---|
| $CsPbI_3$ | CsOAc | 0.0959 | 0.500 | 9 | 1 | — | — | 0.050 |
| @APTES | $PbI_2$ | 0.3458 | 0.750 | 8 | 1 | 1 | — | 0.075 |
| $CsPbBr_3$ | CsOAc | 0.0959 | 0.500 | 9 | 1 | — | — | 0.050 |
| @APTES | $PbBr_2$ | 0.2753 | 0.750 | 8 | 1 | 1 | — | 0.075 |
| $CsPbCl_3$ | CsOAc | 0.0720 | 0.375 | 9 | 1 | — | — | 0.038 |
| @APTES | $PbCl_2$ | 0.1596 | 0.563 | 7 | 1 | 1 | 1 | 0.056 |

在配置卤化铅前驱体溶液时，按表 3.2 中用量，在 25 mL 三颈瓶中加入卤化铅和溶剂 ODE，将反应物放入 120℃ 真空烘箱中干燥 1 h，然后加入 OA 与 APTES，在 120° 油浴锅中搅拌溶解。对于 $PbCl_2$ 前驱体，需要 150℃ 油浴并添加 1 mL TOP 来辅助溶解。卤化铅加热时间不宜太久，否则 APTES 会在三颈瓶内发生水解交联，生成乳白色浑浊物，通入反应器时会立即堵塞通道。

制备 OAm-HI 溶液时，取 1 mL 57% 的 HI 水溶液加入 10 mL OAm 中，通入 $N_2$ 保护，在 120℃ 油浴锅中搅拌 2 h，直到得到明黄色液体。该液体在室温下存储时底部会凝结成白色固体，在每次使用前加热溶解即可。在 3.3 节及之后，OAm-HI 与 APTES 协同使用作为 $CsPbI_3$ 的配体。

### 3.1.4.3　钙钛矿纳米晶制备与分离

将所有的前驱体溶液冷却至室温，然后转移到 10 mL 塑料注射器中。PFPE 装入 250 mL 试剂瓶中。微反应器操作方法同 2.1.4.2 节。

在使用 APTES 作为碱性配体后，分散在 ODE 中的纳米晶难以通过机械离心的方式分离，因此需要加入沉淀剂 MeOAc。8000 r/min 离心 5 min 后将沉淀分散在正己烷中。将己烷分散液再次 8000 r/min 离心 5 min，弃去大颗粒沉淀，上清液存储于 4℃ 的黑暗环境下，用于后续表征。

图 3.2 显示了在 $CsPbI_3$@APTES/OAm-HI 粗产品中加入 1 倍、2 倍、3 倍体积沉淀剂后的 TEM 图。沉淀剂添加量太少时，纳米晶体沉淀不完全，ODE 上清液仍呈现红色（$CsPbI_3$ 纳米晶的颜色）。沉淀剂添加量太多时，会洗去配体引发纳米晶聚并，导致其难再分散在己烷中且容易分

解，如图 3.2右上角的插图所示，因此沉淀剂:粗产品 =2:1(体积比) 是合适的添加量。

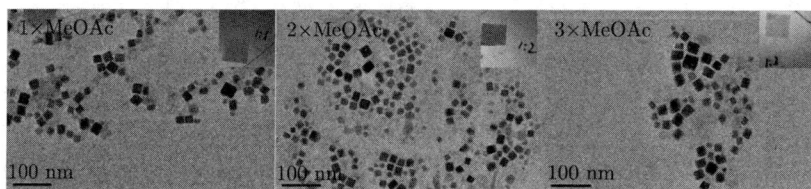

图 3.2 在 CsPbI$_3$ 粗产品中加入不同体积比沉淀剂后的 TEM 图

## 3.2 以 APTES 为配体的铅卤钙钛矿纳米晶制备

APTES（3-氨丙基三乙氧基硅烷）是一种带有—NH$_2$ 的硅烷偶联剂，化学式为 C$_9$H$_{23}$O$_3$SiN，其结构式与球棍模型分别如图 3.3（a）和图 3.3（b）所示。

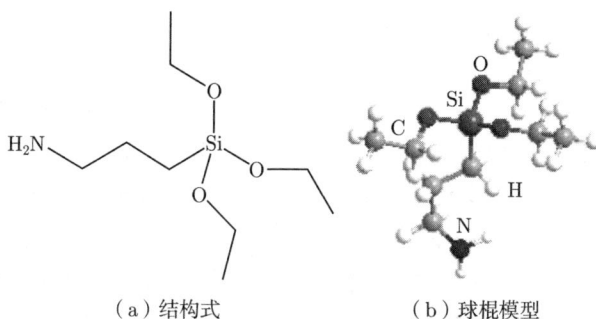

（a）结构式 （b）球棍模型

图 3.3 APTES 分子结构式与球棍模型

Sun 等[214] 曾提出在空气中痕量水存在的条件下，APTES 的水解缩合过程:

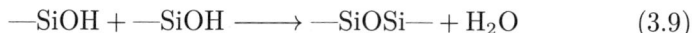

$$—SiOC_2H_5 + H_2O \longrightarrow —SiOH + C_2H_5OH \tag{3.7}$$

$$—SiOH + —SiOC_2H_5 \longrightarrow —SiOSi— + C_2H_5OH \tag{3.8}$$

$$—SiOH + —SiOH \longrightarrow —SiOSi— + H_2O \tag{3.9}$$

如果 APTES 作为配体参与晶体结晶反应，主要依靠自水解过程生成 Si—O—Si 键[154]，前驱体中有机羧酸的存在也会促进 APTES 的水解缩合过程[215]。图 3.4 是 $Cs^+$、$Pb^{2+}$、$X^-$ 前驱体在液滴中限域结晶生长过程的示意图。APTES 作为碱性配体，驱动晶体生长，同时发生自水解过程生成 $\overbrace{SiR_2—O—SiR_2}_n$ 高聚物，在晶体表面形成保护膜并钝化晶体缺陷。

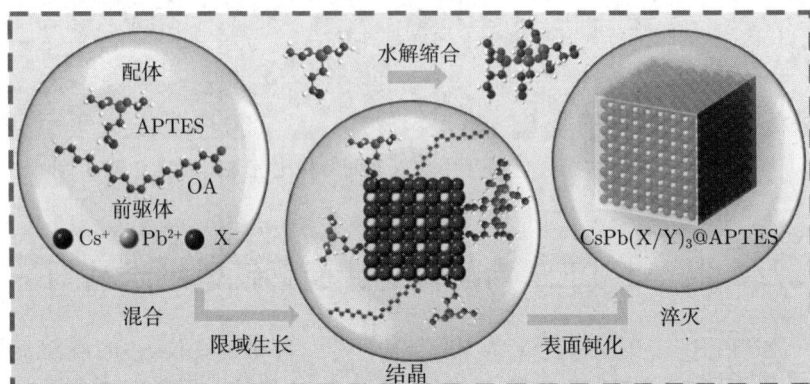

**图 3.4　钙钛矿纳米晶在液滴内的限域生长过程与 APTES 自水解过程**

图 3.5（a）是在单次制备过程中按表 3.2 中前驱体用量制备的 CsPbBr₃@APTES 纳米晶粉末，产量为 0.26 g，收率达 70%。在日光下呈现黄绿色，在紫外灯的照射下发出明亮的绿色荧光。图 3.5（b）对比了本方法的实际产量与已报道文献中的 CsPbBr₃ 粉末产量。空心数据点表示理论产量，实心数据点表示文献中明确写出的实际产量，红星表示本工作的实际产量。使用本平台制备的钙钛矿纳米晶产量可以在单次反应（20 min）内达到亚克级别，且粉末可以重新分散在正己烷中形成胶体溶液。后续表征方法将进一步证明规模化制备的钙钛矿纳米晶同样具有优异的结晶纯度与光学性能。

FT-IR 光谱用于验证 Si—O—Si 在纳米晶体表面的成功包覆，CsPbBr₃@APTES 与 CsPbBr₃@OAm 粉末的 FT-IR 图谱如图 3.6（a）所示，可以发现两种物质均被检测到 C—H 的伸缩振动与弯曲振动峰、N—H 与 O—H 的伸缩振动峰和 C=O 的伸缩振动峰。而 CsPbBr3@APTES 在 $1040\,cm^{-1}$ 与 $1119\,cm^{-1}$ 处还被检测到了 Si—O—C 和 Si—O—Si 的特征峰，在 $926\,cm^{-1}$ 还检测到 Si—OH 的微弱峰，说明在 CsPbBr3@APTES 纳米晶体中形成了 Si—O—Si 保护层。CsPbI₃@APTES 的 FT-IR 光谱同样可以证明 APTES 水解缩合成功，如图 3.6（b）所示，检测到 C—H 在

2854 cm$^{-1}$ 和 2924 cm$^{-1}$ 处的伸缩振动峰、在 1378 cm$^{-1}$ 和 1463 cm$^{-1}$ 处的弯曲振动峰，C=O 在 1642 cm$^{-1}$ 的伸缩振动峰和 C=C 在 1537 cm$^{-1}$ 处的伸缩振动峰。除此之外，还检测到 Si—O—C 和 Si—O—Si 在 1040 cm$^{-1}$ 和 1122 cm$^{-1}$ 处的特征峰，说明在制备 CsPbI$_3$@APTES 的过程中，APTES 发生水解缩合过程。

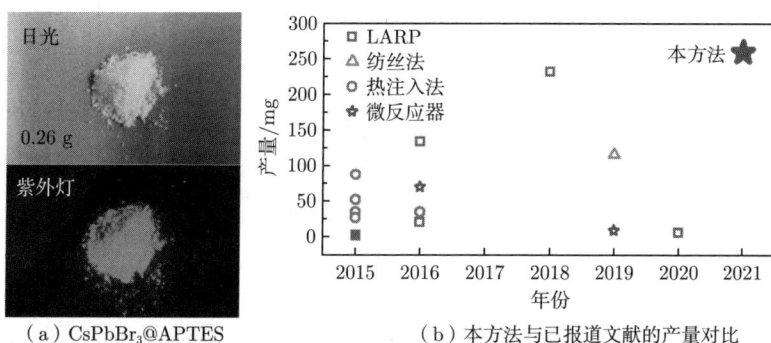

（a）CsPbBr$_3$@APTES　　　　（b）本方法与已报道文献的产量对比

图 3.5　使用液滴流微反应器实现钙钛矿纳米晶的亚克量级制备

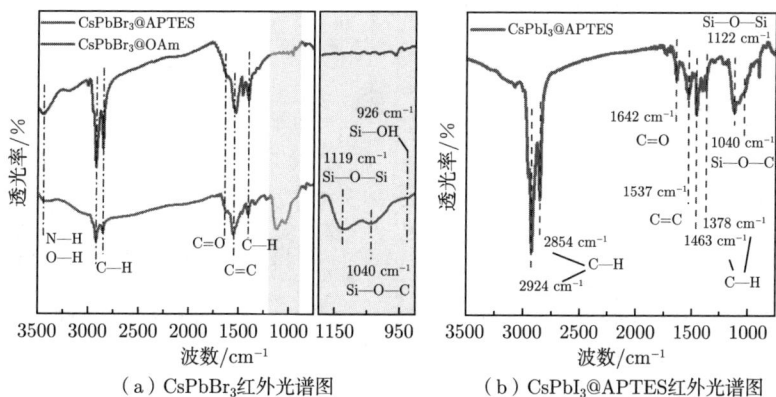

（a）CsPbBr$_3$红外光谱图　　　　（b）CsPbI$_3$@APTES红外光谱图

图 3.6　CsPbX$_3$@APTES（X=I, Br）的红外光谱图

对 CsPbI$_3$@APTES 粉末进行 XPS 检测，可以检测到 Si 元素的存在，如图 3.7所示。同时 O 元素的 1s 峰可被解析为结合能 531.01 eV 和 532.11 eV 的两个峰，分别对应于金属离子 Cs$^+$、Pb$^{2+}$ 结合的 O，和与 Si、C 结合的 O。C 元素的 1s 峰除 284.4 eV 处污染碳的峰外，还可以分析出结合能为 285.68 eV 和 288.09 eV 的两个峰，分别对应 C—O 与—COO$^-$ 两种化学环境下的 C 元素。因此可证明材料中 Si—O 与 C—O 的存在。

其他元素的 XPS 数据如图 3.8 所示，Cs、Pb、I、N 元素均被检测出，

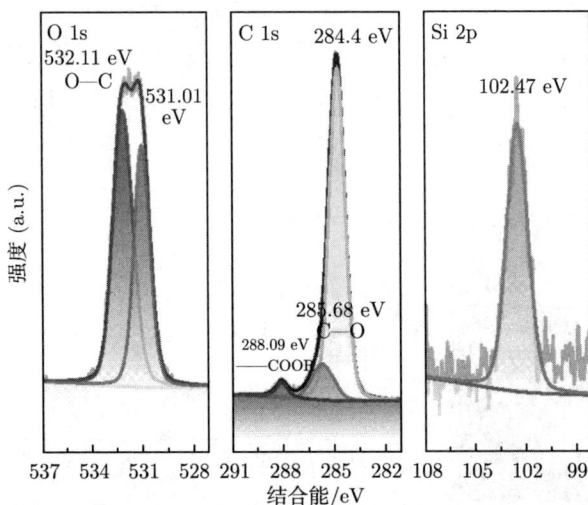

**图 3.7    CsPbI₃@APTES 中 C、O、Si 的 XPS 谱图**

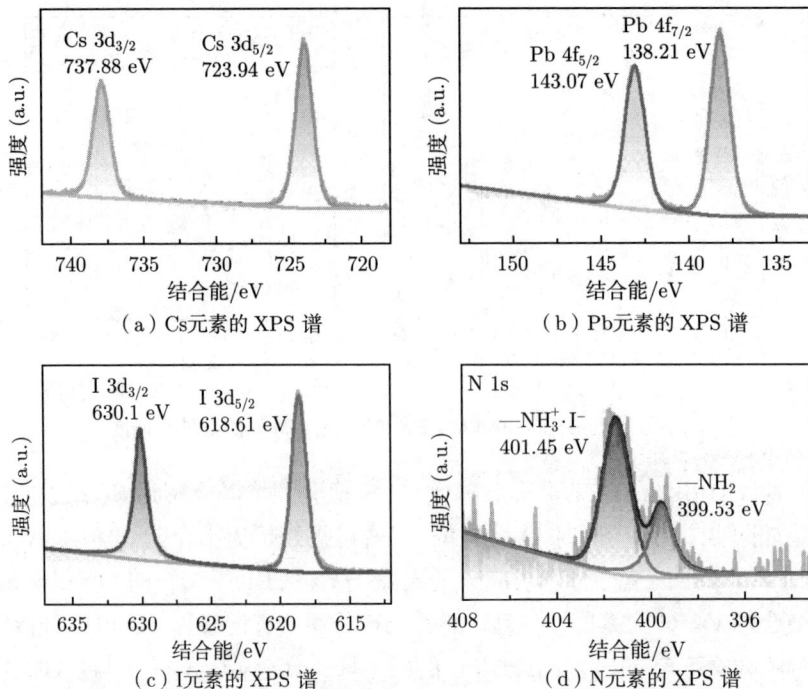

（a）Cs元素的 XPS 谱

（b）Pb元素的 XPS 谱

（c）I元素的 XPS 谱

（d）N元素的 XPS 谱

**图 3.8    CsPbI₃@APTES 中 Cs、Pb、I、N 的 XPS 谱图**

结合能与对应的轨道均标注在图中。图 3.8（d）中 N 元素的 1s 峰裂分为 399.53 eV 和 401.45 eV，与标准 N 1s 轨道结合能（398.4 eV）[216] 对比，可判断 399.53 eV 属于—$NH_2$，401.45 eV 属于—$NH_3^+ \cdot I^-$。

在相同制备条件下（相同前驱体浓度、停留时间与反应温度），以 APTES 作为配体的纳米晶呈现晶体尺寸增大、发光波长红移、半峰宽降低、能带隙减小的特点。通过统计图 3.9（a）中晶体的平均粒径（图 3.9（b）），$CsPbI_3$@APTES 的尺寸达到了 33.92±3.27 nm，超过 $CsPbI_3$ 的 Wannier-Mott 激子波尔直径 12 nm[11]，而 $CsPbI_3$@OAm 的尺寸仅有 10.84±1.65 nm。同样地，$CsPbBr_3$@APTES 的尺寸（14.00±2.43 nm）大于 $CsPbBr_3$@OAm 的尺寸（8.16±1.19 nm）。从图 3.9（a）TEM 图右上角的插图中可以发现光致发光颜色的变化，比如 $CsPbBr_3$@APTES 发

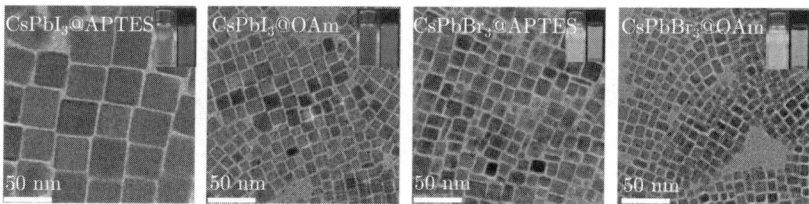

（a）大范围纳米晶TEM图

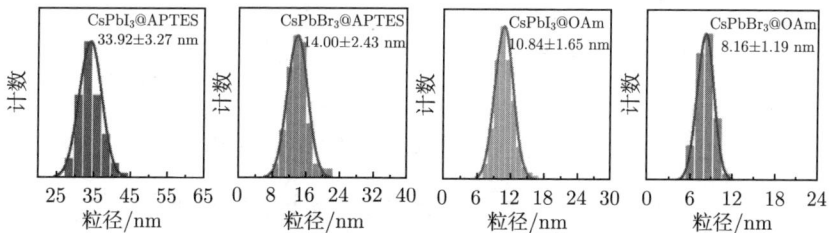

（b）纳米晶的粒径统计

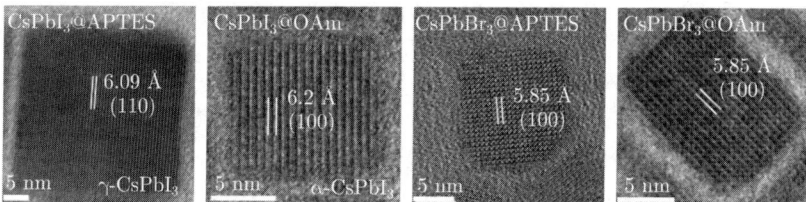

（c）纳米晶晶格间距测量

**图 3.9  CsPbX$_3$@APTES 与 CsPbX$_3$@OAm（X=I，Br）的 TEM 表征图**

出绿色光而 CsPbBr$_3$@OAm 发出蓝绿色光。图 3.9（c）是与图 3.9（a）中晶体相对应的高分辨 TEM 图，从图中可以看出 CsPbI$_3$@APTES 属于 γ-CsPbI$_3$，其晶面间距 6.09 Å 对应 (110) 晶面。而 CsPbI$_3$@OAm、CsPbBr$_3$@APTES 与 CsPbBr$_3$@OAm 均属于立方晶相，其 (100) 晶面间距分别为 6.2 Å、5.85 Å 和 5.85 Å。

从图 3.10 中可以看出，以 APTES 为配体的纳米晶其紫外可见吸收光谱与光致发光光谱均出现了一定程度的红移。表 3.3 对比了分别以 APTES 和 OAm 为配体的 CsPbI$_3$ 和 CsPbBr$_3$ 纳米晶体的发光波长、发光半峰宽与能带隙。CsPbI$_3$@APTES 的发光波长和能带隙分别为 698 nm 和 1.76 eV，CsPbI$_3$@OAm 的发光波长与能带隙分别为 684 nm 和 1.81 eV，CsPbBr$_3$@APTES 的发光波长和能带隙分别为 517 nm 和 2.38 eV，CsPbBr$_3$@OAm 的发光波长与能带隙分别为 493 nm 和 2.49 eV，这与纳米晶体更换配体后晶粒尺寸的增加相符合。

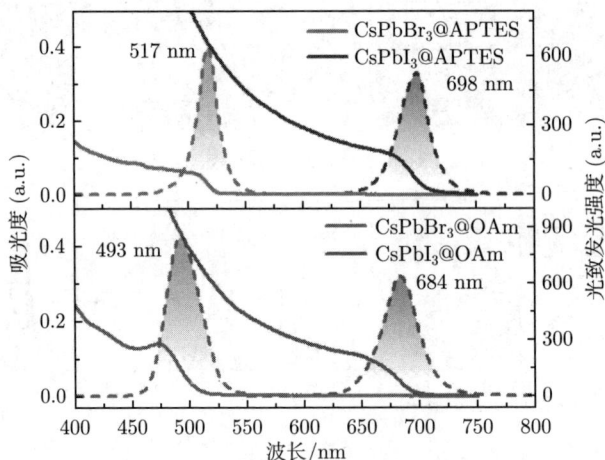

**图 3.10　CsPbX$_3$@APTES 与 CsPbX$_3$@OAm（X=I, Br）的荧光与吸收光谱图**

分析纳米晶体尺寸增大的原因，可能是由碱性配体的碳链缩短引起的。配体在纳米晶的生长过程中起到输运前驱体离子、稳定晶型和限制晶体生长的作用。当配体碳链缩短时，配体的位阻作用减小。相比于油胺作为配体的晶体，以 APTES 为配体的晶体生长速度更快，因此在相同的反应时间内，晶体粒径更大，能带隙降低，光致发光红移，其中

CsPbI$_3$@APTES 晶粒尺寸增大的幅度更为明显。晶粒尺寸过大的另一个结果就是在制备 CsPbI$_3$ 纳米晶体时，时常会出现通道堵塞的现象，因此在后续优化中使用 APTES 与 OAm-HI 作为 CsPbI$_3$ 的协同配体。

表 3.3　CsPbX$_3$@APTES 与 CsPbX$_3$@OAm（X=I, Br）
的荧光性能参数对比

| 纳米晶体 | 碱性配体 | 荧光发射峰/nm | FWHM/nm | $E_g$/eV |
|---|---|---|---|---|
| CsPbI$_3$ | APTES | 698 | 25 | 1.76 |
|  | OAm | 684 | 35 | 1.81 |
| CsPbBr$_3$ | APTES | 517 | 19 | 2.38 |
|  | OAm | 490 | 34 | 2.49 |

　　为了进一步验证这种猜想，对两种配体分子在 CsPbBr$_3$ 纳米晶体表面的结合能与分子轨道进行了计算。在计算 APTES 分子在纳米晶体表面的结合能时，为了兼顾分子聚合的作用与算力的限制，以三聚体为对象进行计算。计算结果如图 3.11所示。图 3.11（a）显示了单个 OAm 分子在纳米晶体表面结合的情况，结合能为 5.2 eV。而图 3.11（b）显示 3 个 APTES 分子聚合后，单氨基在纳米晶体表面的结合能为 1.92 eV。这说明在单一氨基结合的情况下，OAm 分子的结合能更高，配体更不容易从纳米晶体的表面脱离，因而可以更好地限制纳米晶体的生长。但随着与纳米晶体表面结合的氨基数量的增加，三聚体 APTES 分子与 CsPbBr$_3$ 纳米晶的结合能会增加到 2.88 eV，如图 3.11（c）所示。这说明当 APTES 分子开始聚合后，其结合能会随着 APTES 聚合程度的增加或与纳米晶体表面配位的氨基数量的增加而增大，进而增强高聚物分子在纳米晶体表面的结合能力，减少配体的流失。

　　图 3.12中的分子轨道计算结果显示，OAm 分子与 APTES 分子的最高占据轨道（HOMO）均处于氨基端。其中 OAm 的 HOMO 轨道值为 $-5.24$ eV，APTES 的 HOMO 轨道值为 $-5.20$ eV。配体分子的 HOMO 轨道值均高于 CsPbBr$_3$ 纳米晶的价带能量 $-5.9$ eV[29]。这说明当两种配体的氨基靠近纳米晶体表面时，HOMO 轨道与价带的结合会降低纳米晶体的能带隙，而 APTES 分子对能带隙的降低作用更为明显。这说明以 APTES 为配体的钙钛矿纳米晶发射波长红移是由纳米晶体晶粒尺寸增大与配体 HOMO 轨道能量增加两个原因共同导致的。

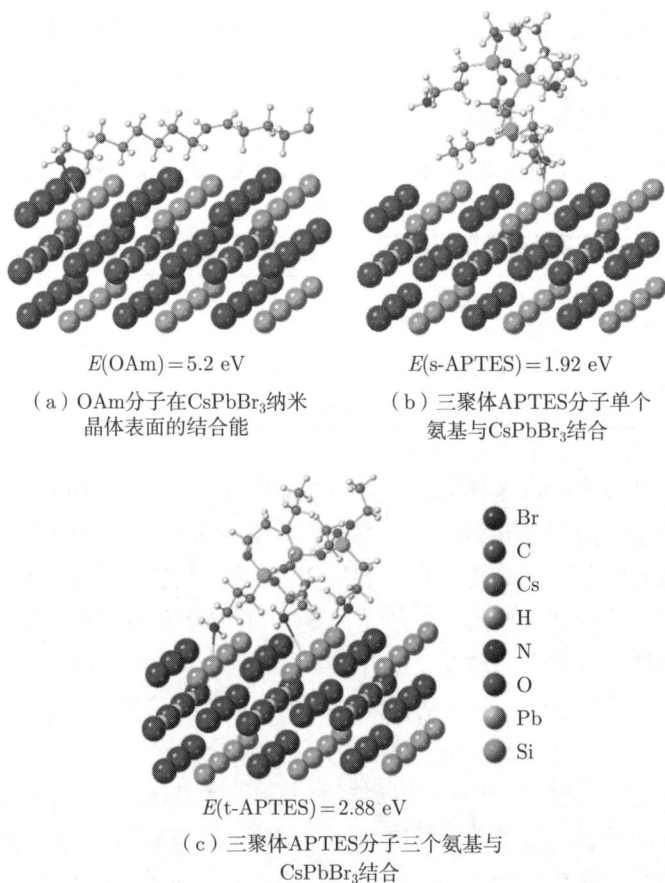

$E(\text{OAm}) = 5.2$ eV

（a）OAm分子在CsPbBr₃纳米
晶体表面的结合能

$E(\text{s-APTES}) = 1.92$ eV

（b）三聚体APTES分子单个
氨基与CsPbBr₃结合

$E(\text{t-APTES}) = 2.88$ eV

（c）三聚体APTES分子三个氨基与
CsPbBr₃结合

图 3.11　两种碱性配体在 CsPbBr₃ 纳米晶体表面的结合能（见文前彩图）

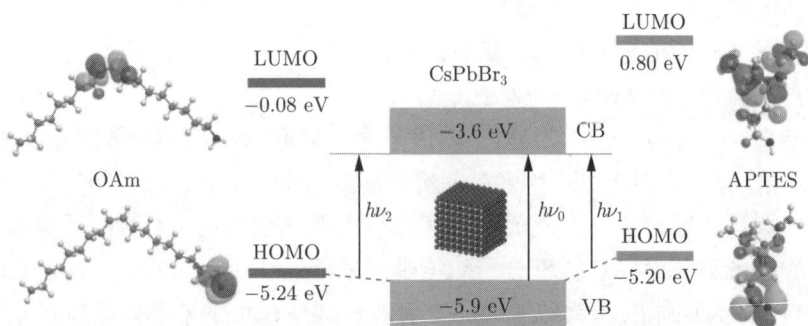

图 3.12　OAm 与 APTES 分子轨道对 CsPbBr₃ 纳米晶能带隙的影响

为了进一步确定纳米晶的晶型，对 $CsPbI_3$@APTES、$CsPbBr_3$@APTES、$CsPbCl_3$@APTES 进行了 XRD 检测。检测结果显示，$CsPbBr_3$@APTES 与 $CsPbCl_3$@APTES 是空间群为 $Pm\bar{3}m$ 的立方晶系（标准晶体卡片为 ICSD: 231017 和 ICSD: 201250），如图 3.13（b）和图 3.13（c）所示。

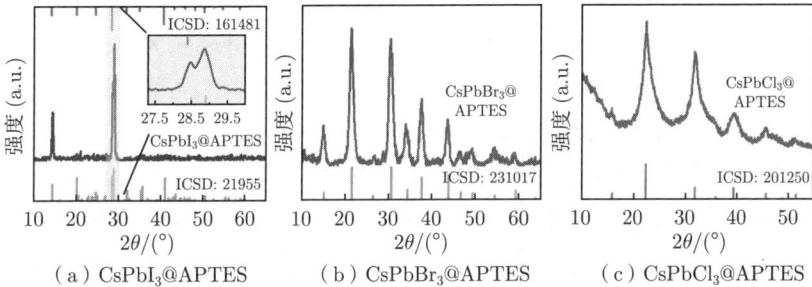

图 3.13　**$CsPbX_3$@APTES（X＝I，Br，Cl）的 XRD 数据**

而 $CsPbI_3$@APTES 是空间群为 $Pbnm$ 的正交晶系（ICSD: 21955），如图 3.13（a）所示。这是由于 $Cs^+$ 与 $I^-$ 的原子半径相差较大，$CsPbI_3$ 的容忍因子与八面体因子在钙钛矿结构的稳定区间之外，导致晶体的对称性降低，形成了在室温下更稳定的黑相 γ-$CsPbI_3$，而非 α-$CsPbI_3$。这两种晶型的 ICSD 数据虽然有些相似，但放大 27.5°～30° 区间的 XRD 数据（见图 3.13（a）中小图），可以发现在 28.5° 附近有两个峰，对应 $Pbnm$ 晶型。

## 3.3　$CsPbI_3$ 纳米晶的配体优化

根据钙钛矿纳米晶的稳定性判据计算方法，表 3.4中列出了三种卤化铅钙钛矿的离子半径与容忍因子 $t$ 和八面体因子 $\mu$。α-$CsPbI_3$ 的容忍因子 $t$=0.807，在稳定范围（0.813< $t$ <1.107）之外，这是由 $Cs^+$ 与 $I^-$ 的半径相差较大所致。$CsPbI_3$ 也被认为是三种 $CsPbX_3$ 纳米晶体中最不稳定的一种。在只使用 APTES 作为 $CsPbI_3$ 的配体时，不仅会使产物的晶粒过大，而且会在反应过程中堵塞通道。因此本节着重对 $CsPbI_3$ 的配体组成进行进一步优化。

表 3.4　三种铯铅卤钙钛矿的容忍因子与八面体因子计算

| | 离子半径/nm | | | 稳定性判据 | |
|---|---|---|---|---|---|
| | Cs$^+$ | Pb$^{2+}$ | X$^-$ | $t$ | $\mu$ |
| Cl$^-$ | | | 1.81 | 0.820 | 0.657 |
| Br$^-$ | 1.67 | 1.19 | 1.96 | 0.815 | 0.607 |
| I$^-$ | | | 2.2 | 0.807 | 0.541 |

在前人的工作中[155]，曾使用 OAm-HI 与 APTES 作为协同配体，同时起到用 OAm 限制纳米晶体生长，APTES 提高纳米晶稳定性，并提供富 I$^-$ 环境降低纳米晶表面缺陷的作用。通过改变 OAm-HI 与 APTES 的比例，可以起到调整晶体尺寸与禁带宽度的作用。为了验证 OAm 与 HI 的成功结合，对原材料 OAm 与制备好的 OAm-HI 复合物进行红外光谱检测，如图 3.14所示。两种配体的红外光谱均出现了位于 3005 cm$^{-1}$ 处的 =C—H 伸缩振动峰，在 2923 cm$^{-1}$ 和 2853 cm$^{-1}$ 处 C—H 的对称伸缩与反对称伸缩峰，1464 cm$^{-1}$ 和 1378 cm$^{-1}$ 处的 C—H 弯曲振动峰，966 cm$^{-1}$ 处的面外弯曲振动峰。OAm-HI 的红外光谱在 3255 cm$^{-1}$ 和 1589 cm$^{-1}$ 出现增强的胺盐的伸缩振动峰与弯曲振动峰，说明—NH$_2$ 与 HI 的成功结合。

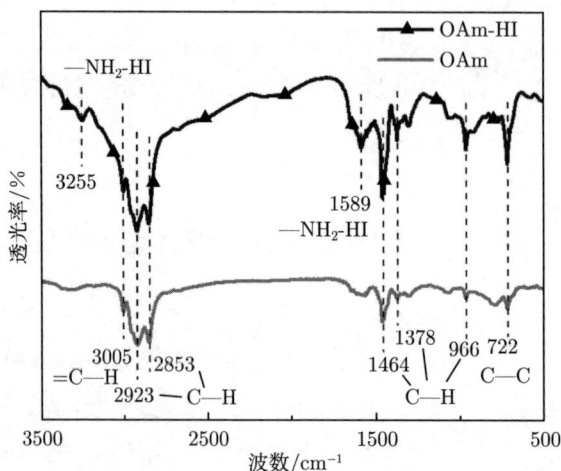

图 3.14　OAm-HI 与 OAm 的红外光谱图

　　图 3.15显示了在改变 OAm-HI 与 APTES 的比例时，晶体禁带宽度与光致发光波长的变化。随着碱性配体中 APTES 的比例增加，晶体的能带隙从 1.8 eV 降低到 1.76 eV，而光致发光波长从 679 nm 一直红移至 698 nm。当 APTES 的比例大于 2/3 时，通道会出现堵塞的情况，所以此后都选用 OAm-HI:APTES=1:1(体积比) 的碱性配体制备 $CsPbI_3$ 纳米晶，使用此配方合成的 $CsPbI_3$ 记为 $CsPbI_3$@APTES/OAm-HI。

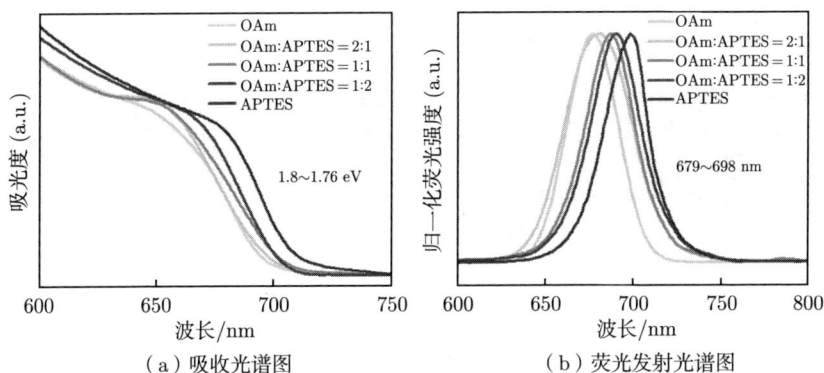

（a）吸收光谱图　　　　　　　　（b）荧光发射光谱图

**图 3.15　不同 APTES 与 OAm-HI 比例下 $CsPbI_3$ 的吸收与荧光光谱图**
**（见文前彩图）**

　　之后，通过改变前驱体溶液在液滴流反应器中的停留时间，实现了对纳米晶尺寸与发光性质的调控，停留时间调控的操作条件可查询表 A.5。与 $CsPbBr_3$ 纳米晶不同的是，$CsPbI_3$ 纳米晶不易发生形貌的变化，一直保持如图 3.16（a）所示的 3 维立方晶体，但尺寸会发生变化。如图 3.16（c）所示，停留时间在 8.26 s 及以下时，晶粒尺寸稳定在 17 nm 左右，发光波长为 686~688 nm。随着停留时间的延长，晶粒的多分散指数（PDI，$\sigma = \delta/\bar{d} \times 100\%$，$\delta$ 为标准偏差，$\bar{d}$ 为平均直径）有所降低，在 8.26 s 时达到最小值 18%。当停留时间继续延长，晶体的平均粒径增加到 25 nm 以上时，晶粒尺寸的增大会降低晶体在己烷中的分散性，如图 3.16（b）所示，晶粒尺寸的单分散性也变差。同时，由于 APTES 的脱水缩合加剧，在产物的 TEM 图中观测到一些难挥发有机物聚集体。图 3.16（d）显示了不同停留时间下 $CsPbI_3$ 的量子产率，在停留时间为 8.26 s 时达到最大值 42%，因此确定 8.26 s 为 $CsPbI_3$@APTES/OAm-HI 的最优反应时间。沉淀剂乙酸甲酯的比例也需要根据前驱体的停留时间进行调整，当停留时间在 8.26 s 以下时，需要粗产品 2 倍体积的乙酸甲酯，而当停留时间更长时，只需要 1 倍体积的乙酸甲酯即可。

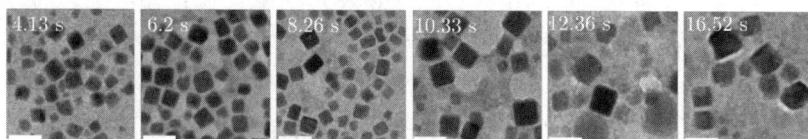

（a）CsPbI₃@APTES/OAm-HI的TEM图

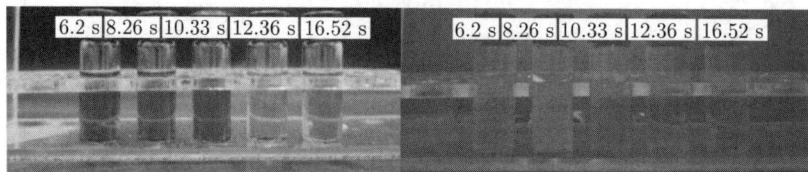

（b）CsPbI₃@APTES/OAm-HI胶体图

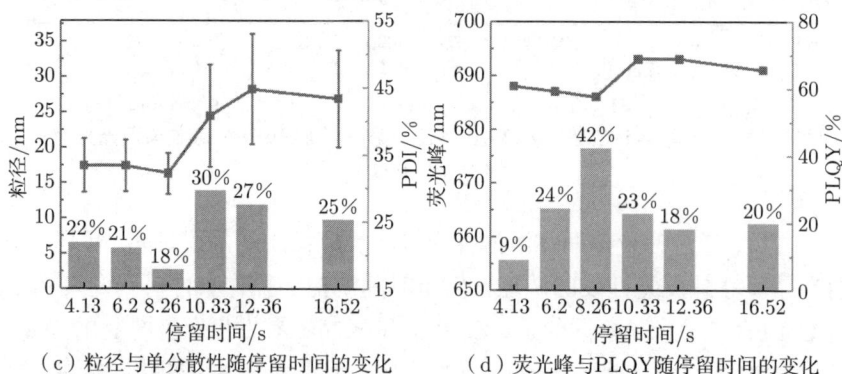

（c）粒径与单分散性随停留时间的变化 （d）荧光峰与PLQY随停留时间的变化

图 3.16　不同停留时间下 **CsPbI₃@APTES/OAm-HI** 晶粒荧光性能与尺寸的变化（见文前彩图）

使用 OAm:APTES=1:1(体积比) 的碱性配体，所得到的 CsPbI₃ 纳米晶主要为 γ-CsPbI₃，其空间群为 *Pbnm*。图 3.17（a）为 CsPbI₃@APTES/OAm-HI 的 TEM 图与电子选区衍射图样，通过测量衍射环的直径，可以确定为 γ- CsPbI₃ 的 (101)、(121)、(202) 和 (242) 晶面衍射。图 3.17（b）是单个 CsPbI₃ 晶粒的高分辨 TEM 图，在图中可以清晰地观察到晶体的晶格结构与表面的配体层。晶粒的尺寸为 25 nm，配体层厚度约为 2 nm。在晶体部分可以测量到间距为 6.16 Å 的 (110) 晶面与间距为 8.82 Å 的 (100) 晶面，晶面夹角为 44.5°。图 3.17（c）为 γ-CsPbI₃ 在 [001]

晶向的晶体结构图，Pb—I—Pb 的键角为 153.2°[23]。

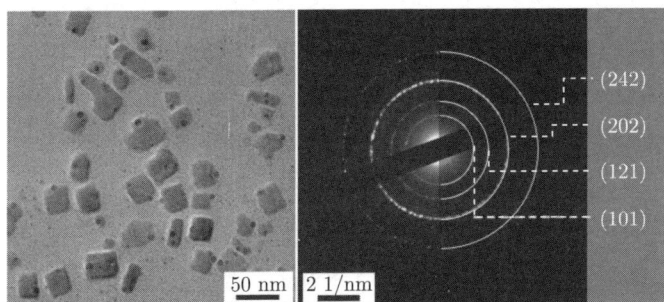

（a）TEM图与选区电子衍射环

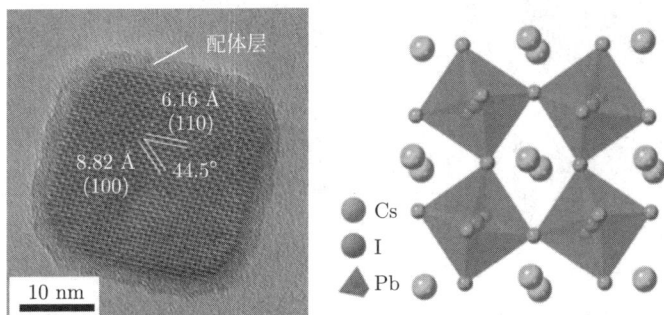

（b）高分辨TEM图　　　　（c）γ-CsPbI$_3$的晶体结构图

**图 3.17　CsPbI$_3$@APTES/OAm-HI 的晶体结构**

　　图 3.18（a）是反应时长为 8.26 s 的 CsPbI$_3$@APTES/OAm-HI 粉末在日光灯（上）与紫外光灯（下）照射下的图片。在白光下，CsPbI$_3$@APTES/OAm-HI 为黑色粉末，在紫外照射下发出红色荧光。图 3.18（b）为该样品粉末的 XRD 数据，样品的 XRD 峰与 γ-CsPbI$_3$ 晶体的标准 XRD 卡片（ICSD: 21955）一一对应，再次验证得到的 CsPbI$_3$ 纳米晶体为 γ 相。

　　综上所述，使用 APTES 与 OAm-HI 作为协同碱性配体，可以有效解决制备 CsPbI$_3$@APTES 时晶体生长过快导致通道堵塞的问题。同时，在配体中加入 HI 可以提升前驱体中 I$^-$ 浓度，为 CsPbI$_3$ 纳米晶生长提供富 I$^-$ 环境，消除晶体表面的 I$^-$ 空位缺陷。在不堵塞通道的前提下，APTES 在碱性配体中的最高体积分数为 50%。综合考虑纳米晶的尺寸、单分散度、PLQY 与在己烷中的分散性等因素，前驱体在微反应器中的最优停留时间为 8.26 s。使用此方法制备得到的 $CsPbI_3$ 为 $[PbI_6]^{4-}$ 八面体扭转的 γ 相钙钛矿结构，也是一种在室温下可以保持稳定状态的钙钛矿结构。

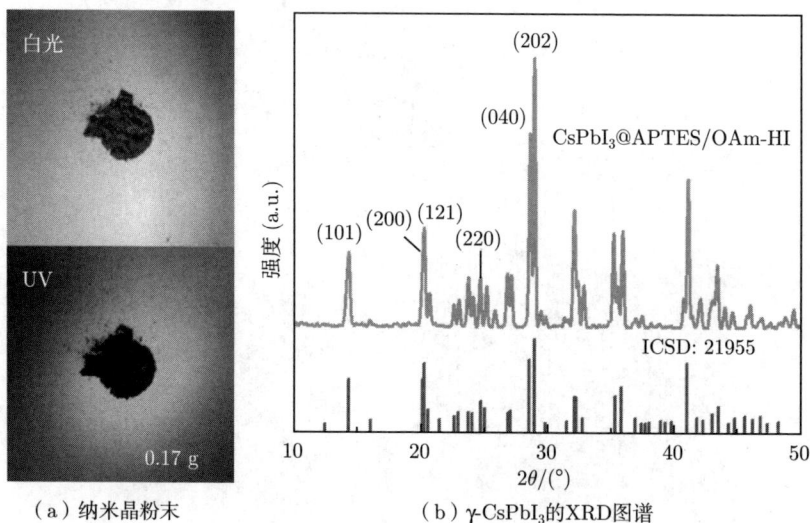

(a) 纳米晶粉末　　　　　(b) γ-$CsPbI_3$的XRD图谱

**图 3.18　$CsPbI_3$@APTES/OAm-HI 粉末的 XRD 数据**

## 3.4　配体优化后纳米晶稳定性表征

本节对配体优化前后的钙钛矿纳米晶进行了定性与定量表征。实验证明，使用 APTES 或 APTES/OAm-HI 为碱性配体的钙钛矿纳米晶均表现出了更高的稳定性。

将 $CsPbI_3$@OAm 的己烷分散液滴在边长为 1 cm 的方形盖玻片上，在己烷挥发后，$CsPbI_3$ 会逐渐裂解成黄色粉末，如图 3.19（a）右上角插图所示，且稳定时间不超过 1 天。黄色粉末的 XRD 表征结果显示为 δ-$CsPbI_3$，标准 XRD 数据来自 ICSD: 27979，其 [100] 晶向的晶体结构如左上角插图所示，其八面体未形成角位共享的结构，因此已不属于钙钛矿晶体。图 3.19（b）显示了 $CsPbI_3$@APTES/OAm-HI 在胶体状态与粉末状态均具有更高的稳定性。在 3.19（b）左图中，$CsPbI_3$@OAm 在

胶体分散液中一周内即出现黄色粉末。而使用 3.3 节中优化条件制备出的
CsPbI₃@APTES/OAm-HI 在胶体分散液中仅出现沉降现象。滴加在盖玻
片上的 CsPbI₃@APTES/OAm-HI 在 17 天后仍可以发出明亮的红色荧
光。在 4℃ 黑暗条件下保存的 CsPbI₃@APTES/OAm-HI 稀胶体分散液
则可以稳定至少 4 个月。

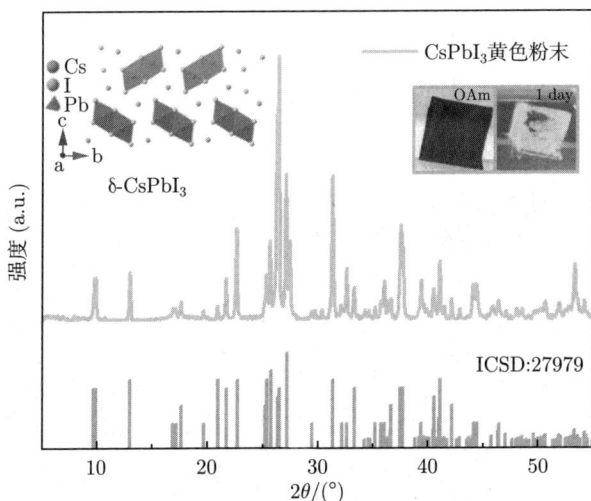

（a）黄色CsPbI₃@OAm粉末的XRD数据

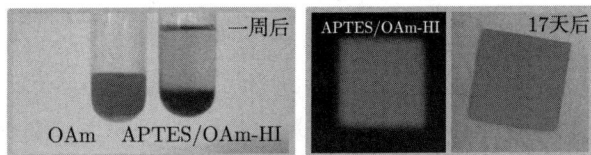

（b）胶体及粉末CsPbI₃的稳定性

图 3.19　CsPbI₃@OAm 与 CsPbI₃@APTES/OAm-HI 的稳定性表征
（见文前彩图）

　　影响铅卤钙钛矿纳米晶稳定性的原因之一就是溶液环境。以油胺油
酸为配体的钙钛矿纳米晶体在极性环境中非常不稳定，容易因为配体的
动态结合或盐离子的溶解而分解。图 3.20（a）展示了两种 CsPbBr₃ 粉
末在极性溶液中的稳定性。向干燥后的 CsPbBr₃@OAm 纳米晶粉末中
加入 2 mL 超纯水，纳米晶体会立即发生荧光淬灭，在不到 20 min 的
时间内即全部淬灭。但向 CsPbBr₃@APTES 粉末中加 3 mL 超纯水后，

纳米晶体的荧光可以维持至少 3 h。CsPbBr$_3$@APTES 粉末在纯水中的稳定性说明 Si—O—Si 保护层可以有效抑制晶体中离子向水中扩散的过程。向 CsPbBr$_3$@APTES 粉末中加入乙醇后，在室温不避光保存的条件下，纳米晶体的荧光可以维持至少 70 天。图 3.20（b）显示了其他极性溶剂对纳米晶胶体稳定性的影响。取 0.5 mL CsPbBr$_3$@APTES 或 CsPbBr$_3$@OAm 己烷分散液加入 4 mL 乙醇、丙酮或二氯甲烷中。24 h 后，乙醇与丙酮中的 CsPbBr$_3$@OAm 荧光完全淬灭，在二氯甲烷中因晶体聚并发生波长红移。而三种溶剂中的 CsPbBr$_3$@APTES 依然保有一定的荧光。

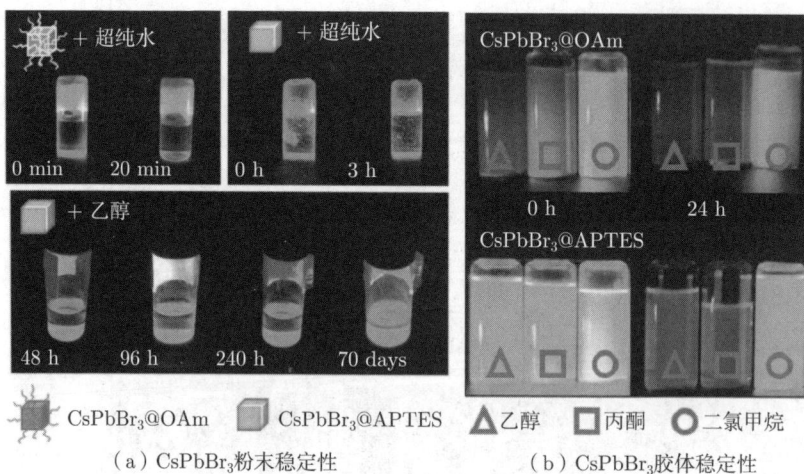

（a）CsPbBr$_3$粉末稳定性　　　（b）CsPbBr$_3$胶体稳定性

图 3.20　CsPbBr$_3$@OAm 与 CsPbBr$_3$@APTES 在极性溶剂中的稳定性表征
（见文前彩图）

APTES 不仅起到提升纳米晶稳定性的作用，还有助于钝化晶体表面的缺陷，并提高量子产率。图 3.21（a）展示了 CsPbBr$_3$@OAm 与 CsPbBr$_3$@APTES 的量子产率随时间的变化。CsPbBr$_3$@APTES 的初始量子产率可以达到 92%，并随着时间的推移表现出良好的稳定性，在制备完成后 11 天内 PLQY 仍高于 90%。而 CsPbBr$_3$@OAm 的量子产率从 87% 降低到 47%。经 APTES 钝化后的纳米晶也表现出更长的荧光寿命，如图 3.21（b）和表 3.5所示。CsPbBr$_3$@OAm 的荧光寿命为 16.61 ns，而 CsPbBr$_3$@APTES 的荧光寿命长达 37.7 ns。

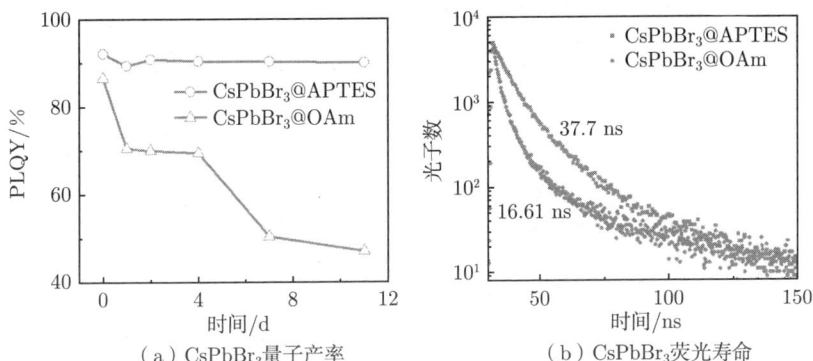

（a）CsPbBr₃量子产率　　　　（b）CsPbBr₃荧光寿命

图 3.21　**CsPbBr₃@OAm 与 CsPbBr₃@APTES 的 PLQY
与荧光寿命的比较**

根据式(3.3)～式(3.5)计算 CsPbBr₃ 纳米晶荧光衰减过程中的辐射复合荧光寿命与衰减速率常数，列于表 3.5中。CsPbBr₃@APTES 具有更长的辐射复合寿命与更小的衰减速率，其中非辐射衰减速率（$k_{nr}$=0.002 ns$^{-1}$）在总衰减速率中占比 7.7%。而 CsPbBr₃@OAm 的衰减速率不仅更大，其非辐射衰减速率（$k_{nr}$=0.008 ns$^{-1}$）在总衰减速率中占比 13.3%。说明 CsPbBr₃@APTES 纳米晶具有更少的表面缺陷，有效抑制了光生载流子的非辐射复合途径。

表 3.5　**CsPbBr₃@OAm 与 CsPbBr₃@APTES 荧光衰减动力学常数对比**

| 碱性配体 | PLQY/% | $\tau$/ns | $\tau_r$/ns | $k_r$/ns$^{-1}$ | $k_{nr}$/ns$^{-1}$ |
|---|---|---|---|---|---|
| OAm | 86.7% | 16.61 | 19.16 | 0.052 | 0.008 |
| APTES | 92.3% | 37.70 | 40.84 | 0.024 | 0.002 |

铅卤钙钛矿具有离子交换的特性。卤素组成不同的钙钛矿纳米晶具有不同的带隙能量，因而可以通过调控卤素组成来获得发出不同波长荧光的纳米晶体。但离子交换这一特性会让具有不同卤素组成的钙钛矿纳米晶之间发生离子污染，从而影响荧光的单色性。同时，当具有两种能带隙的晶体靠近（距离小于 10 nm）时，容易发生荧光共振能量转移（fluorescence resonance energy transfer，FRET）[164] 现象，从而削弱短波长晶体的荧光强度。为了验证 APTES 配体所形成的 Si—O—Si 保护层对纳米晶体间离子交换的抑制作用，将两种配体策略制备成的四种钙钛矿纳米晶体两两混合，使用荧光分光光度计监测混合后的纳米晶胶体

荧光光谱随时间的变化，绘制成图 3.22。图 3.22 中每一张分图左侧为荧光光谱图，右侧为荧光光谱的峰位置（柱状图）与峰强度（折线图）值。

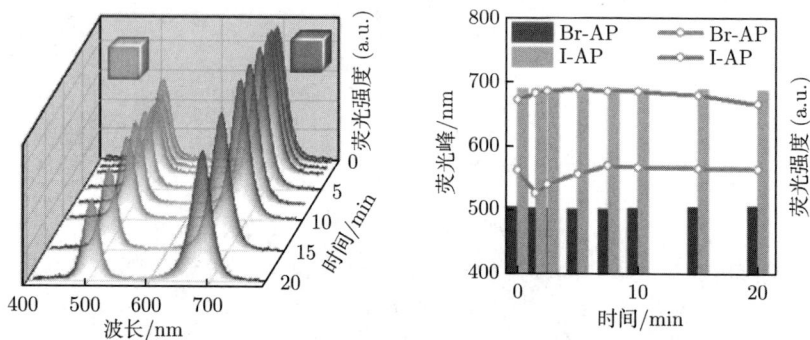

（a）CsPbI₃@APTES/OAm-HI与CsPbBr₃@APTES混合

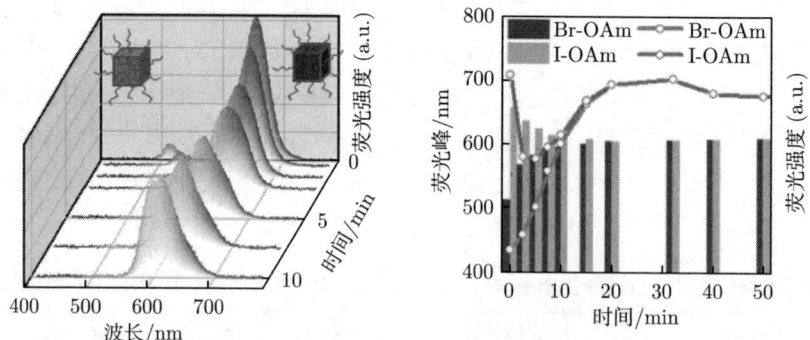

（b）CsPbI₃@OAm与CsPbBr₃@OAm混合

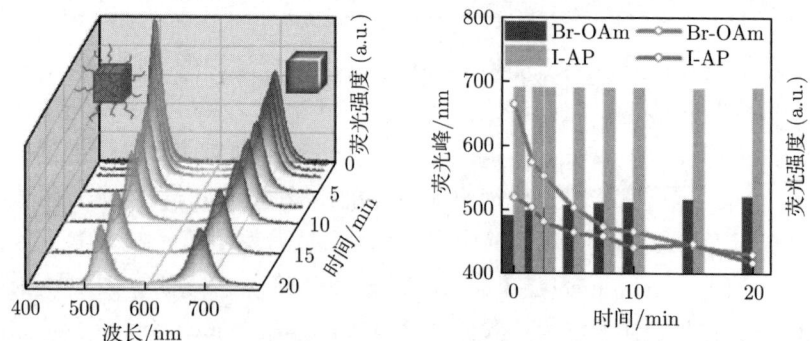

（c）CsPbI₃@APTES/OAm-HI与CsPbBr₃@OAm混合

图 3.22　APTES 配体对钙钛矿纳米晶之间离子交换的抑制作用（见文前彩图）

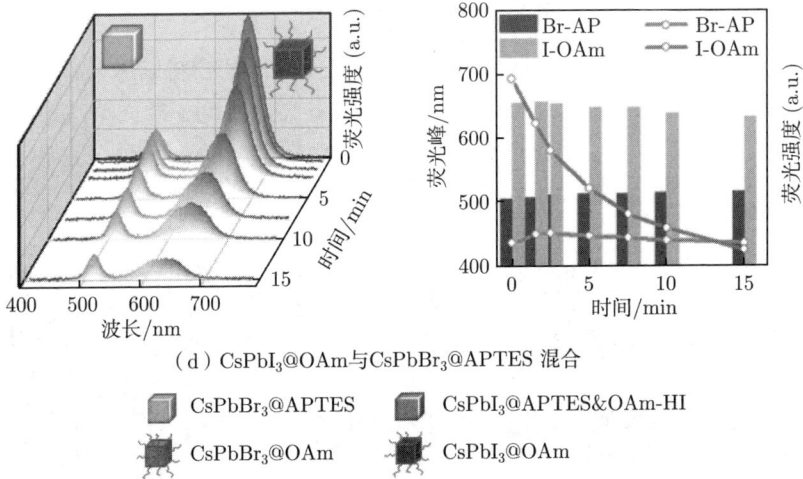

（d）CsPbI$_3$@OAm 与 CsPbBr$_3$@APTES 混合

□ CsPbBr$_3$@APTES　　■ CsPbI$_3$@APTES&OAm-HI

🦀 CsPbBr$_3$@OAm　　🦀 CsPbI$_3$@OAm

图 3.22　续

图 3.22（a）显示，将 CsPbBr$_3$@APTES 与 CsPbI$_3$@APTES/OAm-HI 两种纳米晶体混合时，红光与绿光的荧光峰在 20 min 内分别稳定保持在 505 nm 与 689 nm 左右，且荧光强度也稳定不变。说明 APTES 形成的配体层在纳米晶体之间形成了大的空间位阻，抑制离子扩散的同时也削弱了 FRET 效应。图 3.22（b）显示混合 CsPbBr$_3$@OAm 与 CsPbI$_3$@OAm 两种纳米晶体时，CsPbI$_3$@OAm 会再次吸收 CsPbBr$_3$@OAm 所发射出来的荧光，出现红光增强而绿光减弱的现象。两种晶体的荧光峰会随着时间的推移而不断靠近，在 10 min 内由一开始的 513 nm 和 656 nm 的两个荧光峰最终合并成波长为 610 nm 的单一荧光峰。且"0 时刻"的 656 nm 峰相比于纯 CsPbI$_3$@OAm 的荧光峰（678 nm）已经出现了 22 nm 的蓝移，说明离子置换在两种纳米晶混合之初已迅速发生。图 3.22（c）与图 3.22（d）也探究了 CsPbBr$_3$@OAm 与 CsPbI$_3$@APTES/OAm-HI、CsPbBr$_3$@APTES 与 CsPbI$_3$@OAm 两种组合方式。由于 APTES 配体的存在，这两组荧光峰的融合趋势减弱，含有 APTES 配体的纳米晶均表现出了峰位置和峰强度的稳定性，而以 OAm 为配体的纳米晶体荧光强度（图 3.22（c）中的绿峰与图 3.22（d）中的红峰）则不断减弱。说明以 OAm 为配体的纳米晶体在稀溶液中本身具有不稳定性，而 APTES 的 Si—O—Si 保护层可以有效抑制配体的脱离、离子的渗出和不同卤素纳米晶体间的离子交换。这为纳米晶混合用于制备 QLED 显示器的强化

膜和彩色滤光片提供了更坚实的材料基础。

为了实现纳米晶体的器件化应用，需要使用高聚物将纳米晶体封装成型。本书选用的封装高聚物为 PMMA，具有高透明度（透光率达 92%）、低价格、易于机械加工等优点。使用 PMMA 封装的红绿量子点膜如图 3.23 所示，具体封装方法参见 2.1.4 节。

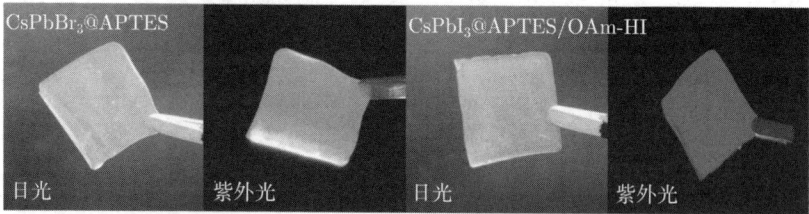

图 3.23    纳米晶 @PMMA 膜在日光灯和紫外灯下的图片（见文前彩图）

PMMA 不仅能作为封装纳米晶体的外壳，还可以为晶体进一步提供隔水隔氧的环境。$CsPbBr_3$@APTES 与 $CsPbI_3$@APTES/OAm-HI 被封装在 1 cm × 2.5 cm × 1 mm 的 PMMA 片中，可以在纯水中保持至少 9 天的荧光（图 3.24（a）），这是裸露的晶体颗粒和 $CsPbX_3$@OAm 无法达到的。一般 LED 器件在工作时具有热效应，因此还需要考验 PMMA 封装的纳米晶在 LED 器件工作温度下的稳定性。一般的 LED 器件工作温度上限为 65℃，因此 PMMA 封装的纳米晶体块又被放置在 65℃ 的烘箱中检测纳米晶体的热稳定性。在高温条件下，PMMA 块体会出现一定程度的收缩与形变，这是由 PMMA 的低熔点所致。图 3.24（b）显

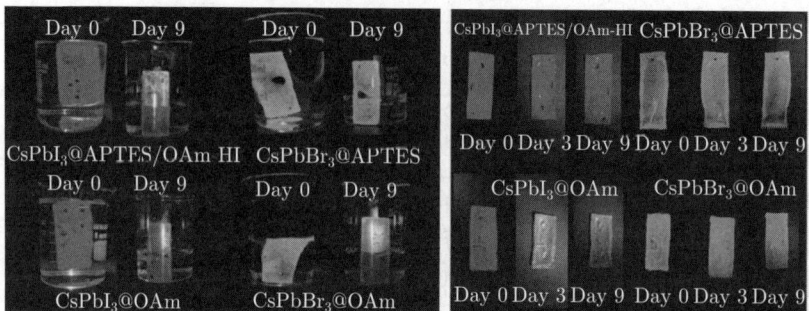

（a）水稳定性表征                （b）高温稳定性表征

图 3.24    PMMA 封装纳米晶在水中与 65℃ 高温稳定性表征（见文前彩图）

示，在高温下保存 9 天后，以 APTES 为配体的纳米晶体依然可以发出明亮荧光，且荧光颜色稳定。而 CsPbI$_3$@OAm 会逐渐分解直至荧光消失，CsPbBr$_3$@OAm 出现了较为明显的荧光红移现象（荧光从蓝绿色转变为绿色），说明高温会引起 CsPbBr$_3$@OAm 纳米晶的聚并。

## 3.5  全光谱稳定铅卤钙钛矿纳米晶制备及器件化应用

### 3.5.1  全光谱铅卤钙钛矿纳米晶制备

全光谱钙钛矿纳米晶制备过程中的前驱体比例调控可查询表 A.6。图 3.25展示了红绿光区的 CsPb(X/Y)$_3$@APTES（X，Y=I，Br）纳米晶在反应管中与粉末状态下的荧光图片，PbI$_2$ 中的碱性配体仍使用 APTES:OAm-HI=1:1(体积比) 混合物。随着卤素中 Br$^-$ 的增加，纳米晶的荧光颜色从红光逐渐转变为绿光。

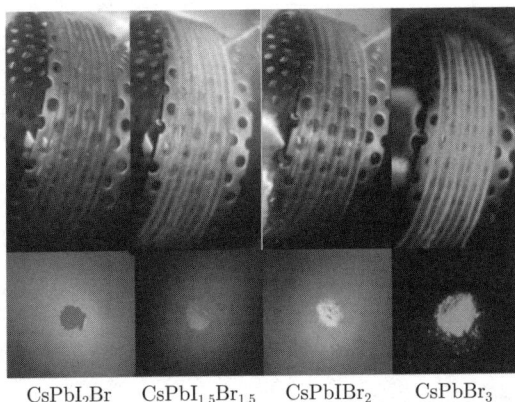

CsPbI$_2$Br    CsPbI$_{1.5}$Br$_{1.5}$    CsPbIBr$_2$    CsPbBr$_3$

图 3.25   红绿光区 CsPb(X/Y)$_3$@APTES 在反应管中与粉末状态的荧光图（见文前彩图）

通过调整卤素的组成，可以获得几乎覆盖全可见光谱波段的铅卤钙钛矿纳米晶体。图 3.26（a）为具有不同卤素组成的纳米晶体胶体溶液在日光灯（左）与紫外光灯（右）下的照片。图 3.26（b）展示了 CsPb(X/Y)$_3$@APTES（X，Y=I，Br，Cl）纳米晶的荧光光谱、紫外-可见吸收光谱与各种纳米晶的量子产率。纳米晶的光致发光波长范围为 408~693 nm，能带隙在 3.01~1.76 eV。图 3.26（c）为 CsPb(X/Y)$_3$@APTES 纳米晶的光致发光衰减曲线。CsPbCl$_3$@APTES 的荧光寿命最短，为 17.44 ns。CsPbI$_3$@APTES/OAm-HI 的荧光寿命最长，为 165.85 ns。荧光寿命的拟合方式与具体参数在表 A.7 中详细列出。实验数据表明，CsPb(X/Y)$_3$@APTES 在量子产率与荧光寿命方面的参数也普遍优于以 OAm 为配体的纳米晶体，见表 3.6。

（a）CsPb(X/Y)$_3$@APTES 纳米晶胶体

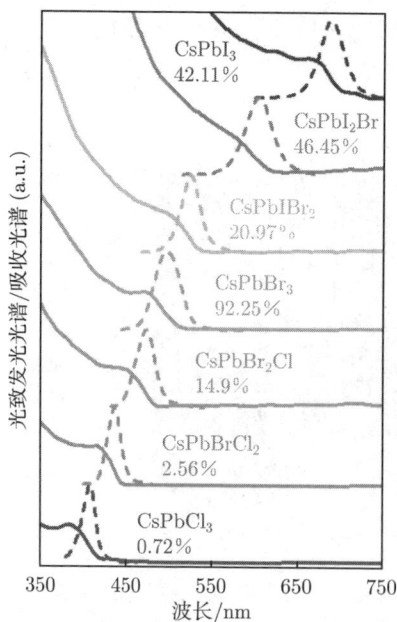

（b）荧光与吸收光谱

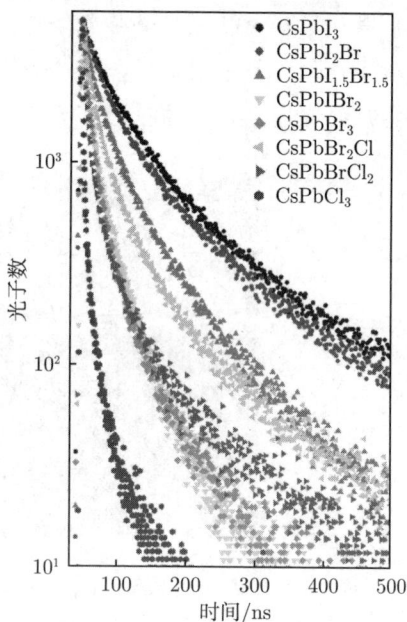

（c）荧光衰减曲线

**图 3.26　CsPb(X/Y)$_3$@APTES 纳米晶的光学性质表征（见文前彩图）**

为了进一步验证 CsPb(X/Y)$_3$@APTES 的晶体组成与晶型，对钙钛矿纳米晶进行了 EDS 元素分布检测与电子选区衍射，如图 A.2 所示。电子选区衍射结果表明除 CsPbI$_3$@APTES/OAm-HI 外，其他晶体均呈现立方晶相。对于含 Cl$^-$ 的钙钛矿纳米晶，短碳链的 APTES 对纳米晶的生长还呈现各向异性的诱导效应，导致纳米晶向低维形貌生长。

表 3.6　　两种配体钙钛矿纳米晶的量子产率与荧光寿命对比

| 钙钛矿纳米晶 | 量子产率/% | | 荧光寿命/ns | |
| --- | --- | --- | --- | --- |
| | APTES | OAm | APTES | OAm |
| $CsPbI_3$ | 42.11 | 37.18 | 165.85 | 44.80 |
| $CsPbI_2Br$ | 46.45 | 40.70 | 136.71 | 64.50 |
| $CsPbI_{1.5}Br_{1.5}$ | 39.05 | 25.88 | 77.05 | 97.41 |
| $CsPbIBr_2$ | 20.97 | 8.56 | 33.62 | 4.14 |
| $CsPbBr_3$ | 92.25 | 86.67 | 37.70 | 16.61 |
| $CsPbBr_2Cl$ | 14.90 | 1.16 | 89.92 | 8.39 |
| $CsPbBrCl_2$ | 2.56 | 0.06 | 75.13 | 4.18 |
| $CsPbCl_3$ | 0.72 | —— | 17.44 | 7.10 |

## 3.5.2　稳定钙钛矿纳米晶用于制备 LED 器件

$CsPb(X/Y)_3$@APTES 纳米晶具有下转换发光的特性。在本节中，使用制备好的钙钛矿纳米晶制作光致发光 LED 灯泡。钙钛矿 LED 灯泡的结构如图 3.27（a）所示。UV LED 选用额定电压为 3.4~3.8 V、发光波长为 365~370 nm 的 LED 灯珠。制作过程中，将纳米晶体与 PMMA 的甲苯分散液滴加在紫外 LED 灯珠上，放置在通风橱中。待甲苯挥发之后，纳米晶体就被 PMMA 封装在发光 LED 芯片上。在 LED 灯工作时受激发射出不同颜色的荧光。图 3.27（a）右侧为 $CsPbBr_3$@APTES LED 灯在关闭（电压 0 V）与工作状态（电压 3.4 V）时的照片。最后，发光颜色从红光到紫光的纳米晶体都制成了 LED 灯珠，如图 3.27（b）所示。

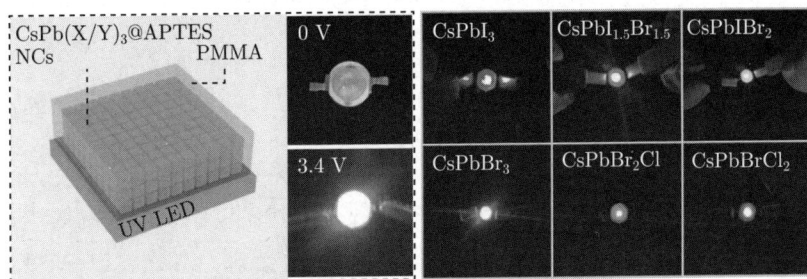

（a）钙钛矿LED灯珠制作示意图　　　　（b）发出不同颜色荧光的LED灯珠

图 3.27　$CsPb(X/Y)_3$@APTES LED 灯珠制作

　　将所有灯泡用铜导线并联，还可以获得如图 3.28 所示的 LED 灯串。为了定量检测 CsPb(X/Y)$_3$@APTES 纳米晶 LED 灯泡的发光性能，使用 ZWL 光色电综合测试系统测量了 LED 灯的 CIE 色坐标，具体坐标数值可查询表 A.8。图 3.28 中黑色数据点为灯珠的发光色坐标，黄色三角形为 sRGB 标准色域，白色三角形为 NTSC 标准色域。取 (0.7300, 0.2700)、(0.1245, 0.7877)、(0.1479, 0.0389) 三个坐标代入式(3.6) 中计算 LED 灯泡的色域范围，本书中制作的 LED 灯珠覆盖色域为 NTSC 色域标准的 140.5%，是 sRGB 色域标准的 195.1%，色域范围已经达到广色域显示器的标准（超过 92% NTSC 色域范围）。

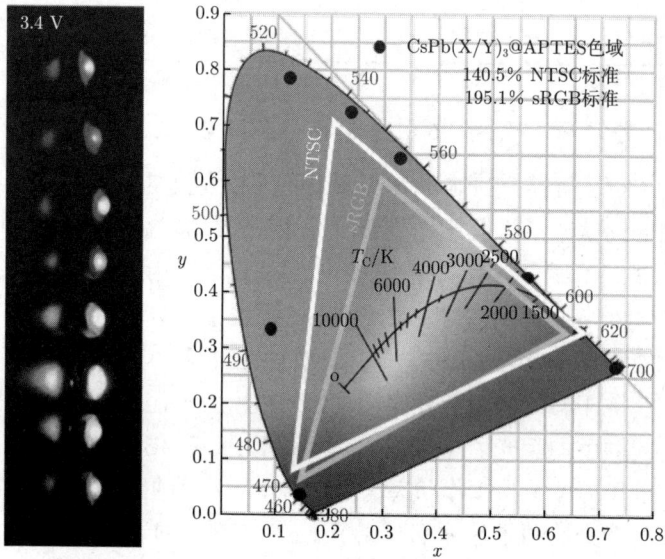

**图 3.28    并联的 CsPb(X/Y)$_3$@APTES LED 灯及其色域范围（见文前彩图）**

## 3.6　小　　结

　　本章为铯铅卤钙钛矿纳米晶制备中的两个关键问题提出了解决方案。首先，基于高效的液滴微反应器系统，实现了 CsPbX$_3$ 纳米晶的高效生产，在反应 20 min 后可获得亚克级高纯度纳米晶体粉末。其次，以 APTES 为碱性配体，获得了在极性溶剂、空气环境和高温下更稳定的钙钛矿纳米晶。主要结论如下：

（1）碱性配体 APTES 在反应过程中会自水解生成 Si—O—Si 键，在纳米晶体表面形成一层保护膜，起到抑制配体脱落、钝化晶体缺陷的作用。

（2）相比于 OAm，APTES 具有更短的碳链，与纳米晶体结合能更低。在相同制备条件下，使用 APTES 作为碱性配体的纳米晶呈现晶体尺寸增加、发光波长红移、半峰宽降低与能带隙减小的特点。$CsPbI_3$@APTES 的平均粒径可达到 33.92 nm，已经超过其激子波尔直径 12 nm，晶型为 γ 相。$CsPbBr_3$@APTES 与 $CsPbCl_3$@APTES 呈现立方晶型。

（3）为限制 $CsPbI_3$ 晶体的生长并进一步提升其稳定性，本章使用 APTES 与 OAm-HI 作为协同配体。通过优化两种碱性配体的比例与前驱体停留时间，确定最优比例为 1:1(体积比)，最佳停留时间为 8.26 s。在此条件下，$CsPbI_3$ 纳米晶的量子产率最高为 42%，平均粒径为 16.33 nm，晶型为 γ 相。

（4）$CsPbBr_3$@APTES 相比于 $CsPbBr_3$@OAm 具有更高的量子产率与更长的荧光寿命。在制备 11 天后，$CsPbBr_3$@APTES 的量子产率从 92% 降低到 90%，而 $CsPbBr_3$@OAm 的量子产率从 87% 降低到 47%。分析两种纳米晶体的荧光衰减动力学，发现 $CsPbBr_3$@APTES 具有更小的辐射衰减速率和非辐射衰减速率，说明表面缺陷明显减少。

（5）以 APTES 为配体的纳米晶体在空气与极性溶剂下均表现出更高的稳定性，具体体现为荧光强度和发光波长的稳定性，使用 PMMA 封装的纳米晶体可以在水和高温条件下保持 9 天以上的稳定荧光特性。APTES 配体层还可有效抑制红绿量子点混合时的离子交换与荧光共振能量转移效应，保证不同颜色纳米晶混合时的发光单色性。

（6）$CsPb(X/Y)_3$@APTES 系列纳米晶的荧光波长范围为 408~693 nm，可覆盖全部可见光区域，且在量子产率与荧光寿命方面普遍优于以 OAm 为配体的纳米晶体。使用该系列纳米晶制作的 LED 灯泡色域范围可达到 NTSC 色域标准的 140.5%，sRGB 色域标准的 195.1%。

综上所述，本章提出了一种基于微反应器的高稳定性广色域钙钛矿纳米晶体的制备方法，为钙钛矿纳米晶在广色域显示器件领域的应用提供了更坚实的材料基础。

# 第 4 章 原位检测微反应系统搭建及纳米晶生长过程监测

## 4.1 引 言

上文的研究结果证明，液滴流微反应器在连续规模化制备钙钛矿纳米材料方面具有传统釜式制备方法无法比拟的优势。但在生长机理揭示与反应参数快速优化等方面，单一的液滴流微反应器还存在功能限制。主要体现在：①微反应器无法解耦流量变化对停留时间和传质过程的影响；②离心纯化等后处理过程会引起纳米晶体的结构变化；③无法获得反应管中晶体生长过程的性质变化，阻碍进一步揭示纳米晶成核、生长与终止的机理；④离线检测手段的反馈周期长，产品的优化路径仍依赖于密集的实验工作。

为解决这些问题，研究者采用了将微反应器与在线检测手段相结合的方式，在微反应装置的基础上加载紫外-可见吸收光谱、荧光光谱等在线检测装置，实现对纳米材料光学性质的原位检测[196,217]。非侵入式在线检测能避免后处理过程对材料性能的影响，也可以在不改变流量的情况下获取各个反应阶段的性质参数，进而避免流量变化对传质传热过程的影响。对原位采集数据的分析可实时反馈材料的生长阶段与性能变化，以便贝叶斯优化等算法对实验数据进行集成、分析与预测，再结合自动控制系统调节反应物流量、停留时间与反应温度等参数，构建与人工智能相结合的微反应系统，即可以实现纳米晶合成过程中参数空间的快速构建、合成方法的快速优化及应用导向型合成路径的探索[198,218]。

瑞士联邦理工大学的 M. V Kovalenko 课题组[190]与北卡罗莱纳州立大学的 M. Abolhasani 课题组[202]在钙钛矿纳米晶的原位检测与智能合

成方面均有较为成熟的研究进展。而国内与在线检测和人工智能结合的纳米材料合成平台尚处于起步阶段。2019 年中国工程院战略咨询中心发布的《全球工程前沿》[12] 将"人工智能与化工过程深度结合"列为化工、冶金与材料工程领域前沿中的第一项，意味着化工过程智能化是化工学科与化工生产发展的重要方向。该方向处于学科交叉的创新前沿，需要具有化工、材料、仪表控制、自动化与计算机学科背景的研究人员通力合作，博采众长，齐力推动我国在先进材料智能制造领域的发展。

综上所述，本章的主要目的在于设计并搭建结合在线检测与远程控制功能的微反应系统，用于深入探究钙钛矿纳米晶生长过程的光学性能变化，构建钙钛矿生长过程的性能数据空间。该微反应系统应具备以下功能：①具有非侵入式的在线检测功能，能够在不影响反应进程的前提下实时检测钙钛矿纳米晶的荧光性能；②具有即时分析功能，能够快速根据荧光光谱提取荧光峰数量、荧光波长、荧光强度与发光半峰宽等关键参数；③具有远程控制功能，上位机能够控制注射泵与平流泵的流量参数，监控泵压力，缩短人工调整参数的操作时间。基于本工作构建的铅卤钙钛矿纳米晶生长-性能区间，将作为机器学习的训练数据集，为搭建与人工智能相结合的微反应系统、实现钙钛矿纳米晶合成过程的自主优化奠定基础。

## 4.2　设计思路与系统构建

### 4.2.1　系统设计思路

第 2 章和第 3 章中已搭建能够连续制备铅卤钙钛矿纳米晶的液滴流微反应器，使其能保持长时间的稳定运行，为本章微反应系统的优化打下良好的硬件基础。要在微反应系统中实现在线检测功能与远程控制功能，还需要对装置的硬件和软件进行改造与升级。具体设计思路如下：

（1）优化流量参数调整方式，从按键设置升级为远程设置。使用上位机联动控制四台泵，包括三台常压注射泵与一台大流量平流泵。通过上位机实现对流量的读写和压力监测功能，缩短操作时间，并为上位机自主控制合成过程奠定基础。

（2）设计能够与在线检测装置匹配的加热方式。拟用固体加热介质黄铜管替代液体加热介质二甲基硅油，让反应管一侧被黄铜管加热，另一侧暴露在空气中，可以被光纤探头直接探测。

（3）设计能灵活定位与实时检测的荧光探测装置。使用全反射探头搭配固定波长光源与全谱直读的荧光光谱仪，缩短荧光检测时间。

（4）建立快速处理在线采集荧光数据的方法。一次在线荧光采集会产生数十至数百张荧光光谱，拟通过 Python 函数包实现对荧光数据的快速拟合。

### 4.2.2　系统硬件搭建

全套系统按功能分区可分为输送模块、加热与反应模块、在线检测模块与控制模块。下文将详细说明每个模块的设计思路与搭建方式。

#### 4.2.2.1　输送模块

智能微反应系统的输送装置与第 3 章相同，包括两台兰格 LSP02-1B 常压泵注射、一台 Harvard PHD ULTRA 常压泵注射与一台北京航天世纪星科技有限公司 2PB 系列平流泵（流程为 0~20 mL/min）。注射泵用于输送反应物前驱体，平流泵用于输送导热氟油或 LARP 方法中的不良溶剂相。

注射泵是临床医疗、生命科学研究与微流控技术中用于微量注射的仪器。通过高精度电机与丝杠的传动功能带动注射器完成长时间稳定微量注射的动作。一台注射泵主要由步进电机、电机驱动电路板、主控电路板、显示器和按键组成。其机械驱动原理如图 4.1 所示，驱动电路在收到脉冲指令后产生加载电压，步进电机按一定转速运转，带动皮带传动装置和丝杠旋转。丝杠的导程（丝杠螺纹间距）与转动速度决定了滑块的移动速度。注射器外套固定在注射泵前端，活塞与芯杆在滑块的推动下向前移动，从针头中推出内容物。注射流量是注射器内径与滑块移动速度的函数，因此在设置流量之前需要先输入注射器内径参数。如果步进电机反转，还可以带动滑块反方向运动，使注射器完成抽取动作。

平流泵是一种精密流体机械，具有恒流和恒压输出特性，在石化、制药、精细化工等科学研究与生产领域广泛应用。在小宗高附加值精细化工品的合成中，流量和压力稳定的平流泵是用于物料输送的重要实验设备。在结构上，平流泵采用双泵头结构，如图 4.2 所示。平流泵采用单片机和芯片组成的微处理机系统控制步进电机的运转，再由步进电机带动非圆齿轮传动结构实现柱塞运动速度和运动方向的调节，实现泵头的吸液排液功能。泵头由柱塞（柱塞杆）、缸体、密封垫圈、单向阀等构成（图 4.2（b））。为保证恒流恒压输送，平流泵的两个泵头交替工作，无脉冲地对外输送液体。当左泵头缸体吸满液并对外输送液体时，右泵头开始吸入液体；当左泵头缸内液体输送完毕时，平稳过渡到右泵头的液体输送。除此之外，该产品还具有流量可调、压力显示、低压保护、高压保护、串口通信等功能。

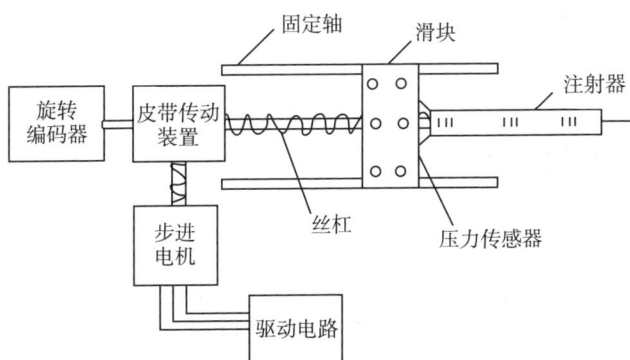

图 4.1　注射泵驱动原理[219]

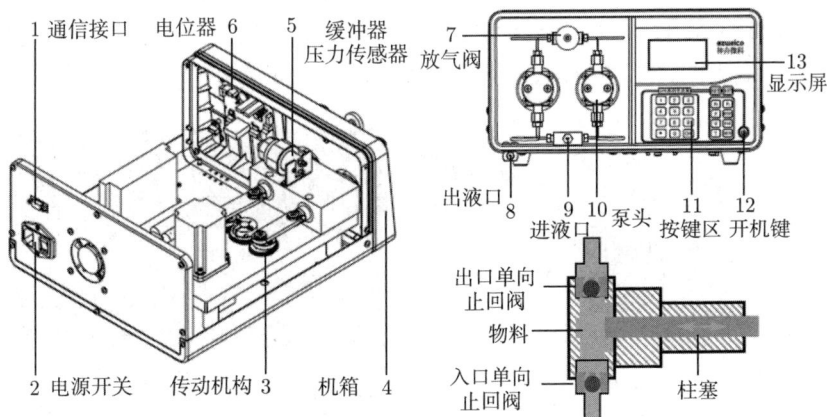

（a）2PB平流泵内部结构图[220]　　　（b）平流泵正面图[220]与泵头结构

图 4.2　2PB 平流泵结构图与泵头结构示意图

以上泵装置均带有通信接口，可通过直连线和上位机连接，实现在 PC 端读取参数和写入参数的功能。其中，兰格 LSP02-1B 注射泵的通信接口为 RS485，Harvard PHD ULTRA 常压泵使用 USB 接口，平流泵使用 RS232 通信口。当通过通信协议控制时，可按程序调节泵的输送流量、监控泵压力，缩短按键操作时间，此时泵仍能保留对按键控制的响应。

#### 4.2.2.2　加热与反应模块

本章对微反应系统的反应模块做出了较大调整，主要体现在加热装置、加热介质与反应管排布方式的迭代。在第 2 章和第 3 章中，液滴流微反应器反应管的加热方式是将紧密盘绕在直径 3 cm 不锈钢环上的反应管置于 100℃ 以上的油浴锅中，在运行过程中无法对反应管进行任何操作，导致反应管的维修与更换都较为烦琐。

Lignos[190] 等设计了一种以黄铜管作为加热介质的反应装置，将反应管均匀缠绕在黄铜管上。反应管的一侧被固体介质加热，另一侧暴露在空气中，可以被检测装置直接探测。因此，本章也设计了一种使用黄铜作为固体导热介质的加热装置。黄铜管的直径为 3 cm，中心开直径为 2 cm 的通孔，用于插入加热棒。管壁中使用线切割的方式开直径为 4.2 mm 的通孔，用于插入热电偶。热电偶孔对称的位置铣出 25 个宽为 1.65 mm、深为 0.85 mm、间距为 6 mm 的浅槽，用于定位外径为 1.6 mm、内径为 0.9 mm 的 PTFE 反应管。管间留有间距是为了避免测量位点临管的荧光干扰。黄铜管与反应管组合后的概念图与实物图如图 4.3所示，从图 4.3（b）中可以发现，反应管在黄铜管外表面均匀排列，便于荧光信号的周期性采集。

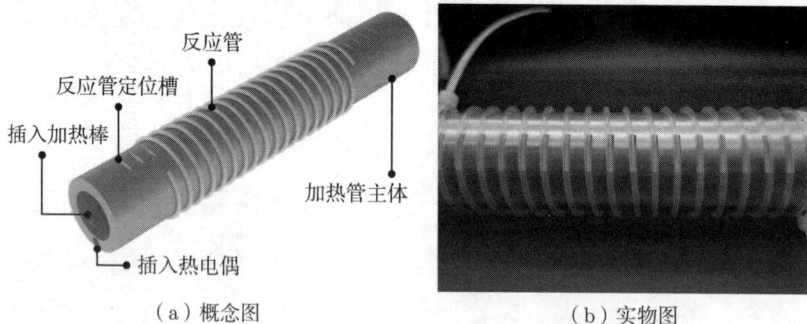

（a）概念图　　　　　　　　　　（b）实物图

图 4.3　反应模块的核心反应装置

黄铜管内的加热棒与热电偶连接 ZNHW-(Ⅱ) 型电子节能控温仪。该控温仪除温度控制功能外，还具有自整定功能。可以根据加热介质或升温条件的不同自动调整加热功率。黄铜导热系数在 70~183 W/(m·K)，远高于油浴锅使用的二甲基硅油的导热系数。使用黄铜作为导热介质虽然可以显著缩短加热时间，但由于黄铜管壁厚仅有 5 mm，在加热过程中温冲明显（>20℃），温度会在设定温度上下波动。使用自整定功能后，加热仪在接近设定温度时会自动降低加热功率，减小温冲。经测定，此加热装置在 2 min 内即可从室温达到设定温度（30~180℃）。

黄铜导热管的支撑材料选用黑色聚四氟乙烯材料。该材料具有良好的化学耐受、抗老化、阻燃隔热耐高温等性能，广泛用于化工、石油、制药等领域，可用于制备各种密封件、阀件、内衬和管道配件等。且由于其密度大，作为反应装置支撑材料能提供很好的稳定性。黑色聚四氟乙烯支撑件中部开 3 cm 圆孔用于卡住黄铜导热管，上方的方槽用于放置丝杠滑块模组。

### 4.2.2.3　在线检测模块

在线检测模块由 LED 紫外光源、光纤、荧光光谱仪和电机-丝杠-滑台模组组成。LDC-1 LED 光源触控屏控制器、LSM-365A 365 nm LED 光源模块与 QR600-7-SR-125F 优等反射荧光探头购买自海洋光学。荧光光谱仪使用 Andor 公司 SR-303i 荧光光谱仪搭配 DU420A-OE CCD。荧光采集软件为 Andor SOLIS 4.32，也可以通过 Andor SDK2 扩展包从 LabVIEW 虚拟仪器中获取荧光数据。

全反射探头是实现非侵入式在线检测的重要工具，不同于文献[201-202,221]中光源光纤与检测光纤分开的检测方式（图 4.4（a）），全反射探头采用 6 包 1 的光纤排布方式，6 根光纤连接紫外光源，1 根光纤用于读取光谱，如图 4.4（c）所示。探头直径为 3.175 mm，每一根光纤芯径为 600 μm，可传输波长范围为 200~1100 nm。当光纤探头掠过反应管时，光致发光与荧光信号采集过程如图 4.4（b）所示，光纤芯径小于反应管内径，可以准确采集反应管内发出的荧光信号。光源光纤与荧光光纤捆绑在一起的优势免去了校准两根光纤位置的操作，可消除因两根光纤未对准而产生的误差，在移动探头时就实现了信号发射端和接收端的同步移动。

光学信号采集设备均可在安装好后直接使用。在线采集的技术难点在于让荧光探头能稳定悬于反应管上方，并能沿黄铜管的轴向方向定量移动。受注射泵工作原理的启发，采用电机-丝杠-滑台模组作为全反射探头的移动装置。

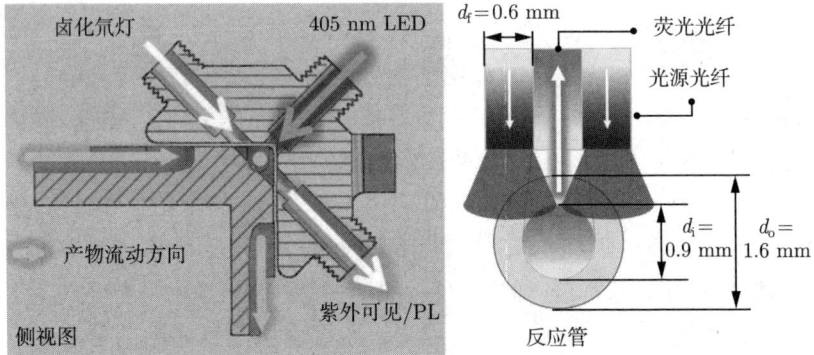

（a）双探头荧光检测[201]　　　　　　（b）反射探头荧光检测

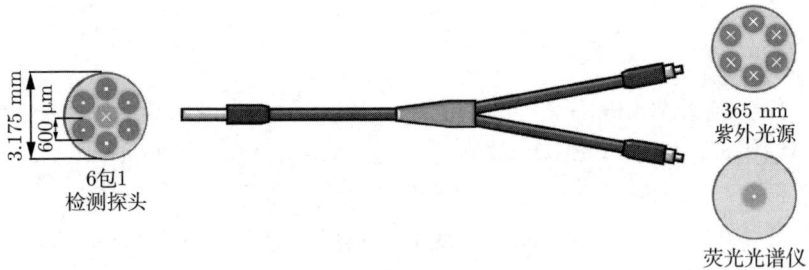

（c）Y型反射式光纤探头

图 4.4　　在线荧光检测探头

步进电机是将电脉冲信号转变为角位移或线位移的开环控制元件，在非超载情况下，电机的转速与停止位置取决于脉冲信号的频率和脉冲数。本系统采用的是两相混合式 57 步进电机，工作电压为 24 V，工作电流为 2.8 A，轴径为 8 mm，步距角为 1.8°，扭矩为 1.2 N·m。与电机搭配的驱动器为 32 细分驱动器，工作电压为 24 V，工作电流为 2.8 A。细分可以减少步距角，减少低频振动、高频失步的现象，提高步进电机的运转精度。步进电机通过 32 细分驱动器的驱动，其步距角变为 1.8°/32。在本书中，电机的控制采用独立控制器，可以设定电机的加减系数、转动方向、转动圈数、角度、距离行程、脉冲数等，还可编程多组动作并设置动作重复次数。为保证系统的稳定性，驱动器与控制器各配备了独立的 24 V 开关电源，输出电流分别为 8.3 A（接驱动器）和 3.1 A（接控制

器）。开关电源、驱动器、控制器组装好后固定在 25 cm×45 cm×3 mm
的铝板上，如图 4.5（a）所示。

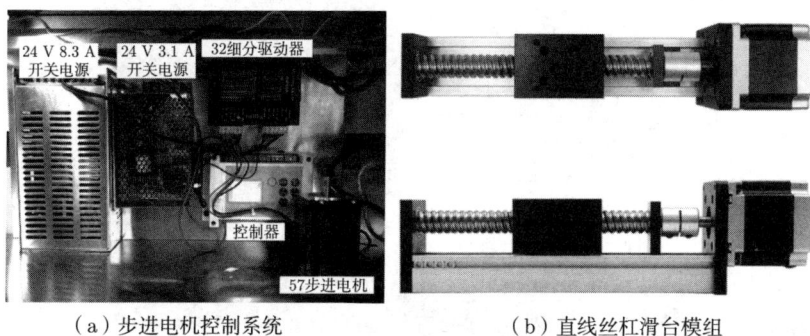

（a）步进电机控制系统　　　　　　　　　　（b）直线丝杠滑台模组

**图 4.5　荧光探头移动装置**

与电机搭配使用的滚珠丝杠直线滑台模组如图 4.5（b）所示。丝杠导
程为 4 mm，直径为 12 mm，长为 210 mm。除去滑块长度（60 mm），滑块
的有效行程可以达到 150 mm，满足荧光探头的移动范围需求。丝杠滑台
模组用 M4 螺丝固定在黄铜管支撑架的上方，57 步进电机固定在第三块
四氟支撑模块上，经低惯量的铝合金联轴器带动丝杠转动。滑台上连接荧
光探头的夹持器件如图 4.6所示。该夹具具有灵活装卸的优势，内侧加持
块通过对角的 M4 螺丝固定在滑台上，外侧加持块通过另一对角的 M4 螺
丝固定在内侧加持块上，中间的凹槽用于卡住荧光探头。通过这样的设计
方式，仅需拆卸一个螺丝就可以实现荧光探头的安装、摘取与高度调整。

最终搭建完成的反应-检测模块如图 4.7所示。图 4.7（a）与图 4.7
（b）分别为反应-检测模块概念图的正视图与等轴侧视图。图 4.7（c）～
图 4.7（e）分别为反应-检测模块的实物图、反应管与荧光探头细节图、荧
光探头加持装置的细节图。

#### 4.2.2.4　控制模块

该微反应系统对泵与荧光光谱仪的控制集成在同一台上位机中，操
作系统为 Windows 10。四台泵、CCD 与荧光光谱仪通过数据线直连到
上位机。软件部分使用 LabVIEW2019 搭建泵控制系统，Andor SOLIS
控制 CCD 与荧光光谱仪，实现用户管理和数据管理功能。具体软件程序
设计将在 4.2.3节展开介绍。

图 4.6　荧光探头夹持器

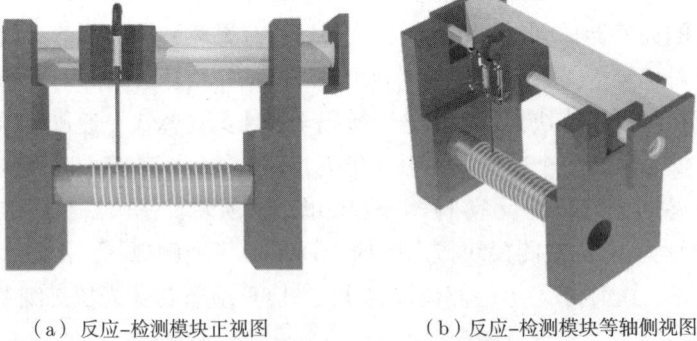

（a）反应–检测模块正视图　　　　　　（b）反应–检测模块等轴侧视图

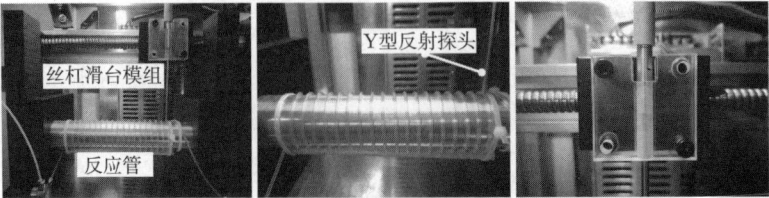

（c）反应–检测模块　　　（d）反应管与荧光探头　　　（e）荧光探头夹具

图 4.7　反应模块概念图与实物图

　　最终得到的智能微反应系统如图 4.8所示。图 4.8（a）为该系统的示意图，图中用不同颜色的背景划分出了输送模块、反应模块、检测模块与控制模块。图中橘色线路为电脑控制线路，蓝色线路为反应物的流动管道。图 4.8（b）为该系统的实物图，其中上位机处于拍摄范围外。

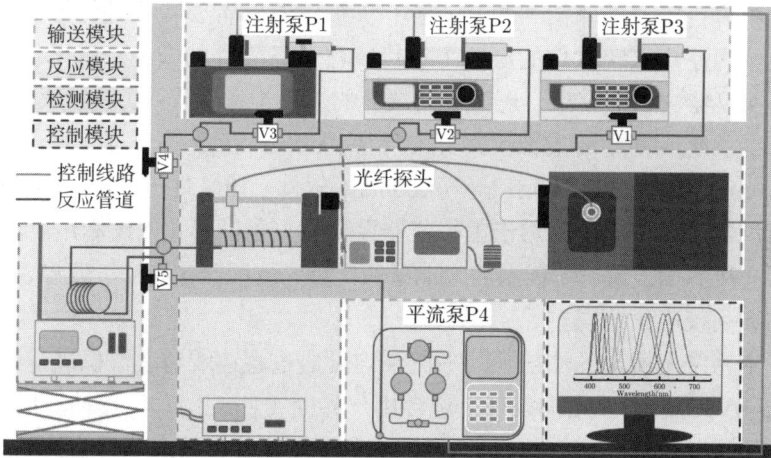

（a）微反应系统示意图

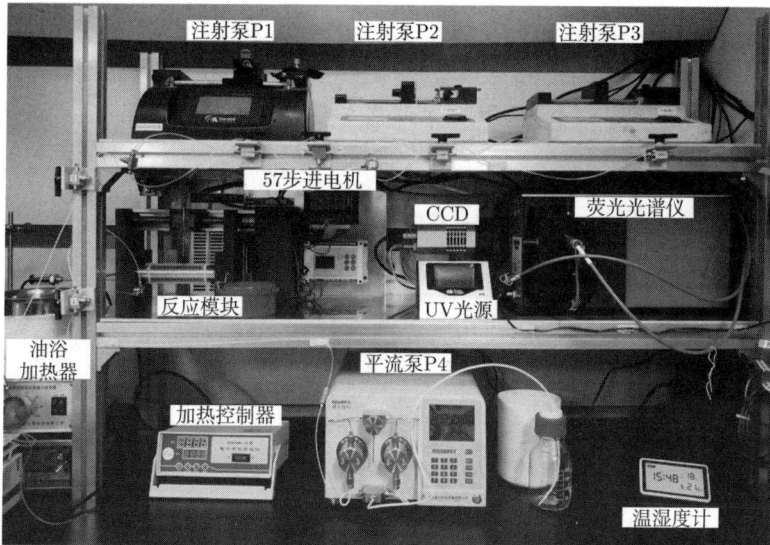

（b）微反应系统实物图

图 4.8　具有在线荧光检测与远程控制功能的微反应系统（见文前彩图）

### 4.2.3　程序设计与实现

#### 4.2.3.1　多泵联控程序

　　根据系统设计思路，该系统需要优化泵的流量调整方式，实现上位机与泵装置的通信，构建结合可定制软件与模块化测量硬件的"虚拟仪器"，建立用户自定义的测量和测试系统。虚拟仪器的首要特征是能够在广泛的领域内使用系统软件的更新来替代仪器设备硬件的升级，这不仅能省去更换仪器仪表的支出，还为仪器仪表的进一步发展指明方向。

　　本系统所使用的虚拟仪器开发环境为 LabVIEW (laboratory vitual instrumentation engineering workbench) 软件。该软件于 1992 年由美国国家仪器公司推出，是用于虚拟仪器设计的一种图形化的编程语言工具，具有人机界面友好、功能函数库丰富的优点，被世界各国的工业界、科研机构和高校广泛认同。

　　本系统中所用的注射泵与平流泵均可通过直连线与上位机进行连接。在 LabVIEW 程序结构设计上包含用户界面（UI）层、硬件抽象层、设备控制层三层程序，如图 4.9所示。此程序结构的优势在于，当控制对象发生变化时，只需要对部分程序进行微调即可立即调用。由于系统中使用的三种型号的泵的通信指令仅有些许差异，在完成第一个泵的控制程序编写之后，只需微调控制层指令的输入方式和解析方式，即可在硬件抽象层中直接调用，从而快速完成适配。

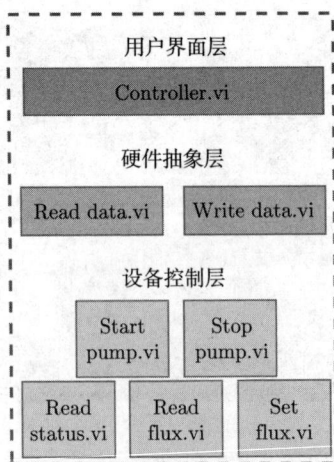

图 4.9　多泵联控的三层级架构

设备控制层程序包括启动、停止、读启停、设置流量、读取流量等基本指令操作；针对注射泵，增加了设置目标注射量、读取已注射量和目标注射量的功能；针对平流泵，增加了读取运行压力和设置最大运行压力的功能。硬件抽象层程序包括数据写入、读取的集合；用户界面层程序包括控制器（前面板是单泵操纵的控制页面，可以设置通信地址、码率、流量、压力、启停状态，并显示压力或流量的动态曲线）和多泵联控程序（借用四个子面板对控制器程序进行调用），以实现多泵联控的目的。最终的用户操作界面如图 4.10（a）所示，由于 LabVIEW 前面板不具有界

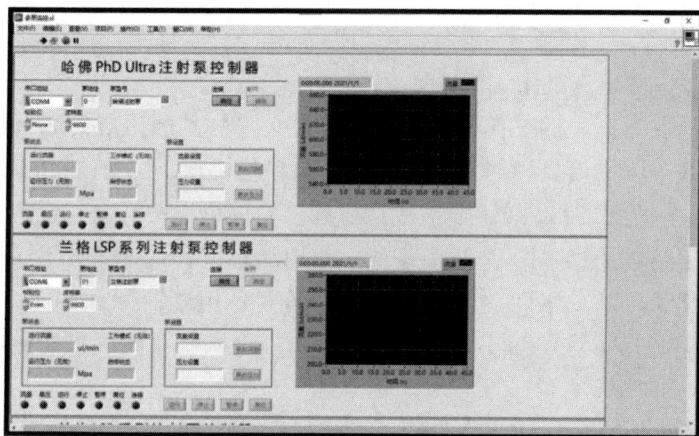

（a）多泵联控用户界面

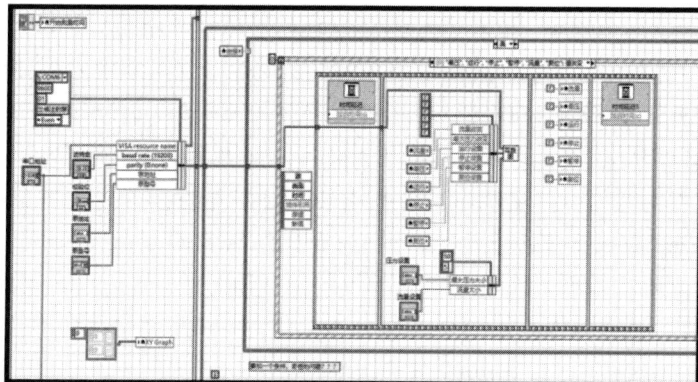

（b）UI层程序框图

图 4.10　用户界面的操作面板与程序框图

面缩放功能，因此只显示了 Harvard 泵和一台兰格泵的控制界面。在连接上位机与设备之前，需要选取通信接口，设定波特率并输入泵地址（在设备端设置）。控制界面可以进行流量设置与启停设置，并读取泵的运行状态、运行流量与当前压力。最下面一排指示灯在相应指令发出后会闪烁一次，在连接状态下，连接指示灯常亮。

控制程序框图如图 4.10（b）所示。由于泵无法主动发出信号，通过每隔 0.1 s 发送一次指令的方式实现对泵状态的实时监测和改变，并绘制流量曲线或压力曲线。UI 层代码"连接""运行""停止""暂停"按键响应框图如图 B.1 和图 B.2 所示。当用户按下某个按键时，应闪烁相应指示灯，并修改相关按键的可操作状态，避免非法输入造成的错误。硬件抽象层的程序框图可查询图 B.3 与图 B.4。

虚拟仪器开发的工作量在于针对三种泵不同的通讯规约编写信号读取的方式。以平流泵为例，通信协议包括星达协议、Modbus-RTU 协议两种，适用于 RS232 通信口。星达泵通信协议可以使得泵和任意设备之间进行通信，消息采用 ACSII 编码，可以通过设备地址区分不同设备的消息和指令，以"$XD"作为帧头，以回车 (0×0D) 换行 (0×0A) 作为帧尾。消息结构示意图与 ID 指令见图 4.11。返回指令解读可详见使用手册[220]。

泵控制系统的主要工作是通过上位机向平流泵发送指令与接收指令，所以主要的算法在于组装发出指令与对返回指令的解析。泵的发出指令与返回指令均由帧头、地址、消息 ID、有效消息和帧尾组成，因此需要对返回指令进行解析后再读取。以查询泵压力为例，发送指令为 $XD0130?，返回指令为 $XD0130000.6，表示泵压力为 00.6 MPa，但显示时候应显示为 0.6 MPa。对于返回的 14 位字符串（含帧尾），需要截取第 7～ 第 11 位字符对其匹配正则表达式。在 LabVIEW 程序实现过程中，使用条件结构判断截取字符串首位是否为 0，判断结果为假则直接输出结果。若判断结果为真，则匹配正则表达式，对匹配后部分的第一位进行判断，如果是"."，则第一位补 0 输出，如果不是"."，直接输出结果。程序框图如图 4.12 所示。

兰格注射泵的通信指令需要先使用 16 进制进行解析，其信息结构如图 4.13 所示，指令含义是"设置地址为 01 的泵的注射速度为 200 μL/min，

图 4.11　星达通信协议指令说明

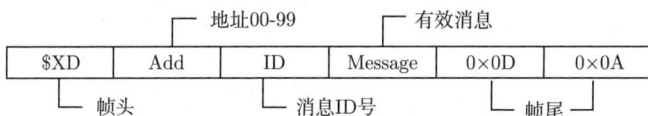

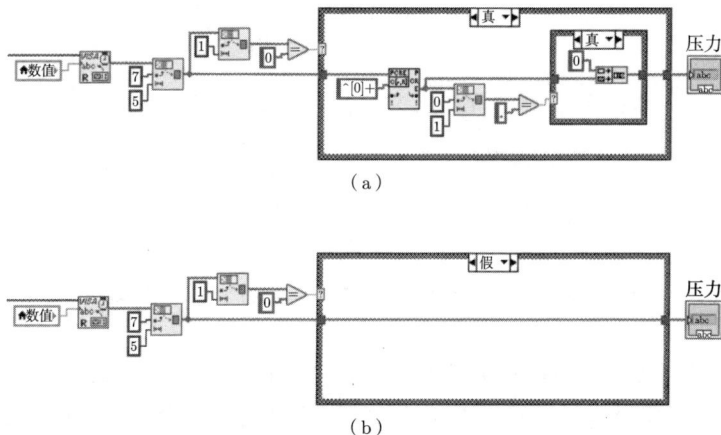

| ID号 | 名称 | 说明 | ID号 | 名称 | 说明 |
|---|---|---|---|---|---|
| 00 | 查询版本 | 查询系统序列号，硬件软件版本号，也可作为握手信号 | 25 | 定时时间 | 设定定时时间，达到时间后自动停止 |
| 01 | 通信地址 | 设置通信地址 | 30 | 读取压力 | 读取当前泵的实时压力值 |
| 02 | 通信波特率 | 设置串口波特率 | 31 | 压力上限 | 设定压力上限，达到压力后自动停止 |
| 03 | 消息应答 | 设置消息是否有应答 | 32 | 压力下限 | 设定压力下限，低于压力后自动运行 |
| 05 | 恢复出厂值 | 恢复出厂设置 | 33 | 流量单位 | 设定流量单位 |
| 07 | 声音报警 | 开启或关闭按键音 | 34 | 介质密度 | 设定介质密度，默认值为1.000 |
| 20 | 流量 | 设置单位时间内的流量 | 40 | 系统日期 | 设定系统日期 |
| 21 | 目标体积 | 设定目标体积，达到后自动停止 | 41 | 系统时间 | 设定系统时间 |
| 22 | 当前流量 | 查询泵当前的流量值 | 51 | 暂停 | 暂停 |
| 23 | 累积流量 | 查询当前流量累计值 | 52 | 启动 | 启动 |
| 24 | 运行时间 | 查询当前泵的运行时间 | 53 | 停止 | 停止 |

（a）

（b）

图 4.12　正则表达式读取压力值程序框图

E9 01 0A 43 57 54 01 5F 00 06 C8 00 08 D3

[帧头] [地址] [长度] [C W T 1] [95×0.1 mL][200×1 uL/min][BCC]

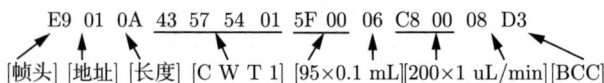

**图 4.13　　兰格泵通信指令结构**

注射量为 9.5 mL"。设备控制层程序框图可查询图 B.5。Harvard 泵使用标准的 USB 接口与上位机连接，且提供详细的命令文档[222]，其设备控制层程序框图可查询图 B.6。

### 4.2.3.2　荧光光谱数据分析

　　荧光光谱数据分析的方法是使用函数对采集到的光谱曲线进行拟合，以获得荧光发射峰波长、峰强度和半峰宽等信息。在前期实验的基础上，发现高纯度铅卤钙钛矿纳米晶的荧光光谱以峰位置所在垂直于 $x$ 轴的直线为轴，呈轴对称分布。如图 4.14所示，使用高斯函数对 CsPbBr$_3$ 的荧光光谱进行拟合，拟合曲线的决定系数 $R^2$ 可以达到 0.9993，说明高斯函数可以用于拟合钙钛矿纳米晶的荧光光谱。

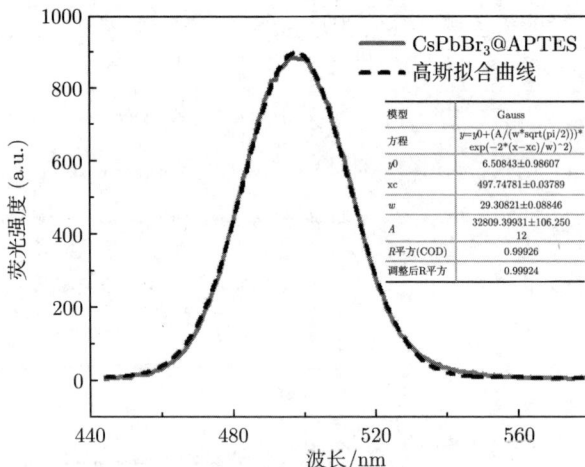

| 模型 | Gauss |
|---|---|
| 方程 | y=y0+(A/(w*sqrt(pi/2)))* exp(−2*(x−xc)/w)^2) |
| y0 | 6.50843±0.98607 |
| xc | 497.74781±0.03789 |
| w | 29.30821±0.08846 |
| A | 32809.39931±106.250 12 |
| R平方(COD) | 0.99926 |
| 调整后R平方 | 0.99924 |

**图 4.14　　CsPbBr$_3$ 的荧光光谱与高斯拟合曲线**

　　生长过程的钙钛矿纳米晶晶粒分布较为广泛，可能同时存在多个主要发射波长。因此对于实验过程中采集到的荧光光谱，均使用一维多元高斯函数（式(4.1)）进行拟合。式中 $a_i$ 表示峰强度，$b_i$ 表示峰位置，$2\sqrt{2\ln 2}c_i$

表示半峰宽。

$$f(x) = \sum_{i=1}^{n} a_i \exp\left[-\frac{(x-b_i)^2}{2c_i^2}\right] \tag{4.1}$$

　　该系统的在线荧光检测装置能快速且连续产生大量数据。为实现对数十乃至数百张荧光光谱的快速拟合,使用 Python 的 scipy 包拟合数据,所用代码见算法 B.1。算法具有去除背底、拟合曲线、输出图像与汇总拟合结果的功能。在拟合过程中会逐张输出拟合曲线,便于用户确认拟合准确度。最终输出各个峰的峰位置、峰高与半峰宽作为拟合结果并写入 csv 文件。图 4.15 显示了对于釜式配体辅助再沉淀法制备的 $CsPbBr_3$ 纳米晶生长过程荧光检测的拟合结果。采样数量为 8 张,采样频率为

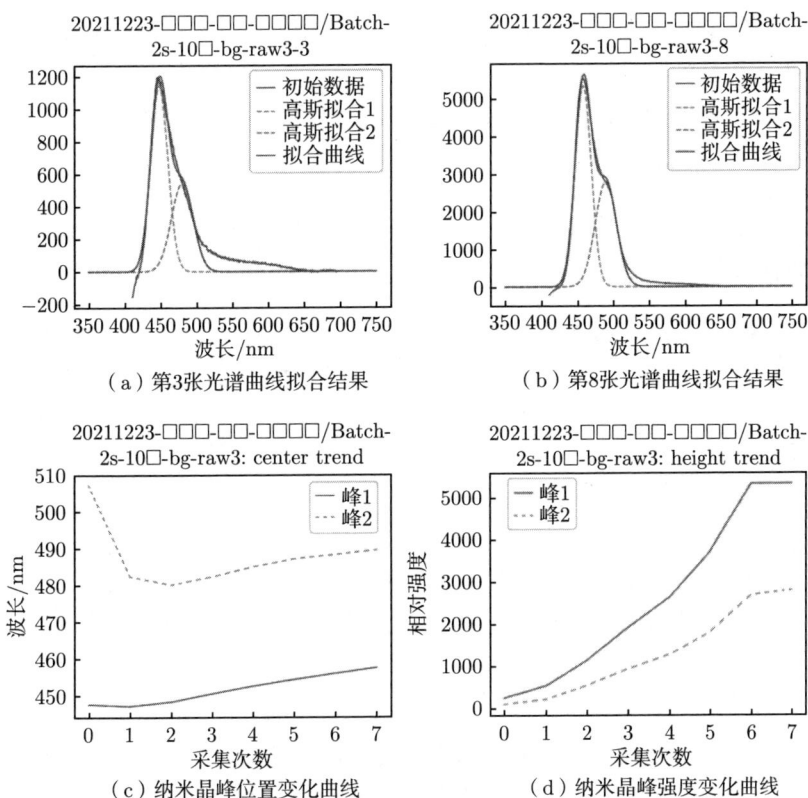

（a）第3张光谱曲线拟合结果　　　　　（b）第8张光谱曲线拟合结果

（c）纳米晶峰位置变化曲线　　　　　（d）纳米晶峰强度变化曲线

**图 4.15　$CsPbBr_3$ 釜式生长过程的荧光光谱与拟合曲线**

0.5 Hz。图 4.15（a）与图 4.15（b）显示了在拟合过程中的荧光光谱拟合曲线，图 4.15（c）与图 4.15（d）分别为拟合结束后输出的纳米晶荧光峰位置变化曲线与峰强度变化曲线。从拟合结果可以发现，随着纳米晶体的生长，荧光峰位置会逐渐向长波长方向移动，峰强度也会逐渐增加。且随着荧光强度的增加，光源拖尾峰的影响会逐渐减小，拟合精度也会有所提高。

# 4.3　铅卤钙钛矿纳米晶生长过程监测

## 4.3.1　合成方法选择

系统设计的初衷是要能兼容高温下和室温下的多种合成方法。本节将以 $CsPbBr_3$ 纳米晶为实验对象，具体探究高温热注入法和室温下配体辅助再沉淀法在具有在线检测功能的微反应系统中的适用性。

### 4.3.1.1　高温热注入法

本章中热注入法使用的试剂与前驱体制备方法均和第 2 章相同，反应物用量见表 4.1。

表 4.1　高温热注入法制备 $CsPbBr_3$ 的前驱体、溶剂与配体用量表

| 前驱体 | 反应物质量/g | 物质的量/mmol | ODE/mL | OA/mL | OAm/mL | 物质的量浓度/(mol/L) |
|---|---|---|---|---|---|---|
| CsOAc | 0.1920 | 1.0 | 9 | 1 | — | 0.10 |
| $PbBr_2$ | 0.5505 | 1.5 | 7 | 1.5 | 1.5 | 0.15 |

在所有的前驱体溶液冷却至室温后，将溶液转移到 10 mL 塑料注射器中，使用常压注射泵注射。PFPE 液体被装入 250 mL 试剂瓶中，使用平流泵输送。在制备单卤素钙钛矿时，首先关闭阀 V1~V4，待油浴锅升温到指定温度时，打开平流泵 P4，总流量设定为 5 mL/min。待反应出口处流出液体后，打开阀 V2、V3 与前驱体的注射泵，单相流量为 0.5 mL/min。前驱体通过预混合段后被 PFPE 相剪切成为液滴，在反应管段经历快速成核与生长过程。反应器离开反应段后进入淬灭段，淬灭段被浸泡在 0℃ 冰水浴中。

　　在微反应器内合成 $CsPbBr_3$ 的实验过程中发现，高温条件下在线荧光探头采集到的荧光信号过于微弱，其原始荧光数据如图 4.16所示。前驱体溶液和导热氟油的流量比为 1:2，反应温度为 140℃，采集位置在第 17 根螺旋管处，此处反应物的停留时间为 30.6 s。图中左右两个峰分别是 365 nm 紫外光源的峰和其半频峰，中间 490 nm 左右的峰为产物荧光峰。可见产物荧光峰过于微弱，光源峰与检测噪声对产物的荧光信号峰都有较大影响。

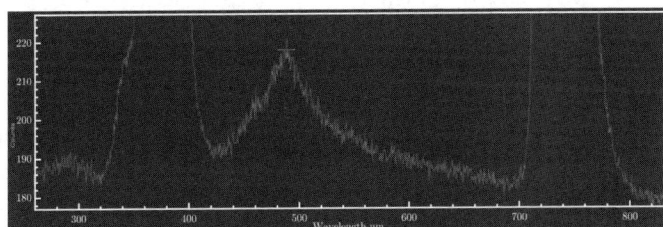

**图 4.16　液滴流热注入法在线荧光信号测量**

　　分析其原因，首先是反应物在反应管内呈现液滴流，而非单相流。当连续-分散比过大时，荧光探头能检测到液滴荧光的概率就会降低。且荧光信号的强度与液滴和探头的相对位置有关，当液滴处于探头正下方时（见图 4.17（a）），可以检测到最强的荧光信号；当导热氟油处于探头正下方时（见图 4.17（b）），则无荧光信号从探头返回到光谱仪，因此对液滴直径为百微米级的液滴流进行荧光检测具有较大的信号波动。

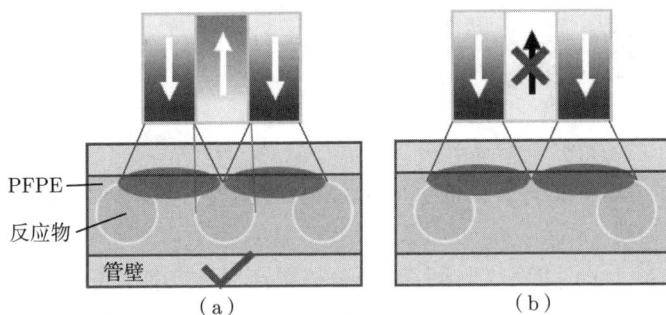

**图 4.17　液滴流中荧光检测信号的两种可能状态**

　　第二个原因是荧光物质的荧光强度与温度呈负相关，如式（1.10）所示。在一般情况下，随着温度的升高，荧光物质溶液的荧光效率和荧光强度会降低。这是由于温度上升时，离子振动加剧，外部能量的转换增加，非辐射跃迁增加，从而降低了荧光效率。后续通过釜式热注入法进一步验证了温度对纳米晶体荧光强度的影响。

釜式热注入法的操作方式如下：在制备完成前驱体后，CsOAc 前驱体溶液在 120°C 条件下保温，取 2 mL PbBr$_2$ 前驱体溶液加入 25 mL 三颈瓶中，置于 140°C 油浴锅中加热。用移液枪取 2 mL CsOAc 前驱体快速注入剧烈搅拌的 PbBr$_2$ 前驱体溶液中，计时 5 s 或 10 s 后将三颈瓶取出放入 0°C 冰水混合物中冷却淬灭反应。在冷却过程中将荧光探头伸入三颈瓶中实时检测粗产品溶液的荧光变化。

图 4.18（a）为反应时间为 5 s 的粗产品冷却阶段的实时荧光光谱数据绘制成的带投影的 3D 颜色映射曲面图。采样间隔为 5 s，共采集 50 张光谱。图 4.18（b）为对每张荧光光谱数据采用一元高斯函数拟合后获得的峰位置与峰强度值，可以发现随着冷却时间的增加，产物温度的降低，荧光峰位置出现轻微红移但整体变化不大，平均峰位置在 479 nm，荧光强度则随时间推移出现明显增强。

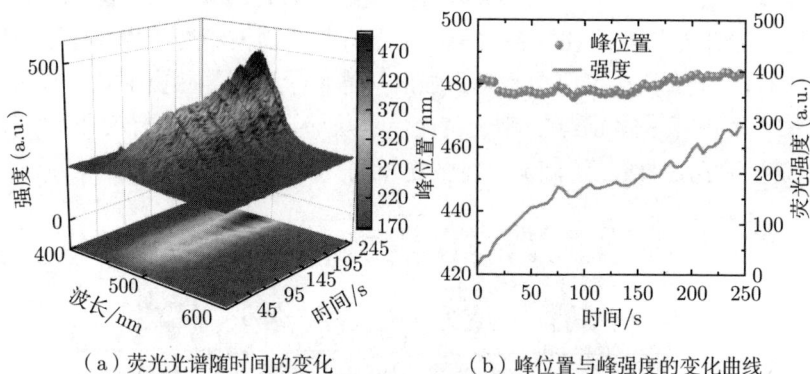

（a）荧光光谱随时间的变化　　　　（b）峰位置与峰强度的变化曲线

图 4.18　反应时间为 5 s 的 CsPbBr$_3$ 冷却过程荧光光谱数据（见文前彩图）

图 4.19（a）为反应时间为 10 s 的粗产品冷却阶段的实时荧光光谱数据绘制成的带投影的 3D 颜色映射曲面图。采样间隔为 5 s，共采集 50 张光谱。对比图 4.18（a）与图 4.19（a），可以发现随着反应时间的延长，荧光峰的个数也会增加，由单一主峰裂分为三个荧光峰，说明产物中主要存在三种粒径区间的纳米晶体。峰值波长分别为 464 nm、491 nm 和

515 nm，随冷却时间的延长而保持稳定。但三个峰对应的荧光强度均随时间的推移而增强。在 175 s 后，515 nm 处的峰强度骤减，可能是由于溶剂十八烯（熔点为 14~16℃）从液态到固态发生了相变。

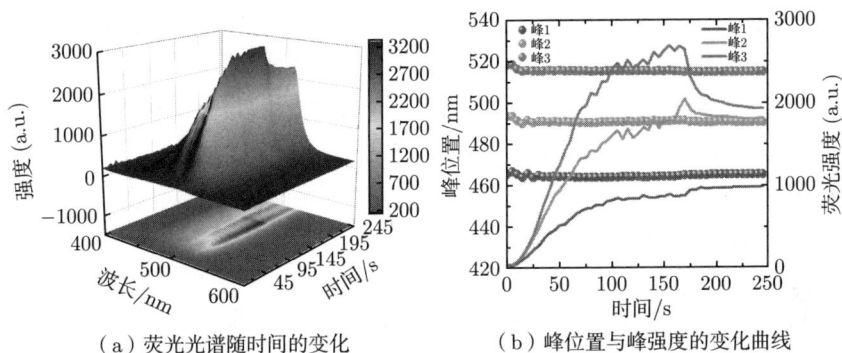

（a）荧光光谱随时间的变化　　（b）峰位置与峰强度的变化曲线

图 4.19　反应时间为 10 s 的 CsPbBr₃ 冷却过程荧光光谱数据（见文前彩图）

完全冷却后的两种粗产品在紫外灯照射下的光致发光图如图 4.20 所示。反应时间为 5 s 的产品发出蓝色荧光，反应时间为 10 s 的产品发出蓝绿色荧光，与定量荧光检测的结果相符。

图 4.20　冷却后的粗产品在紫外光照射下的光致发光图

以上测试结果证明从 140℃ 到 0℃，反应产物的荧光强度可以增加 15~50 倍。温度对荧光强度的影响十分明显，且高温条件下荧光采集信号过于微弱，无法实现对反应过程中产物荧光信号的准确检测。但该现象为快速测量纳米晶体的激子结合能提供了新的思路。因为激子结合能的拟合需要测量纳米晶体的温度依赖荧光发射曲线，测试费较为昂贵。但如果在现有设备的基础上加装一个温度传感器，则可以同步记录温度与荧光峰强度，再代入式（1.10）中进行拟合。

### 4.3.1.2　配体辅助再沉淀法

配体辅助再沉淀法（LARP）是通过将前驱体离子的混合溶液快速分散到不良溶剂中，引起前驱体离子过饱和度的变化，引发晶体的爆炸性成核的过程。本书中该方法所使用的试剂均于购买后直接使用，主要包括：溴化铅（$PbBr_2$，Aladdin，99%），溴化铯（CsBr，Aladdin，99.9%），油酸（OA，Aladdin，AR），油胺（OAm，Macklin，80%～90%），$N,N$-二甲基甲酰胺（DMF，Adamas，99.8%），甲苯（通广试剂，AR），正己烷（Genera–Reagent，97%）。

前驱体溶液配置方法：称量 0.1468 g $PbBr_2$（0.4 mmol），0.0851 g CsBr（0.4 mmol）加入 10 mL DMF 中，加入 1 mL 油酸和 0.5 mL 油胺，搅拌至前驱体溶解。

釜式配体辅助法制备方法：用移液枪取 0.5 mL 前驱体溶液，快速注入 5 mL 剧烈搅拌的甲苯溶剂中，持续搅拌 1 min 以上。可以看到溶液变为黄绿色，在紫外灯的照射下发出蓝绿色荧光。溶液静置后出现沉淀，沉淀为黄绿色粉末，在紫外灯的照射下发出绿色荧光，如图 4.21（a）所示。将粗产品 8000 r/min 离心 5 min，分离上清液与沉淀。沉淀分散在 3 mL 正己烷中，滴加在碳膜上直接制样用于拍摄 TEM 图。

图 4.21（b）为上清液的 TEM 图，晶体呈现立方结构，平均粒径为 6.2 nm，但尺寸分布不均。且沉淀中的颗粒过大，边长可达到 300 nm，已难以分散在己烷中，造成了原料的极大浪费。

釜式配体辅助再沉淀法制备 $CsPbBr_3$ 纳米晶生长过程的荧光光谱变化如图 4.22（a）所示，采样间隔为 2 s，共采样 60 张。从图中可以看出，纳米晶的荧光光谱呈现双峰生长。对荧光数据使用二元高斯函数进行拟合，可以得到两个荧光峰峰位置（图 4.22（b））和峰强度（图 4.22（c））的变化曲线。在反应初期的 30 s 内，峰位置发生红移，伴随着峰强度的增加。在 30 s 后，两个峰的峰位置有轻微红移，最终分别在 470 nm 和 496 nm，对应可见光颜色为蓝光和蓝绿光。短波长荧光峰在 30 s 之后会出现荧光强度回落的现象，可能是由于小尺寸纳米晶之间发生了聚并生长。

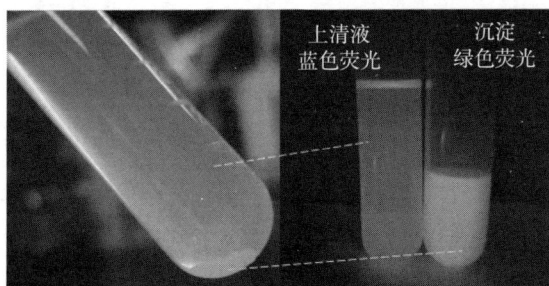

（a）产物光致发光图片

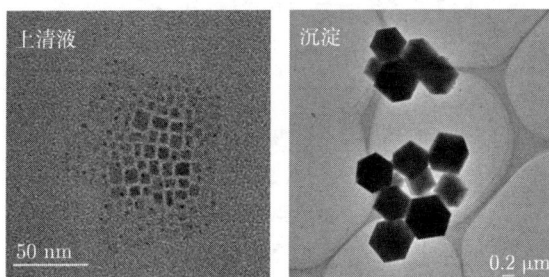

（b）上清液TEM图　　　　　　（c）沉淀TEM图

图 4.21　釜式配体辅助再沉淀法制备 CsPbBr₃ 纳米晶

结合纳米晶生长过程荧光检测的数据，与纳米晶生长完毕后产物的 TEM 图，可以推断出在釜式 LARP 方法中由于传质限制，前驱体在不良溶剂中的浓度分布不均，导致两种尺寸的纳米晶同时生长，主要生长阶段为前 30 s。30 s 后，由于多尺寸分布的原因，纳米晶体之间会发生奥斯瓦尔德熟化现象，于是出现直径达 300 nm 的大颗粒晶体。该晶体已经失去了量子限域效应，发出绿色荧光。

对比高温热注入法与室温下配体辅助再沉淀法与在线荧光检测装置的兼容性，室温制备方法对纳米晶体的荧光强度没有影响，且均相反应过程可以保证荧光信号的稳定采集。最终决定使用配体辅助再沉淀法作为纳米晶体的制备方法，CsPbBr₃ 为研究对象，对钙钛矿纳米晶在微反应器中的生长过程进行检测与分析。

## 4.3.2　装置稳定性监测

为了验证微反应系统与荧光采集信号的稳定性，在第 10 根管和第 18 根管处连续监测了 10 min 反应过程的荧光数据，采样点位置如图

4.23所示。前驱体的配置方法同 4.3.1节的配体辅助再沉淀法。使用 Harvard 泵注射前驱体溶液，平流泵输送不良溶剂甲苯。前驱体溶液的流量为 100 μL/min，甲苯的流量为 1000 μL/min。

（a）荧光光谱随时间的变化

（b）峰位置的变化曲线

（c）峰强度的变化曲线

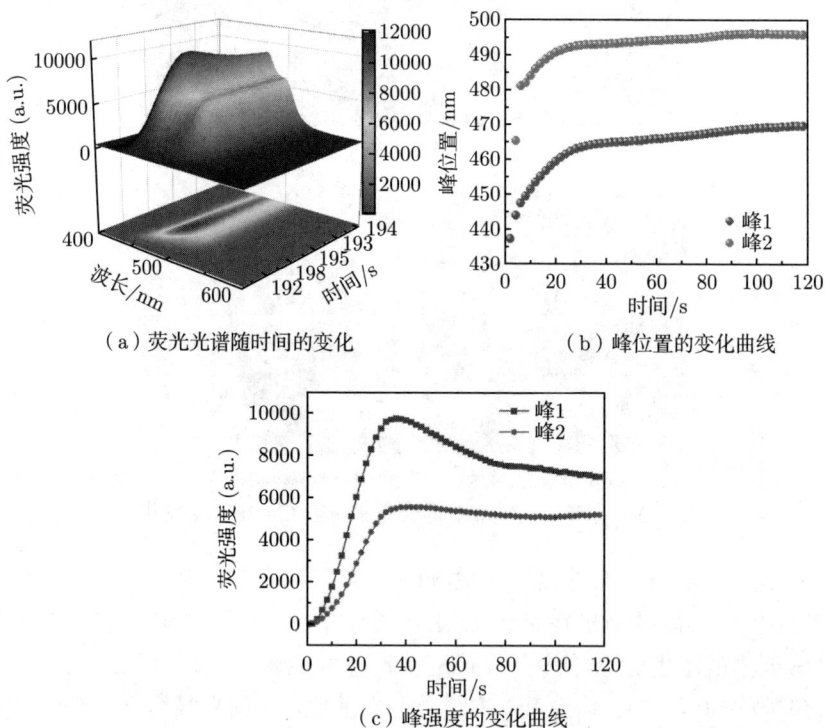

图 4.22    釜式配体辅助再沉淀法 CsPbBr₃ 纳米晶生长过程荧光光谱监测

图 4.23    荧光信号稳定性监测位点

每个监测点位的采样间隔为 5 s，采样数量为 120 张，监测时长为 10 min。获得的 3D 荧光光谱如图 4.24（a）和图 4.24（c）所示。图片显示在此流量条件下，微反应器中的钙钛矿纳米晶荧光光谱在 460 nm 左右出现单一主峰，在 430 nm 与 500 nm 左右存在微弱肩峰。荧光光谱在 $XY$ 平面投影出的荧光强度颜色映射表示在流经该监测点的纳米晶的荧光峰位置与强度均表现出稳定性。使用三元高斯函数对图谱进行快速拟合，得到的主荧光峰位置与峰强度的变化如图 4.24（b）和图 4.24（d）所示，拟合参数的平均值、标准差和变异系数列在表 4.2 中。从图表数据可以发现，随着停留时间的延长（从 33 s 到 59 s），荧光峰的峰位置发生微弱红移，从 461.2 nm 增加到 462.7 nm，峰强度从 3340 增加到 4137，说明纳米晶反应后期仍经历慢生长过程。

在连续监测的 10 min 内，峰位置的变异系数小于 0.05%，峰强度和半峰宽的变异系数小于 5%，说明微反应器、荧光采集装置和拟合算法的稳定性均能满足后续测量的要求，该系统所获取的荧光峰位置信号具有更高的稳定性。

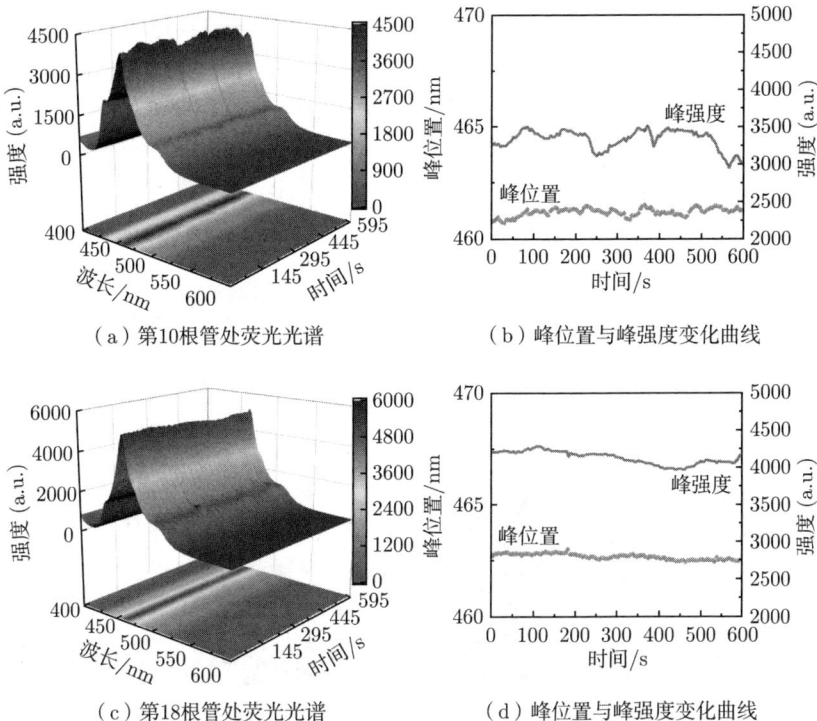

（a）第10根管处荧光光谱　　（b）峰位置与峰强度变化曲线

（c）第18根管处荧光光谱　　（d）峰位置与峰强度变化曲线

图 4.24　微反应系统的荧光信号稳定性监测（见文前彩图）

表 4.2　　荧光光谱拟合参数的平均值与标准差

| | 管 10 | | | 管 18 | | |
|---|---|---|---|---|---|---|
| | 峰位置/<br>nm | 峰强度<br>(a.u.) | FWHM/<br>nm | 峰位置/<br>nm | 峰强度<br>(a.u.) | FWHM/<br>nm |
| 平均值 | 461.2 | 3340 | 28.6 | 462.7 | 4137 | 34.8 |
| 标准差 | 0.2 | 129 | 0.6 | 0.1 | 89 | 0.4 |
| 变异系数 | 0.04% | 3.86% | 2.03% | 0.03% | 2.14% | 1.26% |

### 4.3.3　微反应器内配体辅助再沉淀法生长过程监测

相比于长周期的离线检测手段，结合了在线检测技术的微反应系统可以检测秒级生长阶段的荧光信号，获取离线检测所不能得到的快反应过程参数。相比于釜式制备方法，具有远程控制系统的微反应器平台可实现前驱体流量的连续调控，根据对荧光参数的分析快速构建操作区间。

本节旨在通过调整微反应器内配体辅助再沉淀法中前驱体和不良溶剂的流量，检测纳米晶流经 18 个采样点时的荧光光谱数据，对 CsPbBr$_3$ 纳米晶的生长过程进行深入分析。反应管在黄铜管上的排列呈圆柱螺旋线结构，其结构参数如图 4.25（a）所示，螺旋线直径 $D$=31.6 mm，螺距 $s$=6 mm，周长计算公式为式(4.2)，周长为 99.45 mm。根据反应管内径、长度及前驱体的流量，可以计算得到反应物到达每一个采样点处的停留时间。具体流量参数与停留时间的对应关系可查询表 A.9。

$$L = \sqrt{(\pi D)^2 + s^2} = \sqrt{(31.6\pi)^2 + 6^2} = 99.45\,\mathrm{mm} \qquad (4.2)$$

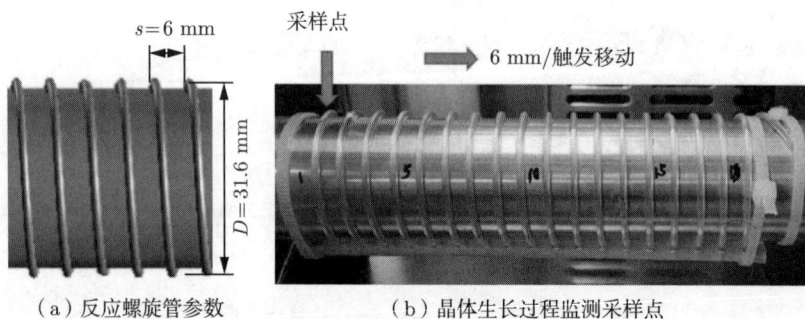

（a）反应螺旋管参数　　　　　（b）晶体生长过程监测采样点

图 4.25　荧光光谱采样方式设计

荧光探头的单次移动距离需要与反应管的螺距匹配。丝杠导程为 4 mm，因此单次触发电机的转动角度为一周半，滑块带动荧光探头向右移动 6 mm，如图 4.25（b）所示。荧光信号的采集与处理流程如图 4.26所示。荧光探头在每一个采样点处以 2 Hz 的采集频率连续读取 10 张荧光光谱，采集时间为 4.5 s。从第 1 个点移动到第 18 个点后，启动复位功能，荧光探头会再次回到第 1 个采样点。在处理荧光信号时，首先对每个采样点的 10 张图谱平均化处理，扣除背景信号后自动寻峰并进行多元高斯拟合，在提取荧光峰位置、强度与半峰宽等信息后退出拟合程序。

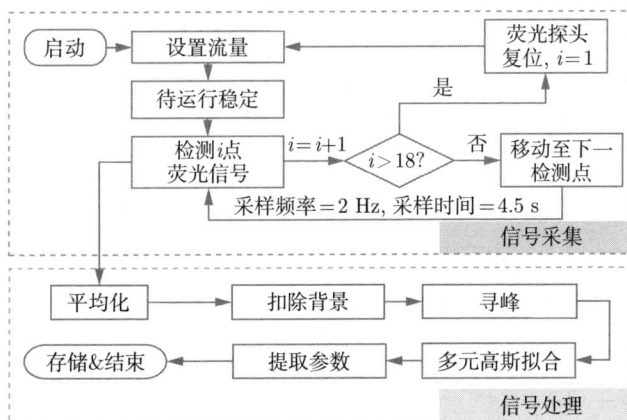

图 4.26　荧光信号采集与处理流程

在配体辅助再沉淀法中，纳米晶体的生长状态受不良溶剂比例、前驱体分散速率和反应温度的影响。在这些因素中，不良溶剂比例与前驱体分散速率决定了初始过饱和度，进而影响晶粒尺寸和尺寸分布。晶体尺寸体现为荧光峰位置的变化，而尺寸分布体现为峰数量和半峰宽的变化。从工艺优化的角度入手，泵装置的远程联控和在线采集手段使研究者可以快速构建钙钛矿纳米晶体合成的操作区间。通过不断扩大操作区间，测量了甲苯流量（$Q_{tol}$）在 1000~5000 μL/min，前驱体流量（$Q_{pre}$）在 25~1000 μL/min 范围内的荧光光谱。图 4.27（a）~（c）展示了固定甲苯流量为 3000 μL/min 时，调节前驱体流量从 200 μL/min 增加到 400 μL/min，CsPbBr$_3$ 纳米晶荧光峰的变化。在拟合荧光曲线后，峰位置与峰强度等参数被汇总在图 4.27（d）中，$x$ 轴的时间对应于检测点所在的停留时间。图 4.27（d）-i 表示在该流量条件下，纳米晶体呈单峰生长并发射 437 nm 的荧光。前 10 s 为主要生长阶段，体现为荧光强度的增加而非荧光波长的变化。这说明决定荧光波长的晶体粒径未发生显著变化，而表现为纳米晶体浓度的增加或表面完整度提升引起的量子效率的增加。当 $Q_{pre}$ 增加到 300 μL/min 时，纳米晶在进入反应管后即呈现多峰生长的状态，这表明多种尺寸的晶粒在成核阶段同时出现。在后续生长过程中，晶体尺寸未发生显著变化，仍集中于 450 nm、469 nm、485 nm 三种波长，而荧光强度会有显著提升。若进一步提升 $Q_{pre}$ 到 400 μL/min，荧光峰强度会出现显著衰减。这是由良溶剂 DMF 的体积分数同步增加引起的。过量的 DMF 会降低前驱体的过饱和度，从而不利于 $CsPbBr_3$ 的析出。进一步地，若将 $Q_{pre}$ 增加到 500 μL/min，在反应管中则无法检测到纳米晶体的荧光信号，如图 4.28所示。

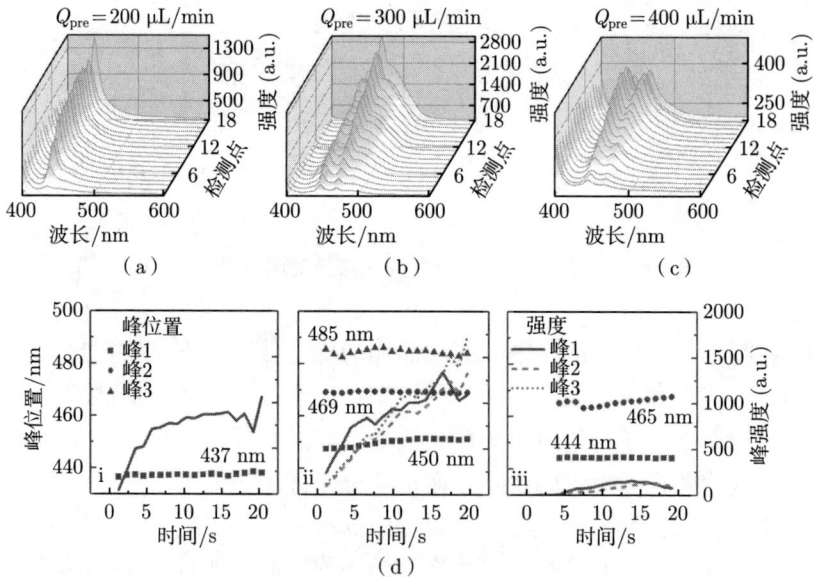

**图 4.27**　$Q_{tol}$＝3000 μL/min 时，在三组流量条件下的荧光光谱图与峰信息参数

其他流量条件下具有代表性的荧光光谱图与峰信息参数汇总到图 A.3～图 A.6中。在 DMF 与甲苯流量比（$R_{p/t}$）达到 1:6 后，纳米晶体均不再析出。在汇总了所有流量条件下的荧光数据后，将峰数量与反

应物流量的关系绘制于图 4.29 中。在图 4.29 中标注出了单峰、双峰、三峰至四峰的生长区域。当 $R_{p/t}$ 值较低时，纳米晶体容易呈现单峰生长的状态。当 $R_{p/t}$ 逐步增加时，荧光峰数量会随着前驱体总量的增加而增加，引发多种尺寸的纳米晶体同时生长。若 $R_{p/t}$ 进一步增加，纳米晶体的析出则会受限于良溶剂 DMF 体积分数的增大，表现为荧光强度的降低。当 $R_{p/t}$ 达到 1:6 时，纳米晶体则不再析出。在此前驱体浓度条件下，需保证前驱体流量:甲苯流量在 1:6 以下。

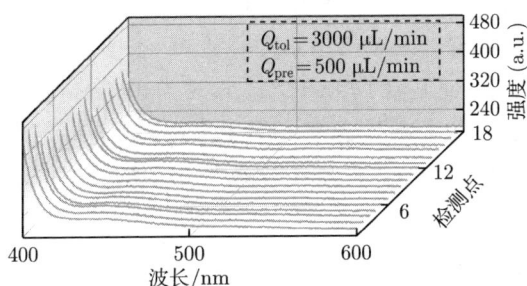

图 4.28　$Q_{tol} = 3000\ \mu L/min$，$Q_{pre} = 500\ \mu L/min$ 时的荧光光谱图

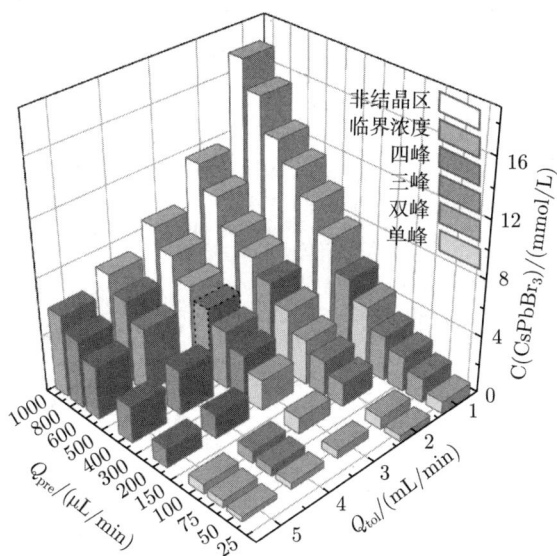

图 4.29　操作区间与荧光峰个数关系图（见文前彩图）

　　综合以上研究现象可以发现,在连续流制备过程中,由于前驱体在不良溶剂中分散更均匀,纳米晶体成核生长更为迅速,在反应前 10 s 内即完成主要生长过程。在纳米晶的生长过程中,晶体荧光峰位置变化不明显,主要表现为荧光强度的增加。纳米晶体荧光光谱呈现单峰或多峰生长,其峰数量一般在反应开始就被决定。即多荧光峰并非由单一尺寸纳米晶生长产生,而是纳米晶在成核之初就会快速形成具有特定尺寸的晶群。在生长环节的荧光强度增加则是由晶体表面完整度的提升引起。对于多峰生长的纳米晶体,在反应后期还会逐渐发生奥斯瓦尔德熟化现象,即小粒径晶体会逐渐减少,大粒径晶体逐渐增加。如图 4.30 所示,在 $Q_{tol}=$ 4000 μL/min, $Q_{pre}=400$ μL/min 和 $Q_{tol}=5000$ μL/min, $Q_{pre}=600$ μL/min 两种流量条件下,在反应开始 3 s 后 445 nm 荧光峰的峰强度会逐渐降低,而另外两个波长处的荧光峰强度则逐渐增加。

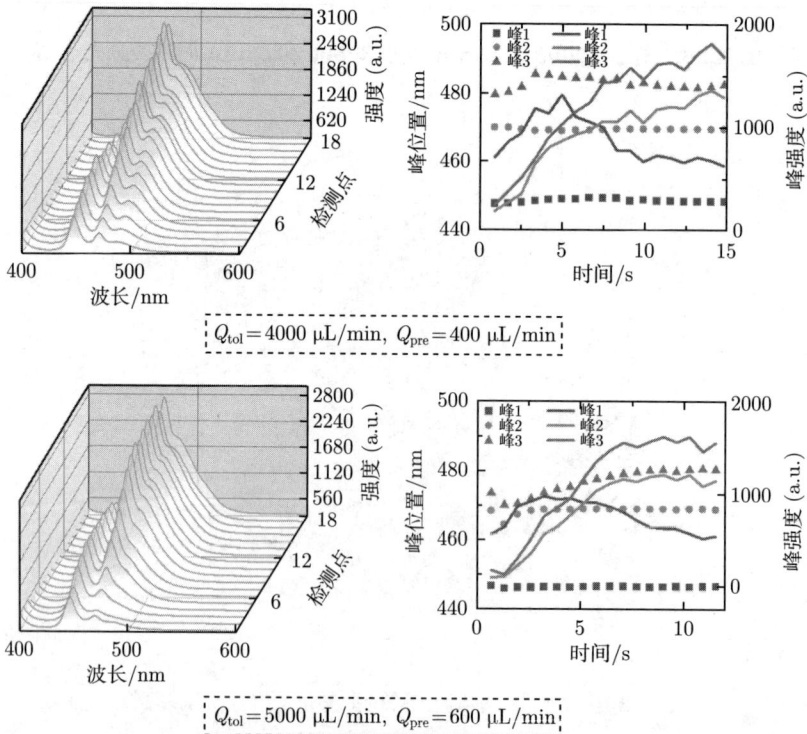

$Q_{tol}=4000$ μL/min, $Q_{pre}=400$ μL/min

$Q_{tol}=5000$ μL/min, $Q_{pre}=600$ μL/min

图 4.30　　纳米晶体生长过程中的奥斯瓦尔德熟化现象

图 4.31汇总了不同前驱体和甲苯流量组合下的荧光峰峰值分布。结果显示荧光峰位置在 430~500 nm 区间并不呈现随机分布，而是出现在 435±2.5 nm、447±2.3 nm、459±2.8 nm、467±2.1 nm、478±3.3 nm 和 490±3.8 nm 等特定波段。分析纳米晶体成核生长的过程，$CsPbBr_3$ 纳米晶的晶格结构决定了其晶粒尺寸的不连续性，即某晶向上的晶粒尺寸一定是垂直于该晶向的晶面间距的整数倍。以立方相 $CsPbBr_3$ 纳米晶的 (100) 晶面为例，该晶面间距为 0.587 nm，则该垂直于晶面的晶粒尺寸应约为 0.587 nm 的整数倍。当纳米晶体尺寸小到个位数晶胞级别时，晶胞长度对尺寸的影响会变得更加显著。因此发光波长与晶体尺寸具有非连续增长的特性，且二者一一对应。

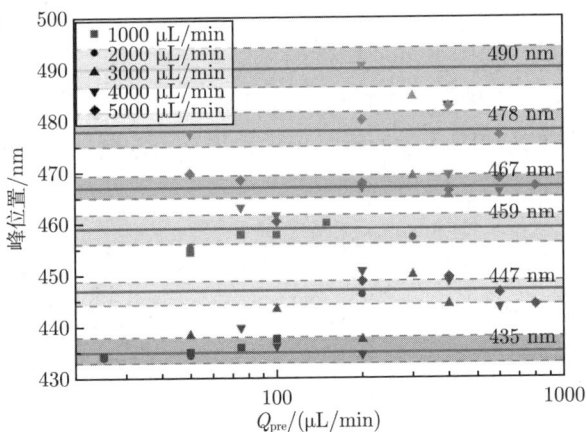

**图 4.31　不同流量条件下的峰值分布**

Peng 等[58] 曾系统研究了不同尺寸 $CsPbBr_3$ 纳米晶与荧光波长的关系，同样证明晶体粒径在小于激子波尔直径时，$CsPbBr_3$ 荧光峰的峰位置随晶粒的增加呈非连续增长。但不同于其使用梯度升温法制备不同尺寸纳米晶体的方式，本平台能在室温下仅通过调整反应物流量就可以获得 435~492 nm 发光的 $CsPbBr_3$ 纳米晶。为证明发射短荧光波长的纳米晶体的晶格结构，测量了在 $Q_{tol}=3000$ μL/min，$Q_{pre}$ 分别为 100 μL/min、200 μL/min、300 μL/min 条件下制备得到的纳米晶体的 XRD 光谱。如图 4.32所示，即使是 437 nm 荧光的纳米晶体也保留了立方晶系的晶格结构。

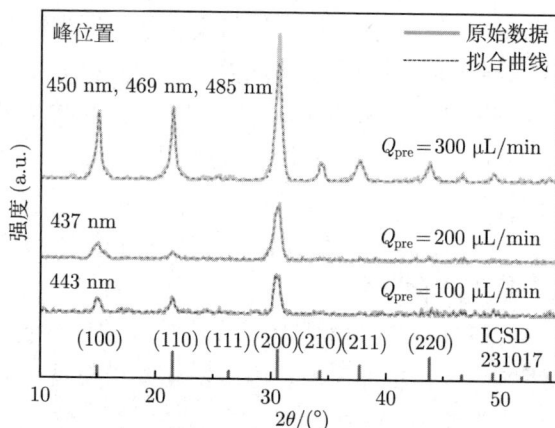

图 4.32　配体辅助再沉淀法制备的纳米晶 XRD 图谱

更重要的是，在图 4.29 所构建的操作区间中，尺寸为 3.6 nm、发射波长在 478 nm 以下的纳米晶均可实现单峰生长调控，其荧光光谱与反应物流量的对应关系如图 4.33 所示，极大地提升了原料的利用率。

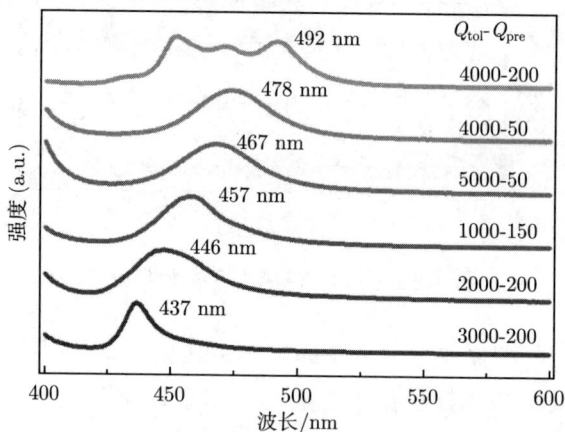

图 4.33　特定尺寸 CsPbBr₃ 纳米晶的单峰生长调控

结合在线检测数据与离线测量的 TEM 图，可以绘制出如图 4.34（a）所示的纳米晶体尺寸与发射峰的对应关系。图中的数据点使用多项式拟合，仅用于表示发射光波长随粒径变化的趋势。在本研究中，已成功检测到 2~9 个晶胞长度的纳米晶发射荧光波长，最短可检测到 1.2 nm 晶粒发射出的 (435±2.5) nm 的荧光，突破了配体辅助再沉淀法制备钙钛矿纳米晶的尺寸下限。但由于钙钛矿纳米晶对电子束敏感的特性，未采集到 2 nm 以下的纳米晶的 TEM 图。图 4.34（b）中展示了在流动生长区的 2.4 nm 和 5.4 nm 的 TEM 图，而 6.1 nm 和 22 nm 的粒径来自于样品接出后静止生长的晶粒。

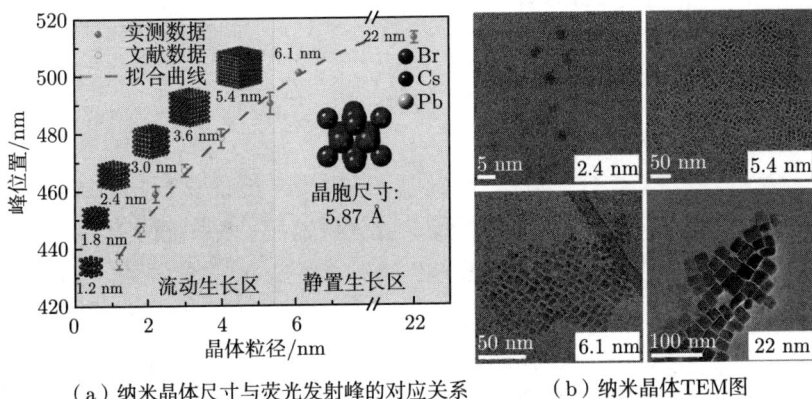

（a）纳米晶体尺寸与荧光发射峰的对应关系　　（b）纳米晶体TEM图

**图 4.34　CsPbBr₃ 纳米晶体尺寸与荧光发射峰的对应关系及 TEM 图**

为了进一步证明在线荧光检测技术在揭示钙钛矿纳米晶生长机理方面的优越性，图 4.35 汇总了离心纯化后 CsPbBr₃ 钙钛矿纳米晶在粗产品上清液、沉淀洗涤上清液和沉淀中的荧光峰值。可以发现在离心的过程中，由于油胺、油酸配体在纳米晶表面动态结合的特性，钙钛矿纳米晶之间会逐渐发生聚并，从胶体颗粒转化为沉淀，沉淀的荧光波长在

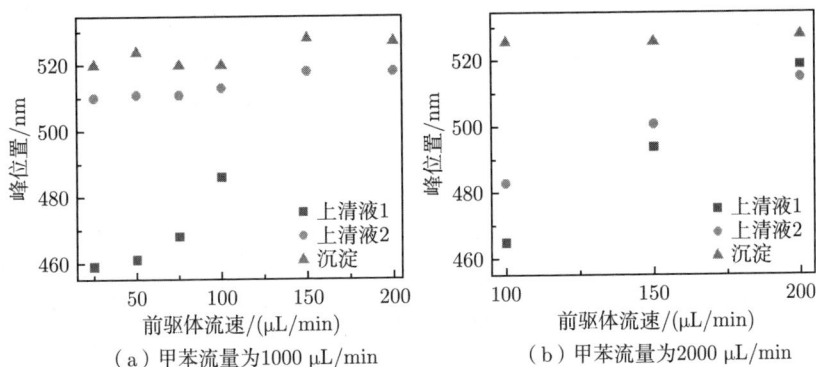

（a）甲苯流量为1000 μL/min　　（b）甲苯流量为2000 μL/min

**图 4.35　产物离心后的荧光峰分布**

520 nm 以上，发出明亮绿光。前驱体流量越大，聚并越严重，上清液 1 的荧光红移越明显。当前驱体流量与甲苯流量比大于 1.5:10 时，纳米晶体在 8000 r/min 离心 5 min 后会全部转化为沉淀，上清液中则无明显荧光信号，说明离心-纯化-离线检测的方式并不能真实反映钙钛矿纳米晶在生长过程中的光致发光性能。

# 4.4　小　　结

　　本章设计搭建了一套具有在线荧光检测功能的微反应系统，用于 CsPbBr$_3$ 钙钛矿纳米晶生长过程的荧光光谱监测。该系统使用 LabVIEW 软件实现了对输送装置的远程控制，有效缩短人工操作时间；通过电机-丝杠-滑台模组实现采样点的精准定位，可实时采集 18 个反应位点的荧光光谱，检测秒级生长阶段的荧光信号；借助 Python 语言的函数库，实现对荧光光谱数据的快速拟合。该系统已实现了对室温下配体辅助再沉淀法制备 CsPbBr$_3$ 钙钛矿纳米晶过程荧光光谱变化的描述，主要结论如下：

　　（1）该系统的反应装置、荧光信号采集装置、荧光信号拟合算法均具有优异的稳定性，荧光峰位置拟合参数变异系数小于 0.05%，峰强度拟合参数变异系数小于 5%。

　　（2）针对室温下配体辅助再沉淀法制备 CsPbBr$_3$ 钙钛矿纳米晶，可实现秒级生长阶段的信号监测，快速构建操作区间。

　　（3）由于量子限域效应与纳米晶体尺寸的非连续性增长，荧光峰在特定的波段分布。该装置成功采集到尺寸为 2~9 个晶胞长度纳米晶体的荧光峰，最短可检测到 1.2 nm 晶粒的荧光波长，突破了室温法制备钙钛矿纳米晶的尺寸下限。

　　（4）受益于微反应器扩散距离短的优势，实现特定尺寸 CsPbBr$_3$ 钙钛矿纳米晶的单峰生长调控，有效提升了原料利用率。

　　综上所述，本章设计并搭建了一套具有在线检测功能、快速分析功能、远程控制功能的微反应系统，形成机器学习数据集，为搭建与人工智能相结合的微反应系统、实现钙钛矿纳米晶合成过程的自主优化奠定了基础。

# 第 5 章　铋基卤化钙钛矿纳米晶
# 制备与表征初探

## 5.1　引　　言

铅基卤化钙钛矿虽然具有优异的光学性能，但其降解产物之一是有毒的水溶性铅盐，对环境和人体都有着严重的危害。即使是长期低剂量的接触，也会让铅在组织中积累，最终对人体产生影响，损伤范围包括心血管系统、神经系统、生殖系统、呼吸系统、肾脏肝脏和骨骼等[223]。虽然有人提出在生产铅基钙钛矿过程中可以通过严格控制副产物和工业废物的处理流程来降低铅泄露的风险，但这也意味着更复杂的生产工艺与后处理工艺，从而增加铅基钙钛矿的制作成本。于是更多的研究者开始寻找铅离子的替代策略，发展具有高光电性能的低毒无铅钙钛矿。

可替代铅离子的金属包括第 IV 主族的其他元素，如 Sn 和 Ge；与 Pb 临近的元素，如 Sb 和 Bi（第 V 主族）；也有研究者使用过渡金属 Mn 和 Cu 或稀土元素等。选用合适的铅离子替代金属，不仅可以降低材料的毒性，也可以起到提高量子产率和提高纳米晶体稳定性的效果。

本章主要考虑的替代金属是与铅同属第 IV 主族的 Sn 或在 Pb 右侧临位的 Bi。由于镧系收缩的原因，$Pb^{2+}$ 与 $Sn^{2+}$ 具有类似的离子半径。使用 $Sn^{2+}$ 代替 $Pb^{2+}$ 可以最大限度地保留钙钛矿的晶格结构，以获得与 $CsPbX_3$ 相近的物化性质。但 $Sn^{2+}$ 极易被氧化，其稳定价态为 +4 价，导致晶体产生较多的缺陷和陷阱位，降低辐射复合发光的比例，进而降低量子产率。且 Sn 基钙钛矿的合成条件较为苛刻，需要在手套箱中操作进行。在预实验中，制备得到了发出橙色荧光的 Cs，Sn，Br 复合物，但经过 TEM、EDS、SEAD、XRD、XPS 等结构表征手段检测，所得复合物属于一种核壳六棱柱型纳米晶体。晶体直径约为 30 nm，内核为 CsBr，壳层为含 Sn 盐类。该晶体十分不稳定，即使在非极性溶剂中分散，也容易被洗去壳层从而失去荧光。

而 $Bi^{3+}$ 与 $Pb^{2+}$ 为等电子体，同具有 6s 轨道的惰性电子对，可以稳定在 +3 价而不易被氧化。由于 $Bi^{3+}$ 为 +3 价，所形成的钙钛矿 $Cs_3Bi_2Br_9$ 形成了空位:$Bi^{3+}$=1:2 的结构，两个 $[BiBr_6]^{3-}$ 八面体共享顶点，$Cs^+$ 填充在八面体层间。晶体属于中级晶族中的六方晶系结构[31]，其晶格结构如图 5.1所示。绘图数据 ICSD 编号为 1142，图中离子半径不反映真实离子的相对大小。已有关于 Bi 基钙钛矿的文章中，使用的制备方法都是配体辅助再沉淀法，区别在于前驱体溶剂、不良溶剂、配体的种类和加入方式。最广泛使用的配体是油胺与油酸，Yang 等[82] 选用 DMSO 为前驱体溶剂，异丙醇作为不良溶剂，制备得到发出 468 nm 蓝色荧光的黄绿色胶体溶液，晶体直径为 6 nm。若将油酸添加到反溶剂中，还可以获得量子产率更高（从 0.2％到 4.5％）的胶体分散液。Leng 等[31] 则使用乙醇作为反溶剂，在 80℃ 的条件下制备得到发光峰在 410 nm、直径为 3.88 nm 的 $Cs_3Bi_2Br_9$ 球形颗粒，量子产率为 19.4％。方梦莹等[224] 使用卤化辛胺作为碱性配体，前驱体溶剂选用 DMSO、乙酸乙酯和 DMF 三种溶剂，向 5 mL 正辛烷中加入 0.625 mL 油酸作为反溶剂与配体，制备得到的纳米晶直径为 3.45 nm，发光峰在 423 nm，量子产率为 22％。

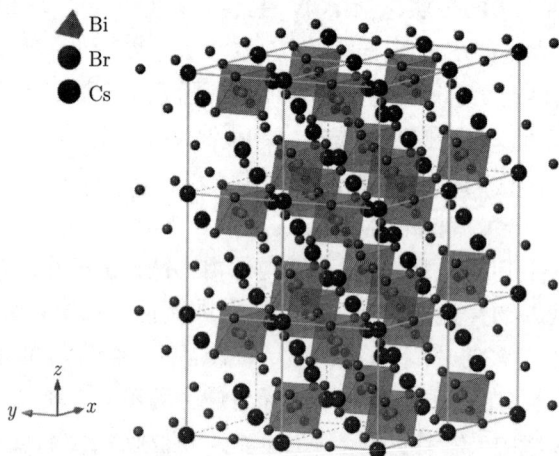

图 5.1　　$Cs_3Bi_2Br_9$ 的晶格结构

结合已有研究报道，可以发现 Bi 基卤化钙钛矿的制备方法尚不统一；所得纳米晶形貌为类球形，但形貌不均且多分散指数较大；单次制备的纳米晶产量较少，未实现铋基卤化钙钛矿规模化制备。本章的研究目标在于对 Bi 基卤化钙钛矿纳米晶的制备方法进行初步探究，建立微反应器内制备 Bi 基钙钛矿的方法，并对所得 Bi 基钙钛矿的光学性质与结构性质进行表征。

## 5.2　实 验 部 分

### 5.2.1　实验试剂

本章所用试剂均于购买后直接使用，主要包括：溴化铯（CsBr，Aladdin，99.9%），溴化铋（BiBr3，MERDA，98%），油酸（OA，Aladdin，AR），油胺（OAm，Macklin，80%~90%），二甲基亚砜（DMSO，Geagent，99%），无水乙醇（Geagent，99.7%），异丙醇（Geagent，99.7%），甲苯（北京通广，AR），Galden 导热氟油（PFPE，HT200）。

### 5.2.2　表征手段

#### 5.2.2.1　纳米晶结构表征

透射电子显微镜（transmission electron microscope，TEM）图像和选区电子衍射（selected area electron diffraction，SAED）图像使用 JEOL JEM2021 和 JEOL 2100 PLUS 透射电镜拍摄，加速电压为 80~200 kV。能量色散谱（energy-dispersire spectroscopy，EDS）与元素分布图使用牛津仪器公司 X 射线能谱仪测量，采集范围为 B5-U92。纳米晶体粒径测量使用 Nanomeasure 软件。衍射环与晶面比对方法参见第 2 章。

X 射线光电子能谱（X-ray photoelectron spectroscopy，XPS）使用英国赛默氏公司 250(XI)X 射线光电子能谱仪测量，所有光谱通过污染碳峰（284.80 eV）校正。

X 射线衍射图谱（X-ray diffraction patterns，XRD）使用日本理学公司 D/max-2550 X 射线衍射仪（Cu Kα，λ=1.54 Å）测量，衍射角度（$2\theta$）为 5°~95°。晶体的标准 XRD 数据来自无机晶体结构数据库 (inorganic crystal structure database，ICSD)。

#### 5.2.2.2　纳米晶光学性质表征

纳米晶体粉末的光致发光（photoluminescence，PL）光谱使用第 4 章中搭建的在线荧光检测装置直接采集。

纳米晶胶体分散液的光致发光光谱与吸收光谱表征方法参见第 2 章。

绝对量子产率与光致发光荧光寿命使用 Edingburgh Instruments FLS-980 型光谱仪测量。在测量荧光寿命时，光子计数量为 5000，相同激发光条件下测试仪器响应函数光谱（IRF）。荧光衰减曲线使用双指数函数拟合。

### 5.2.3　微反应器设计

本章的微反应器装置如图 5.2所示。

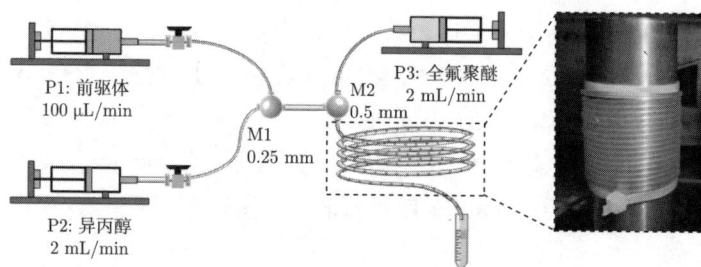

图 5.2　用于制备 $Cs_3Bi_2Br_9$ 的微反应器

P1 Harvard 泵用于输送前驱体溶液，P2 兰格泵用于输送不良溶剂异丙醇，P3 平流泵（图中注射器仅用作示意图）用于输送惰性物料全氟聚醚。混合器 M1 内径为 0.25 mm，用于快速混合前驱体与异丙醇；混合器 M2 内径为 0.5 mm，反应物溶液在此处被全氟聚醚剪切成液柱流。本工艺中全氟聚醚起到三种作用：①剪切反应物溶液形成两相流；②利用剪切作用强化反应物液滴内循环；③在反应物进入反应管之前提前浸润壁面，避免晶体在反应管内壁生长。

## 5.3　结果与讨论

### 5.3.1　纳米晶配体用量优化

在优化纳米晶前驱体和配体用量阶段，反应过程在 10 mL 的玻璃样品瓶中进行。首先尝试了 Leng 等[31] 在文献中使用的方法。0.0426 g

CsBr (0.2 mmol)、0.0602 g BiBr$_3$ (0.134 mmol)、33 µL OAm 溶解在 3 mL DMSO 中形成透明前体溶液。5 mL 乙醇与 0.5 mL OA 混合作为不良溶剂相加热到 80°C，将 0.5 mL 前驱体溶液缓慢滴入不良溶剂相中，反应 10 min，在空气中冷却至室温。反应现象为，将前体溶液加入乙醇后，迅速出现橙色沉淀，但没有荧光产生。将粗产品 8000 r/min 离心 5 min 后，上清液无荧光，黄色物质全部沉淀。在尝试了 2~10 min 的五种反应时间后，均无荧光物质生成。说明此方法暂不可行。

参照 Yang 等[82] 的方法配置 Cs$_3$Bi$_2$Br$_9$ 浓度为 15 mmol/L 的 DMSO 溶液，加 33 µL OAm，将不良溶剂相换为 5 mL 异丙醇加 0.5 mL OA，并将前驱体的加入量降低到 200 µL，采用剧烈搅拌的方法制备 Cs$_3$Bi$_2$Br$_9$，溶液会逐渐变成白色浑浊液体。由于样品瓶在紫外照射下会带有蓝色荧光，将粗产品转移到 10 mL 离心管中拍摄，在紫外灯的照射下，样品会发出黄色荧光，如图 5.3所示。

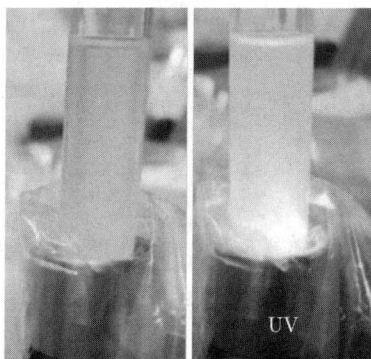

图 5.3　在紫外光下发出黄色荧光的产物

进一步，探究了配体用量与加入方式对 Cs$_3$Bi$_2$Br$_9$ 纳米晶制备的影响。配体添加量（每 1 mL 前驱体）与产品荧光情况的变化列在表 5.1中。在不添加配体时，前驱体在加入不良溶剂相中后会直接析出无荧光的黄色沉淀。当 OAm:OA>1 时，无法生成沉淀。当 OAm:OA<1 时，可生成有微弱荧光的产物，如组 1~3。固定 OAm:OA=1，当添加量为 15 µL 时，会生成有微弱黄色荧光的悬浊液，添加量为 30~50 µL 时，会生成有黄色荧光的悬浊液；当添加量达到 100 µL 时，无明显沉淀生成且无荧光发出。组 0~8 产物在日光灯与紫外光灯下的照片如图 5.4所示。

表 5.1    酸碱配体比例与添加量对产品荧光的影响

| 组别 | 油胺/μL | 油酸/μL | 油胺:油酸 | 前驱体 | 反应现象 | 紫外照射 |
|---|---|---|---|---|---|---|
| 0 | 0 | 0 | 0 | 黄色澄清 | 黄色浑浊 | 无荧光 |
| 1 | 15 | 750 | 1:50 | 黄色澄清 | 白色浑浊 | 微弱荧光 |
| 2 | 15 | 150 | 1:10 | 黄色澄清 | 白色浑浊 | 微弱荧光 |
| 3 | 15 | 15 | 1:1 | 黄色浑浊 | 黄色浑浊 | 微弱荧光 |
| 4 | 150 | 15 | 10:1 | 白色澄清 | 无色透明 | 无荧光 |
| 5 | 30 | 30 | 1:1 | 白色澄清 | 白色浑浊 | 微弱荧光 |
| 6 | 50 | 50 | 1:1 | 白色澄清 | 白色浑浊 | 微弱荧光 |
| 7 | 100 | 100 | 1:1 | 白色澄清 | 白色轻微浑浊 | 无荧光 |
| 8 | 200 | 200 | 1:1 | 白色澄清 | 无色透明 | 无荧光 |

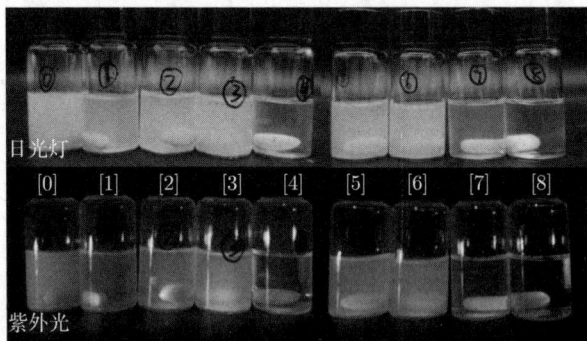

图 5.4    不同酸碱配体比例与添加量下产品荧光情况变化

当固定油胺与油酸的比例为 1:2 时，更改配体的添加总量与添加位置。对比表 5.2中 1~3 组和图 5.5中 1~3 组，可以发现当配体加入在前驱体溶液中时，随着配体总量的增加，产品溶液的浑浊程度会降低，黄色荧光也会减弱。而当配体加入异丙醇溶剂中时，产品则不会发出荧光，如图 5.5中 4~6 组所示。当将油胺加入异丙醇、油酸加入前驱体溶液中时，产品中同样无荧光产生。对比图 5.3中的制备方法，可以推断油胺加入前驱体中是产生荧光物质的必要条件。

综合以上研究结果，绘制出如图 5.6所示的配体添加量区间。若要生成带有光致发光特性的产物，应保证油酸与油胺的体积比大于 1:1，且油胺量需要小于 50 μL，否则会因配体的增溶作用而抑制产物的析出。在后续的实验中，固定油胺添加量为 30 μL/ 1 mL 前驱体，油酸添加量为 60 μL/ 1 mL 前驱体。

表 5.2　酸碱配体添加位置对产品荧光的影响

| 组别 | 油胺/μL | 油酸/μL | 油胺:油酸 | 添加位置 | 反应现象 | 紫外照射 |
|---|---|---|---|---|---|---|
| 1 | 15 | 30 | | | 白色浑浊 | 微弱荧光 |
| 2 | 30 | 60 | 1:2 | 前驱体 | 白色浑浊 | 微弱荧光 |
| 3 | 50 | 100 | | | 白色浑浊 | 微弱荧光 |
| 4 | 15 | 30 | | | 白色浑浊 | 无荧光 |
| 5 | 30 | 60 | 1:2 | 异丙醇 | 无色透明 | 无荧光 |
| 6 | 50 | 100 | | | 无色透明 | 无荧光 |
| 7 | 30（异丙醇） | 60（前驱体） | 5:2 | | 无色透明 | 无荧光 |
| 8 | 30（异丙醇） | 150（前驱体） | 1:1 | | 无色透明 | 无荧光 |

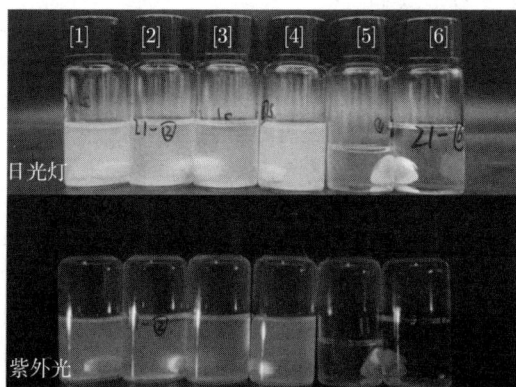

图 5.5　更改配体总量与添加位置对产品荧光的影响

## 5.3.2　微反应器制备铋基卤化钙钛矿与表征

使用釜式法制备 $Cs_3Bi_2Br_9$，单次前驱体添加量仅为 10 mg 量级，制备得到的产品粉末更是微乎其微，无法满足后续 XRD 和 XPS 表征的需求。因此，对釜式制备法中的前驱体浓度与配体添加方式优化完毕后，就将反应转移到微反应器中进行。前驱体流量为 100 μL/min，异丙醇流量为 2 mL/min，全氟聚醚流量为 2 mL/min。单次反应可直接注入 10 mL

的前驱体，是 5.3.1 节中一次前驱体添加量的 50 倍，大大降低了实验重复操作的次数。

使用 50 mL 离心管承接微反应器制备得到的产物，在产物与全氟聚醚分相后，取出上层产物相。仅从粗产品的荧光来看，与文献结论尚不一致。但将粗产品 6000 r/min 离心 5 min 后，上清液在紫外光下会发出蓝色荧光（已排除溶剂、配体与容器的干扰），沉淀分散液在紫外光的照射下会发出微弱黄色荧光，如图 5.7 所示。

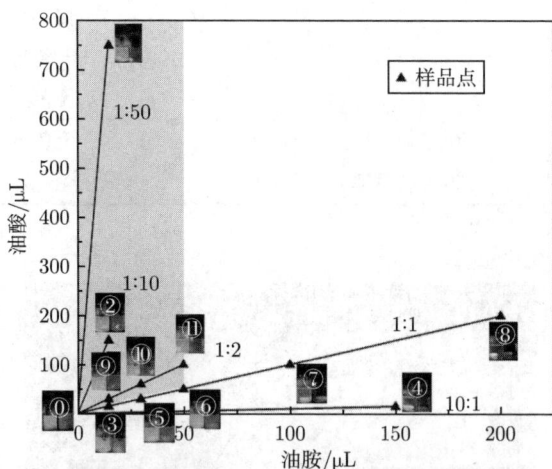

图 5.6 制备 $Cs_3Bi_2Br_9$ 的配体用量区间

（a）上清液　　　　（b）沉淀分散液

图 5.7 自然光与 365 nm 紫外灯照射下的上清液和沉淀分散液照片

　　分析粗产品中无法观测到蓝色荧光的原因，其一是短波长的蓝色荧光更容易被产品中悬浊物散射，其二是黄色荧光物质有可能因荧光共振能量转移效应对蓝色荧光进行二次吸收，进而削弱蓝色荧光强度。

　　首先对上清液进行光学性质分析与结构分析。环境条件下测量了上清液的光致发光荧光光谱与紫外-可见吸收光谱，测量数据如图 5.8所示。上清液光致发光波长为 431 nm，半峰宽为 62 nm，能带隙为 3.11 eV，与上清液发出的蓝色荧光相符合，与文献结果也具有一致性。相比于同种卤素的 Pb 基钙钛矿，Bi 基钙钛矿呈现能带隙增加、发射光蓝移与半峰宽变宽的特性。

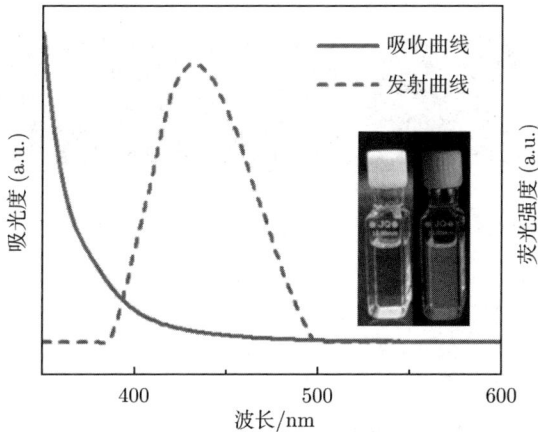

图 5.8　上清液的荧光光谱与吸收光谱

　　为了洗去上清液的多余配体，将上清液再次离心后的沉淀分散在异丙醇中，用于 TEM 制样。不同于 CsPbX$_3$ 纳米晶规整紧密排列的方式，Bi 基纳米晶在碳膜上呈离散分布，如图 5.9（a）所示。纳米晶形貌为不规则球状，在对 8 张 TEM 图的 192 个颗粒进行粒径测量后，得到平均粒径为 (11.45±2.45) nm。

　　在进行 EDS 能谱测量时，由于纳米晶尺寸较小，面扫信息不显著。因此对单个纳米晶进行线扫，如图 5.10所示。从图中可以得知，当扫描点掠过纳米晶体时，Cs、Bi、Br 三种元素的信号会同步增强，且未检测到其他元素的信号变化，说明所得晶体由三种元素共同组成。

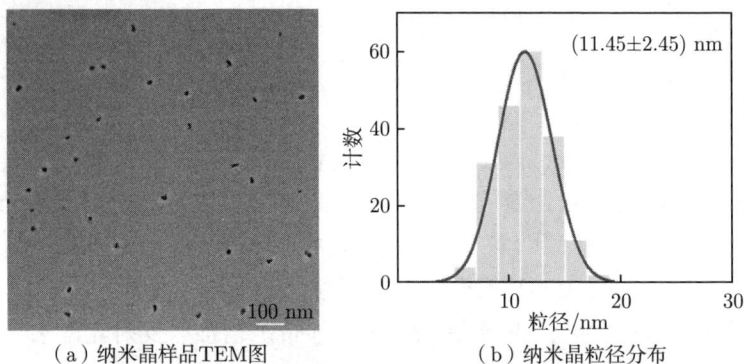

(a) 纳米晶样品TEM图      (b) 纳米晶粒径分布

图 5.9    纳米晶 TEM 图与晶体粒径分布

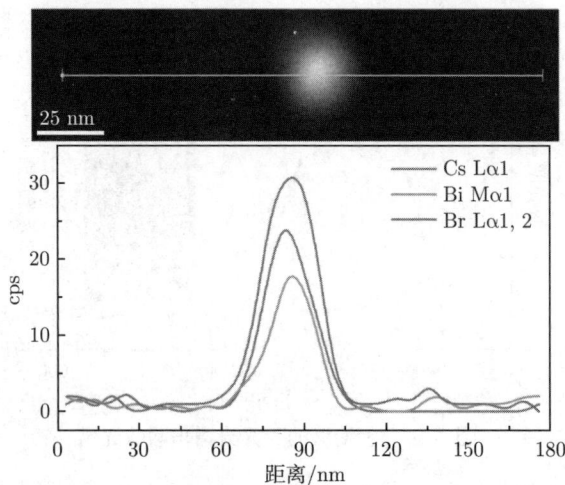

图 5.10    单个 $Cs_3Bi_2Br_9$ 线扫 EDS 能谱（见文前彩图）

为进一步确认纳米晶体的晶格信息，对单个纳米晶体拍摄了高倍 TEM 图与单晶电子衍射图。在高倍 TEM 图 5.11（a）中，测量约 2.97 Å 的 (103) 和 (10$\bar{3}$) 晶面间距，晶面夹角约为 130°。单晶电子衍射图 5.11（b）中则测量到 (202)、(20$\bar{2}$) 和 (204) 晶面的衍射斑，再次验证了所得纳米晶体为 $Cs_3Bi_2Br_9$。

蓝色荧光溶液的光致发光衰减曲线如图 5.12所示，纳米晶体的荧光寿命为 4.94 ns。绝对量子产率最高可达 7.87%。表 5.3对比了在相同发射荧光波段处 Pb 基钙钛矿 $CsPbBrCl_2$ 与 Bi 基钙钛矿的量子产率。

$Cs_3Bi_2Br_9$ 纳米晶比同波段的 Pb 基钙钛矿量子产率高出 131 倍。这说明发展 Bi 基钙钛矿不仅有助于解决铅污染问题，还可强化蓝光 LED 的发光性能。

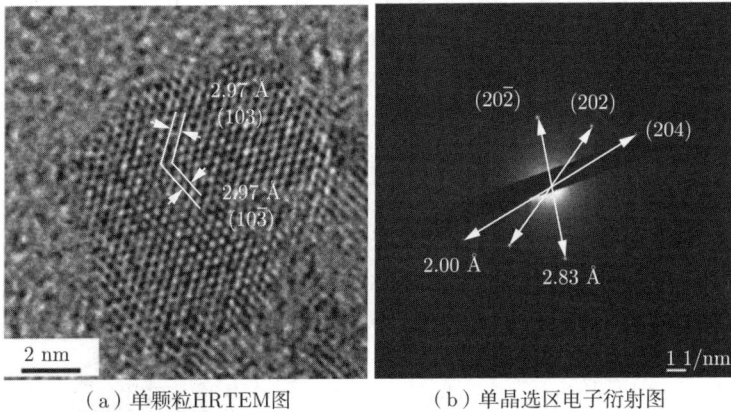

（a）单颗粒HRTEM图　　　　　　（b）单晶选区电子衍射图

图 5.11　　单个颗粒的显微结构分析图

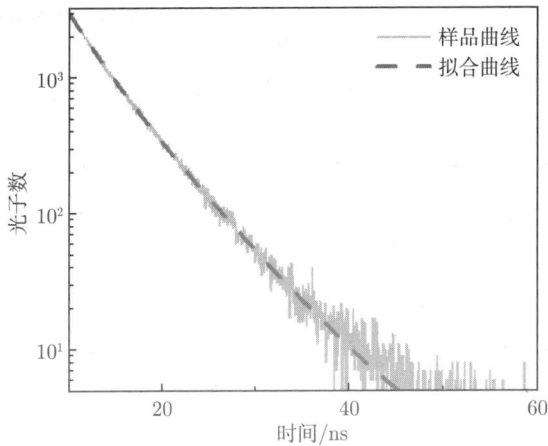

图 5.12　　$Cs_3Bi_2Br_9$ 光致发光衰减曲线

表 5.3　　同荧光波段下 Bi 基与 Pb 基钙钛矿纳米晶量子产率对比

| 纳米晶 | 发射光波长/nm | 量子产率/% | 荧光寿命/ns |
|---|---|---|---|
| $CsPbBrCl_2$ | 431 | 0.06 | 4.18 |
| $Cs_3Bi_2Br_9$ | 431 | 7.87 | 4.94 |

　　粗产品离心出的能发出黄色荧光的沉淀物质尚未有文献报道，该沉淀难以再分散在甲苯等非极性溶剂中，于是在沉淀干燥后研磨成粉末，对粉末直接进行荧光检测。

　　使用 Andor SR-303i 荧光光谱仪检测得到的荧光光谱曲线如图 5.13（a）所示，产品荧光峰位置为 552 nm，半峰宽为 115 nm。产品粉末为白色，在紫外灯的照射下，用肉眼即可看到黄色荧光，如图 5.13（b）所示。

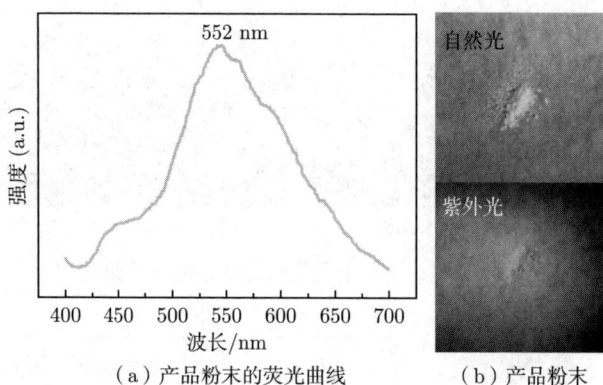

（a）产品粉末的荧光曲线　　　　（b）产品粉末

**图 5.13　　产品粉末的荧光曲线与在日光灯和紫外光照下的图片**

　　将所得的粉末送样做 XRD 与 XPS 检测。XPS 数据如图 5.14所示，从数据中可以分析出 Cs、Bi、Br 的光电子信号，说明三种元素在粉末中均存在。C 的 XPS 图谱除 284.8 eV 处污染碳峰外，在高结合能位还出现了在—COOR 环境中的 C 信号。表 5.4是除去 C 原子占比后，其他三种原子的数量百分比。与 $Cs_3Bi_2Br_9$ 的原子计量比相比，可以发现 Bi 与 Br 相对过量，说明除了 $Cs_3Bi_2Br_9$ 外，还有 Bi 与 Br 的化合物。

　　为了对该现象进行进一步验证，比对了产品的 XRD 图谱与 $Cs_3Bi_2Br_9$ 的标准数据（ICSD:1142）和 $BiBr_3$ 的标准数据（ICSD:100293)。从图 5.15中可以发现，粉末样品的 XRD 曲线同时存在两种晶体的特征峰，且不存在 CsBr 晶体。

　　由此推论，在生成纳米晶沉淀的过程中，有过量的 $BiBr_3$ 沉淀，而部分 CsBr 被留在了上清液中。产品上清液的 TEM 图与 EDS 扫描证明了这一点推论。图 5.16为离心后上清液的 TEM 图，从图中可以看到直径约为 0.5 μm 的花状晶体，是上清液挥发后溶液中的盐析出结晶而成。对该晶体扫描 EDS 能谱，发现 Cs 与 Br 的元素占比接近 1:1，而 Bi 元素几乎没有。此点证明了在配体辅助再沉淀法中，CsBr 与 $BiBr_3$ 并非按比例沉淀析出。

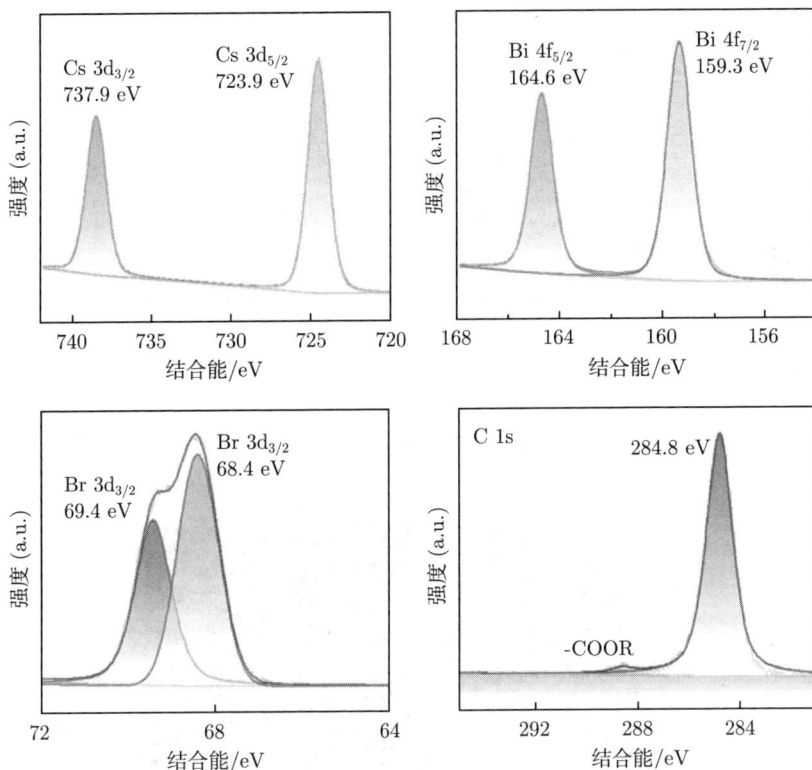

图 5.14　产品粉末的 XPS 图谱

表 5.4　粉末样品中 Cs、Bi、Br 三种原子比例

| 原子种类 | 数量占比/% |
| --- | --- |
| Cs | 6.72 |
| Bi | 7.26 |
| Br | 24.33 |

　　为进一步表征产品形貌，将沉淀粉末重新分散在甲苯中，使用悬浊液制样。图 5.17（a）为产品在透射电子显微镜中的照片，纳米晶呈类球形。

对单个纳米晶拍摄高倍 TEM，如图 5.17（b）所示，可以发现与 (200) 晶面相对应的晶面间距 3.45 Å。统计图 5.17（a）中晶体粒径，其粒径分布如图 5.17（c）所示，平均粒径为 10.5 nm，与上清液沉淀的 TEM 统计结果一致。

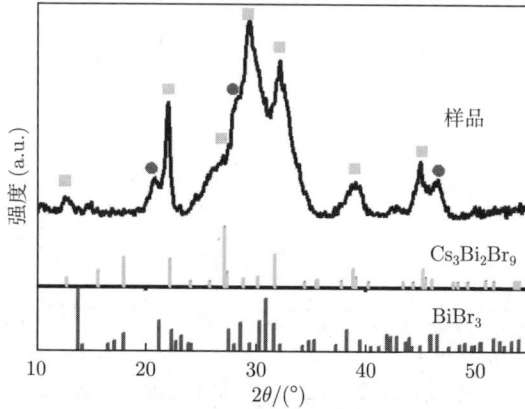

图 5.15　产品粉末的 XRD 图谱

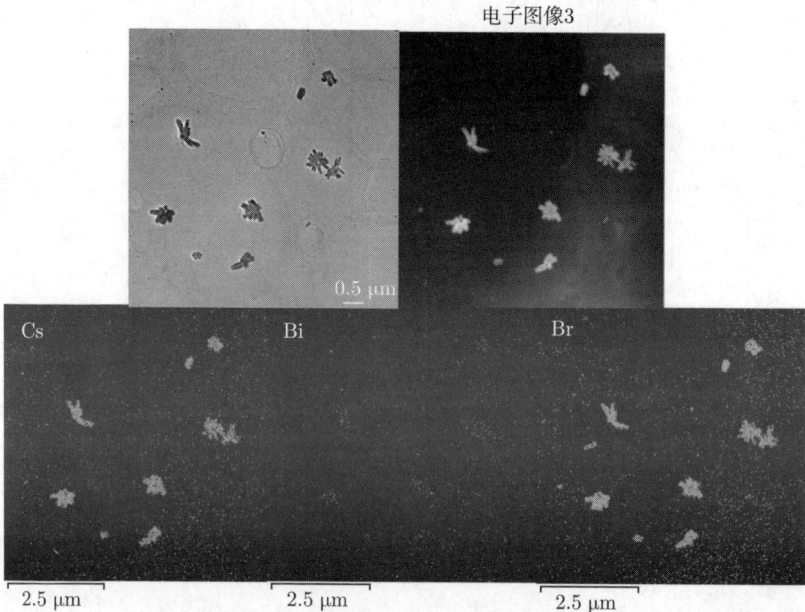

图 5.16　产品上清液 TEM 图与元素分布

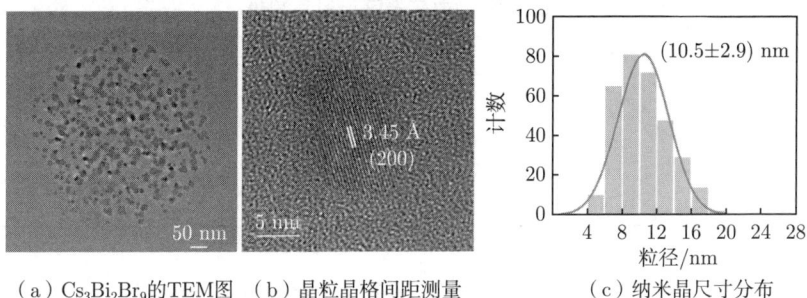

（a）Cs₃Bi₂Br₉的TEM图　（b）晶粒晶格间距测量　　（c）纳米晶尺寸分布

图 5.17　$Cs_3Bi_2Br_9$ 纳米晶的 TEM 图分析

　　由于采用悬浊液制样，在拍摄 TEM 的过程中还观测到了如图 5.18 （a）所示的絮状物，对该物质扫描 EDS 能谱，可以发现 Cs、Bi、Br 三种元素呈现均匀分布。该区域的选区电子衍射花样如图 5.18（b）所示，从衍射图中可以看出若干主要的衍射环和一些零散的衍射斑点。说明该区域中存在一种主要的纳米晶体和少量杂晶。测量图中衍射环的直径，并计算其对应的晶格间距列在表 5.5 中。所测量出的四种晶面间距 4.08 nm、2.80 nm、2.29 nm、2.03 nm 分别对应 $Cs_3Bi_2Br_9$ 的 (110)、(202)、(300)、(220) 晶面，说明在絮状物区域中存在 $Cs_3Bi_2Br_9$ 纳米晶，其他的杂晶可能是 $BiBr_3$ 或 $Cs_3BiBr_6$ 盐。

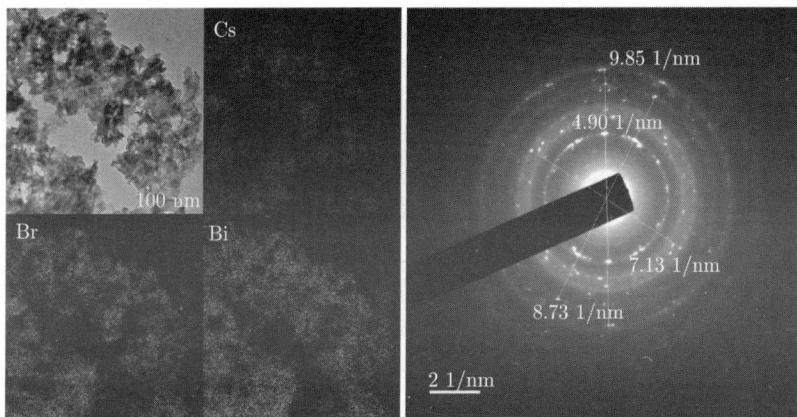

（a）粉末样品分散液TEM图　　　　　（b）电子选区衍射

图 5.18　粉末样品分散液显微结构表征

表 5.5 电子选区衍射环测量

| 衍射环直径/(1/nm) | 晶格间距/nm | (hkl) |
|---|---|---|
| 4.90 | 4.08 | (110) |
| 7.13 | 2.80 | (202) |
| 8.73 | 2.29 | (300) |
| 9.85 | 2.03 | (220) |

由于 Cs、Bi、Br 三种晶体的组成方式多样，可能存在 $Cs_3Bi_2Br_9$、$Cs_3BiBr_6$ 两种晶型，暂无法判定黄色荧光的来源。但从纳米晶的分散性与荧光性能出发，$Cs_3Bi_2Br_9$ 应主要分散在粗产品的上清液中。

## 5.4 小 结

本章从铅替代离子的选取策略出发，在充分的文献调研与预实验的基础上，选定 $Bi^{3+}$ 作为 $Pb^{2+}$ 的替代离子。综合上文研究结果，主要结论如下：

（1）选用配体辅助再沉淀法作为制备 Bi 基钙钛矿的方法，前驱体溶剂为 DMSO，不良溶剂选用异丙醇。在系统探究了前驱体浓度、配体比例、配体用量与配体加入方式的影响后，建立了适宜 $Cs_3Bi_2Br_9$ 的配体区间。

（2）搭建了两相流微反应器装置，实现了 $Cs_3Bi_2Br_9$ 的连续合成，单次前驱体处理量可以达到釜式制备法的 50 倍，有效减少了重复操作次数。

（3）通过配体辅助再沉淀法制备得到纳米晶胶体分散液荧光波长为 431 nm，半峰宽为 62 nm，能带隙为 3.11 eV，荧光寿命为 4.94 ns，量子产率为 7.87%。胶体平均粒径为 11.45 nm，与文献结果具有一致性。

（4）除文献普遍报道的蓝色 $Cs_3Bi_2Br_9$ 纳米晶外，还对发出黄色荧光的沉淀粉末进行了结构分析与光谱分析。该粉末发出 552 nm 的黄色荧光，半峰宽为 115 nm。结构分析结果显示粉末是 $Cs_3Bi_2Br_9$ 和其他杂晶的混合物。

通过以上研究，本章验证了在微反应器中实现无铅钙钛矿制备的可能性，这为后续铋基钙钛矿的性能优化与规模化制备提供了数据基础。但对于其制备方法和表征分析还有待进行系统优化，以实现高纯度、高量子产率铋基卤化钙钛矿的制备和器件化应用。

# 第 6 章 结　论

## 6.1　主要结论

　　先进的纳米材料合成技术是揭示纳米材料成核生长机理的有效手段，也是推动纳米材料从研发到应用的重要支撑。本书以发展钙钛矿纳米晶在智能化微反应系统内的规模化制备技术为目标，以无机卤化钙钛矿纳米晶为研究对象，以模块化的微反应系统为研究平台，提出了连续高效制备光学性能优异的钙钛矿纳米晶的合成方法，系统探究了停留时间、反应温度及卤素组成对钙钛矿纳米晶光致发光性能的影响。针对铅卤钙钛矿纳米晶的稳定性问题，通过配体工程制备得到在空气、极性溶剂和高温条件下均表现出优异稳定性能的纳米晶。在此研究基础上，自主设计搭建了具有在线检测功能与远程控制功能的微反应系统，实现对 $CsPbBr_3$ 钙钛矿纳米晶生长过程荧光光谱的检测，对晶体的成核生长规律进行探究，为发展与人工智能相结合的智能化纳米材料制备平台提供硬件基础与数据基础。最后，针对铅卤钙钛矿的重金属毒性问题，对无铅钙钛矿的制备策略进行初步探究。主要研究结论如下：

　　（1）通过搭建百纳升级液滴流微反应器，优化了钙钛矿纳米晶制备工艺。选用醋酸铯代替碳酸铯作为铯源前驱体，解决高浓度前驱体在室温下易析出的问题，满足了微反应器制备过程中常温进料的需求。该平台可将有效前体浓度提高到同类制备方法的 3~116 倍，配体浓度降低到现有方法的 2%~50%，单次反应理论产率提高 2~61.5 倍，显著降低溶剂处理负担，提高晶体纯度。通过在线调控 $CsPbBr_3$ 纳米晶的停留时间与反应温度，成功制备得到线状、短棒状和立方体状的纳米晶体，并实现对纳米晶量子限域效应的调节。随着停留时间的延长或反应温度的提升，

$CsPbBr_3$ 纳米晶的维度与特征尺寸增加、能带隙降低、发射光红移、半峰宽减小，而其量子限域效应由短特征尺寸决定。

（2）使用 APTES 代替油胺作为碱性配体，利用 APTES 自水解产生 Si—O—Si 键的特性，可在纳米晶表面形成一层保护膜。受配体碳链缩短、结合能降低的影响，纳米晶的尺寸会显著增加。针对最不稳定的 $CsPbI_3$ 纳米晶体进行配体与停留时间优化，最优配体策略为 APTES:OAm-HI=1:1，停留时间为 8.3 s，所得 $CsPbI_3$ 纳米晶是在室温下更稳定的 γ 相晶体。以 APTES 为配体的纳米晶体在空气与极性溶剂下均表现出更高的稳定性，具体体现为荧光强度和发光波长的稳定性，使用 PMMA 封装的纳米晶体可以在水和高温条件下保持 9 天以上的稳定荧光特性。APTES 配体层还可有效抑制红绿量子点混合时的离子交换与荧光共振能量转移效应，保证不同颜色纳米晶混合时的发光单色性。APTES 配体还起到钝化纳米晶缺陷的作用，将 $CsPbBr_3$ 量子产率提升到 92% 并保持长时间稳定。分析其荧光衰减动力学，$CsPbBr_3$@APTES 具有更小的非辐射衰减速率常数，说明光生载流子的非辐射复合途径被有效抑制。

（3）液滴流微反应器平台通过使用多个注射泵同时注入不同的卤化铅前驱体，可以在一次操作过程内合成具有整个可见光谱发光的纳米晶体。以 OAm 为配体的钙钛矿纳米晶发光范围为 406~677 nm，半峰宽为 12~32 nm，荧光寿命在 2~97 ns；以 APTES 为配体的钙钛矿纳米晶光致发光波长范围更广，覆盖 406~693 nm，且在量子产率与荧光寿命方面普遍优于以 OAm 为配体的纳米晶体。使用 PMMA 等高聚物封装钙钛矿纳米晶，可以得到荧光膜、荧光片等成型器件，可用于制作光致发光的纳米晶滤光片。使用全光谱发光的 $CsPbX_3$@APTES 制作 LED 灯泡，其色域覆盖度可达到 NTSC 标准的 140%，sRGB 标准的 195%，为钙钛矿纳米晶在广色域显示器件领域的应用奠定基础。

（4）在液滴流微反应器的基础上，通过模块升级自主设计搭建了具有在线检测功能的微反应系统。该系统的反应装置、检测装置与数据分析算法均有优异的稳定性。荧光峰位置变异系数小于 0.05%，荧光峰强度变异系数小于 5%。具有在线荧光检测功能的微反应系统用于监测常温下配体辅助再沉淀法的纳米晶生长过程，最短检测间隔可小于 1 s。在纳米晶生长过程中由于量子限域效应与纳米晶体尺寸的非连续性增长，荧光峰存在特定的波段分布。该装置成功采集到尺寸为 2~9 个晶胞长度纳米晶体的荧光峰,最短可检测到 1.2 nm 晶粒的荧光波长,突破了室温法制备钙钛矿纳米晶的尺寸下限。该装置可用于实现操作空间的快速构建,实现特定尺寸纳米晶的单峰生长调控,形成机器学习数据集,为自主优化的微反应器平台搭建奠定基础。

(5)对铋基卤化钙钛矿的制备进行了初步探究,通过搭建两相液滴流微反应器,实现了 $Cs_3Bi_2Br_9$ 的连续合成。本书中制备得到的铋基钙钛矿纳米晶胶体发射明亮的蓝色荧光,其荧光波长为 431 nm,半峰宽为 62 nm,能带隙为 3.11eV,光致发光量子产率可达到 7.87%。

## 6.2　主要创新点

综合以上研究结论,本书主要创新点有三项:

(1)在工艺创新方面,本书基于液滴流微反应器实现了无铅钙钛矿纳米晶的高产率制备。该微反应器平台对于高温热注入法和配体辅助再沉淀法均具有兼容性,并从铅基卤化钙钛矿的制备成功推广到无铅卤化钙钛矿的制备。该微反应器可实现高产率、多种卤素组成钙钛矿纳米晶的连续制备,为钙钛矿纳米晶的规模化制备提供了新方法。

(2)在性能优化方面,本书基于配体工程制备得到了本征稳定与环境稳定的钙钛矿纳米晶。针对最不稳定的 $CsPbI_3$ 钙钛矿纳米晶,使用双碱性配体协同的方式提升其稳定性。兼具高稳定性与优异光学性能的铅卤钙钛矿纳米晶被用于制备广色域的光致发光 LED 灯泡,为新一代 QLED 显示器的发展奠定基础。

(3)在装置开发与机理探究方面,本书基于具有在线荧光检测功能的微反应系统探究纳米晶的生长规律。自主设计并搭建了具有原位检测功能与远程控制功能的微反应系统,可以检测到钙钛矿纳米晶秒级生长阶段的荧光光谱,并对纳米晶的快速生长规律给出解释。对揭示低对称性晶型的钙钛矿纳米晶生长机理,发展微反应系统的自动化与智能化做出了有效探索。

# 6.3 展　　望

　　高性能的钙钛矿纳米材料的合成及其制备平台的设计，是这种新型材料重要的发展方向。本书在纳米材料合成平台的设计优化与纳米晶性能提升方面均提供了全新的实验思路与完善的实验数据。未来可继续深入的研究工作展望如下：

　　（1）与人工智能深度结合的微反应平台设计。在本书实验装置与实验数据的基础上，结合机器学习算法，设定由发射峰、峰强度、吸光度等光学性能指标组成的目标函数，根据目标函数与学习数据集自主优化钙钛矿纳米晶的合成过程，推动我国人工智能与化工过程深度结合技术的发展。

　　（2）发展低毒、稳定、高性能无铅钙钛矿的规模化制备方法。铅基钙钛矿优异的光电性能与铅金属毒性就像一把双刃剑，引发研究者关注的同时又制约着这种材料的应用发展。目前关于无铅钙钛矿制备与调控方法的报道还远少于铅基钙钛矿纳米晶，这与无铅钙钛矿纳米晶晶格种类多样、结晶生长动力学尚不明确有关。利用本书所建立的微反应系统实现无铅钙钛矿材料的快速探索具有重要的研究意义。

　　（3）钙钛矿纳米材料的器件化应用拓展。现阶段的钙钛矿器件寿命短、稳定性差、性能衰减块，无法满足工业化生产的需要。实现第三代太阳能电池和新一代 QLED 显示器的推广应用非一日之功，钙钛矿纳米晶要从实验室阶段真正走向市场化，还需要解决其耐用性、规模化器件生产与产品回收处理的问题。因此，可以针对钙钛矿纳米晶的制备、调控、器件化、指标测评与产品回收进行全生命周期的工艺设计。

# 参 考 文 献

[1] 谢颖. ABO$_3$ 型钙钛矿的相变机理、表面稳定性和电子结构的理论研究[M]. 哈尔滨: 黑龙江大学出版社, 2015.

[2] AKKERMAN Q A, RAINÒ G, KOVALENKO M V, et al. Genesis, challenges and opportunities for colloidal lead halide perovskite nanocrystals[J]. Nature materials, 2018, 17(5): 394-405.

[3] 肖立新, 邹德春, 等. 钙钛矿太阳能电池[M]. 北京: 北京大学出版社, 2016.

[4] AKKERMAN Q A, MANNA L. What defines a halide perovskite?[J]. ACS Energy Letters, 2020, 5(2): 604-610.

[5] TAO H, WU T, ALDEGHI M, et al. Nanoparticle synthesis assisted by machine learning[J]. Nature Reviews Materials, 2021, 6(8): 701-716.

[6] KUBENDHIRAN S, BAO Z, DAVE K, et al. Microfluidic synthesis of semiconducting colloidal quantum dots and their applications[J]. ACS Applied Nano Materials, 2019, 2(4): 1773-1790.

[7] 王恩胜, 余丽萍, 廉世勋, 等. 全无机钙钛矿量子点的研究进展[J]. 材料导报, 2019, 33: 777-783.

[8] MØLLER C K. Crystal structure and photoconductivity of caesium plumbohalides[J]. Nature, 1958, 182(4647): 1436.

[9] WEBER D. CH$_3$NH$_3$SnBr$_x$I$_{3-x}$ ($x = 0 \sim 3$), a SN (Ⅱ)-system with cubic perovskite structure[J]. Zeitschrift für Naturforschung B, 1978, 33(8): 862-865.

[10] XING G, MATHEWS N, LIM S S, et al. Low-temperature solution-processed wavelength-tunable perovskites for lasing[J]. Nature Materials, 2014, 13(5): 476-480.

[11] PROTESESCU L, YAKUNIN S, BODNARCHUK M I, et al. Nanocrystals of cesium lead halide perovskites (CsPbX$_3$, X= Cl, Br, and I): novel optoelectronic materials showing bright emission with wide color gamut[J]. Nano Letters, 2015, 15(6): 3692-3696.

[12] 2019 全球工程前沿[R]. 北京: 高等教育出版社, 2019.

[13] LI X, CAO F, YU D, et al. All inorganic halide perovskites nanosystem: synthesis, structural features, optical properties and optoelectronic applications [J]. Small, 2017, 13(9): 1603996.

[14] 程成. 量子点纳米光子学及应用[M]. 北京: 科学出版社, 2017.

[15] 李东旭, 徐潇, 李娜, 等. 时间分辨荧光技术与荧光寿命测量[J]. 大学化学, 2008, 23(4): 1-11.

[16] 田震昊. 微通道中量子点的可控合成与生长机理研究[D]. 北京: 清华大学, 2019.

[17] SWARNKAR A, RAVI V K, NAG A. Beyond colloidal cesium lead halide perovskite nanocrystals: analogous metal halides and doping[J]. ACS Energy Letters, 2017, 2(5): 1089-1098.

[18] YANG B, MAO X, HONG F, et al. Lead-free direct band gap double-perovskite nanocrystals with bright dual-color emission[J]. Journal of the American Chemical Society, 2018, 140(49): 17001-17006.

[19] SUN Q, YIN W J. Thermodynamic stability trend of cubic perovskites[J]. Journal of the American Chemical Society, 2017, 139(42): 14905-14908.

[20] WEI Y, CHENG Z, LIN J. An overview on enhancing the stability of lead halide perovskite quantum dots and their applications in phosphor-converted LEDs[J]. Chemical Society Reviews, 2019, 48(1): 310-350.

[21] GOLDSCHMIDT V M. Die gesetze der krystallochemie[J]. Naturwissenschaften, 1926, 14(21): 477-485.

[22] LI C, LU X, DING W, et al. Formability of $ABX_3$ (X= F, Cl, Br, I) halide perovskites[J]. Acta Crystallographica Section B: Structural Science, 2008, 64(6): 702-707.

[23] STOUMPOS C C, KANATZIDIS M G. The renaissance of halide perovskites and their evolution as emerging semiconductors[J]. Accounts of Chemical Research, 2015, 48(10): 2791-2802.

[24] SWARNKAR A, MARSHALL A R, SANEHIRA E M, et al. Quantum dot-induced phase stabilization of $\alpha$-$CsPbI_3$ perovskite for high-efficiency photovoltaics[J]. Science, 2016, 354(6308): 92-95.

[25] WANG Y, LI X, SONG J, et al. All-inorganic colloidal perovskite quantum dots: a new class of lasing materials with favorable characteristics[J]. Advanced Materials, 2015, 27(44): 7101-7108.

[26] PAN Q, HU H, ZOU Y, et al. Microwave-assisted synthesis of high-quality "all-inorganic" $CsPbX_3$ (X= Cl, Br, I) perovskite nanocrystals and their application in light emitting diodes[J]. Journal of Materials Chemistry C, 2017, 5(42): 10947-10954.

[27] GUO P, HOSSAIN M K, SHEN X, et al. Room-temperature red–green–blue whispering-gallery mode lasing and white-light emission from cesium lead halide perovskite ($CsPbX_3$, X= Cl, Br, I) microstructures[J]. Advanced Optical Materials, 2018, 6(3): 1700993.

[28] XU L, LI J, FANG T, et al. Synthesis of stable and phase-adjustable $CsPbBr_3@Cs_4PbBr_6$ nanocrystals via novel anion–cation reactions[J]. Nanoscale Advances, 2019, 1(3): 980-988.

[29] LI X, WU Y, ZHANG S, et al. $CsPbX_3$ quantum dots for lighting and displays: room-temperature synthesis, photoluminescence superiorities, underlying origins and white light-emitting diodes[J]. Advanced Functional Materials, 2016, 26(15): 2435-2445.

[30] 黄国斌, 骆登峰, 张茂声. 多色高发光效率 $CsPbX_3$(X=Cl, Br, I) 钙钛矿量子点的制备及其在发光二极管中的应用[J]. 应用化学, 2019, 36: 932-938.

[31] LENG M, YANG Y, ZENG K, et al. All-inorganic bismuth-based perovskite quantum dots with bright blue photoluminescence and excellent stability[J]. Advanced Functional Materials, 2018, 28(1): 1704446.

[32] HUANG H, ZHAO F, LIU L, et al. Emulsion synthesis of size-tunable $CH_3NH_3PbBr_3$ quantum dots: an alternative route toward efficient light-emitting diodes[J]. ACS Applied Materials & Interfaces, 2015, 7(51): 28128-28133.

[33] HAN D, IMRAN M, ZHANG M, et al. Efficient light-emitting diodes based on in situ fabricated $FAPbBr_3$ nanocrystals: the enhancing role of the ligand-assisted reprecipitation process[J]. ACS Nano, 2018, 12(8): 8808-8816.

[34] LENG M, CHEN Z, YANG Y, et al. Lead-free, blue emitting bismuth halide perovskite quantum dots[J]. Angewandte Chemie International Edition, 2016, 55(48): 15012-15016.

[35] LI C, DING B, ZHANG L, et al. 3D-printed continuous flow reactor for high yield synthesis of $CH_3NH_3PbX_3$ (X= Br, I) nanocrystals[J]. Journal of Materials Chemistry C, 2019, 7(30): 9167-9174.

[36] TONG Y, BLADT E, AYGÜLER M F, et al. Highly luminescent cesium lead halide perovskite nanocrystals with tunable composition and thickness by ultrasonication[J]. Angewandte Chemie International Edition, 2016, 55(44): 13887-13892.

[37] ZHU Z Y, YANG Q Q, GAO L F, et al. Solvent-free mechanosynthesis of composition-tunable cesium lead halide perovskite quantum dots[J]. The Journal of Physical Chemistry Letters, 2017, 8(7): 1610-1614.

[38] FERDOWSI P, OCHOA-MARTINEZ E, STEINER U, et al. One-step

solvent-free mechanochemical incorporation of insoluble cesium salt into perovskites for wide band-gap solar cells[J]. Chemistry of Materials, 2021, 33 (11): 3971-3979.

[39] NEDELCU G, PROTESESCU L, YAKUNIN S, et al. Fast anion-exchange in highly luminescent nanocrystals of cesium lead halide perovskites (CsPbX$_3$, X= Cl, Br, I)[J]. Nano Letters, 2015, 15(8): 5635-5640.

[40] HE K, ZHU Y, BI Z, et al. Highly luminescent CsPbI$_3$ quantum dots and their fast anion exchange at oil/water interface[J]. Chemical Physics Letters, 2020, 741: 137096.

[41] PROTESESCU L, YAKUNIN S, KUMAR S, et al. Dismantling the "red wall" of colloidal perovskites: highly luminescent formamidinium and formamidinium–cesium lead iodide nanocrystals[J]. ACS Nano, 2017, 11(3): 3119-3134.

[42] VAN DER STAM W, GEUCHIES J J, ALTANTZIS T, et al. Highly emissive divalent-ion-doped colloidal CsPb$_{1-x}$M$_x$Br$_3$ perovskite nanocrystals through cation exchange[J]. Journal of the American Chemical Society, 2017, 139(11): 4087-4097.

[43] 刘哲钦. 高效稳定的钙钛矿量子点的合成、表征及 LED 器件性能研究[D]. 北京: 中国科学院大学, 2019.

[44] LIU F, DING C, ZHANG Y, et al. Colloidal synthesis of air-stable alloyed CsSn$_{1-x}$Pb$_x$I$_3$ perovskite nanocrystals for use in solar cells[J]. Journal of the American Chemical Society, 2017, 139(46): 16708-16719.

[45] GURIA A K, DUTTA S K, ADHIKARI S D, et al. Doping Mn$^{2+}$ in lead halide perovskite nanocrystals: successes and challenges[J]. ACS Energy Letters, 2017, 2(5): 1014-1021.

[46] LIU Z, BEKENSTEIN Y, YE X, et al. Ligand mediated transformation of cesium lead bromide perovskite nanocrystals to lead depleted Cs$_4$PbBr$_6$ nanocrystals[J]. Journal of the American Chemical Society, 2017, 139(15): 5309-5312.

[47] PALAZON F, ALMEIDA G, AKKERMAN Q A, et al. Changing the dimensionality of cesium lead bromide nanocrystals by reversible postsynthesis transformations with amines[J]. Chemistry of Materials, 2017, 29(10): 4167-4171.

[48] AKKERMAN Q A, PARK S, RADICCHI E, et al. Nearly monodisperse insulator Cs$_4$PbX$_6$ (X= Cl, Br, I) nanocrystals, their mixed halide compositions, and their transformation into CsPbX$_3$ nanocrystals[J]. Nano Letters, 2017, 17(3): 1924-1930.

[49]    WU L, HU H, XU Y, et al. From nonluminescent $Cs_4PbX_6$ (X= Cl, Br, I) nanocrystals to highly luminescent $CsPbX_3$ nanocrystals: water-triggered transformation through a csx-stripping mechanism[J]. Nano Letters, 2017, 17(9): 5799-5804.

[50]    XIE M, LIU H, CHUN F, et al. Aqueous phase exfoliating quasi-2D $CsPbBr_3$ nanosheets with ultrahigh intrinsic water stability[J]. Small, 2019, 15(34): 1901994.

[51]    VYBORNYI O, YAKUNIN S, KOVALENKO M V. Polar-solvent-free colloidal synthesis of highly luminescent alkylammonium lead halide perovskite nanocrystals[J]. Nanoscale, 2016, 8(12): 6278-6283.

[52]    CHERNIUKH I, RAINÒ G, STÖFERLE T, et al. Perovskite-type superlattices from lead halide perovskite nanocubes[J]. Nature, 2021, 593(7860): 535-542.

[53]    ZHANG D, EATON S W, YU Y, et al. Solution-phase synthesis of cesium lead halide perovskite nanowires[J]. Journal of the American Chemical Society, 2015, 137(29): 9230-9233.

[54]    孟竞佳, 张峰, 任艳东, 等. 钙钛矿二维纳米材料的合成和发光研究进展[J]. 应用化学, 2018, 35: 342-350.

[55]    TOSO S, BARANOV D, MANNA L. Metamorphoses of cesium lead halide nanocrystals[J]. Accounts of Chemical Research, 2021, 54(3): 498-508.

[56]    BEKENSTEIN Y, KOSCHER B A, EATON S W, et al. Highly luminescent colloidal nanoplates of perovskite cesium lead halide and their oriented assemblies[J]. Journal of the American Chemical Society, 2015, 137(51): 16008-16011.

[57]    ZHANG Z, LIU Y, GENG C, et al. Rapid synthesis of quantum-confined $CsPbBr_3$ perovskite nanowires using a microfluidic reactor[J]. Nanoscale, 2019, 11(40): 18790-18796.

[58]    PENG L, DUTTA A, XIE R, et al. Dot–wire–platelet–cube: step growth and structural transformations in $CsPbBr_3$ perovskite nanocrystals[J]. ACS Energy Letters, 2018, 3(8): 2014-2020.

[59]    LIANG Z, ZHAO S, XU Z, et al. Shape-controlled synthesis of all-inorganic $CsPbBr_3$ perovskite nanocrystals with bright blue emission[J]. ACS Applied Materials & Interfaces, 2016, 8(42): 28824-28830.

[60]    PAN A, HE B, FAN X, et al. Insight into the ligand-mediated synthesis of colloidal $CsPbBr_3$ perovskite nanocrystals: the role of organic acid, base, and cesium precursors[J]. ACS Nano, 2016, 10(8): 7943-7954.

[61]    AKKERMAN Q A, MOTTI S G, SRIMATH KANDADA A R, et al.

Solution synthesis approach to colloidal cesium lead halide perovskite nanoplatelets with monolayer-level thickness control[J]. Journal of the American Chemical Society, 2016, 138(3): 1010-1016.

[62] SCHMIDT L C, PERTEGÁS A, GONZÁLEZ-CARRERO S, et al. Non-template synthesis of $CH_3NH_3PbBr_3$ perovskite nanoparticles[J]. Journal of the American Chemical Society, 2014, 136(3): 850-853.

[63] ALMEIDA G, GOLDONI L, AKKERMAN Q, et al. Role of acid–base equilibria in the size, shape, and phase control of cesium lead bromide nanocrystals[J]. ACS Nano, 2018, 12(2): 1704-1711.

[64] SUN S, YUAN D, XU Y, et al. Ligand-mediated synthesis of shape-controlled cesium lead halide perovskite nanocrystals via reprecipitation process at room temperature[J]. ACS Nano, 2016, 10(3): 3648-3657.

[65] European Union. Restriction of hazardous substances directive[R]. EU, 2002.

[66] 电器电子产品有害物质限制使用管理办法[J]. 中华人民共和国国务院公报, 2016(11): 70-73.

[67] LI X, GAO X, ZHANG X, et al. Lead-free halide perovskites for light emission: Recent advances and perspectives[J]. Advanced Science, 2021, 8(4): 2003334.

[68] HOEFLER S F, TRIMMEL G, RATH T. Progress on lead-free metal halide perovskites for photovoltaic applications: a review[J]. Monatshefte für Chemie-Chemical Monthly, 2017, 148(5): 795-826.

[69] GIUSTINO F, SNAITH H J. Toward lead-free perovskite solar cells[J]. ACS Energy Letters, 2016, 1(6): 1233-1240.

[70] WANG A, YAN X, ZHANG M, et al. Controlled synthesis of lead-free and stable perovskite derivative $Cs_2SnI_6$ nanocrystals via a facile hot-injection process[J]. Chemistry of Materials, 2016, 28(22): 8132-8140.

[71] KONG Q, YANG B, CHEN J, et al. Phase engineering of cesium manganese bromides nanocrystals with color-tunable emission[J]. Angewandte Chemie, 2021, 133(36): 19805-19811.

[72] MAHESH K, CHANG C Y, HONG W L, et al. Lead-free cesium tin halide nanocrystals for light-emitting diodes and color down conversion[J]. RSC Advances, 2020, 10(61): 37161-37167.

[73] LOCARDI F, CIRIGNANO M, BARANOV D, et al. Colloidal synthesis of double perovskite $Cs_2AgInCl_6$ and Mn-doped $Cs_2AgInCl_6$ nanocrystals[J]. Journal of the American Chemical Society, 2018, 140(40): 12989-12995.

[74] VARGAS B, RAMOS E, PÉREZ-GUTIÉRREZ E, et al. A direct bandgap copper–antimony halide perovskite[J]. Journal of the American Chemical

Society, 2017, 139(27): 9116-9119.

[75] SHI M, LI G, TIAN W, et al. Understanding the effect of crystalline structural transformation for lead-free inorganic halide perovskites[J]. Advanced Materials, 2020, 32(31): 2002137.

[76] SCAIFE D E, WELLER P F, FISHER W G. Crystal preparation and properties of cesium tin (ii) trihalides[J]. Journal of Solid State Chemistry, 1974, 9(3): 308-314.

[77] JELLICOE T C, RICHTER J M, GLASS H F, et al. Synthesis and optical properties of lead-free cesium tin halide perovskite nanocrystals[J]. Journal of the American Chemical Society, 2016, 138(9): 2941-2944.

[78] LYU B, GUO X, GAO D, et al. Highly-stable tin-based perovskite nanocrystals produced by passivation and coating of gelatin[J]. Journal of Hazardous Materials, 2021, 403: 123967.

[79] HAN X, LIANG J, YANG J H, et al. Lead-free double perovskite cs2snx6: facile solution synthesis and excellent stability[J]. Small, 2019, 15(39): 1901650.

[80] DAI L, DENG Z, AURAS F, et al. Slow carrier relaxation in tin-based perovskite nanocrystals[J]. Nature Photonics, 2021, 15(9): 696-702.

[81] BRANDT R E, STEVANOVIĆ V, GINLEY D S, et al. Identifying defect-tolerant semiconductors with high minority-carrier lifetimes: beyond hybrid lead halide perovskites[J]. Mrs Communications, 2015, 5(2): 265-275.

[82] YANG B, CHEN J, HONG F, et al. Lead-free, air-stable all-inorganic cesium bismuth halide perovskite nanocrystals[J]. Angewandte Chemie International Edition, 2017, 56(41): 12471-12475.

[83] MCCALL K M, STOUMPOS C C, KONTSEVOI O Y, et al. From 0D $Cs_3Bi_2I_9$ to 2D $Cs_3Bi_2I_6Cl_3$: dimensional expansion induces a direct band gap but enhances electron-phonon coupling[J]. Chemistry of Materials, 2019, 31(7): 2644-2650.

[84] WANG H, KIM D H. Perovskite-based photodetectors: materials and devices[J]. Chemical Society Reviews, 2017, 46(17): 5204-5236.

[85] ZHAO Y, LI C, SHEN L. Recent research process on perovskite photodetectors: a review for photodetector—materials, physics, and applications[J]. Chinese Physics B, 2018, 27(12): 127806.

[86] DOU L, YANG Y M, YOU J, et al. Solution-processed hybrid perovskite photodetectors with high detectivity[J]. Nature Communications, 2014, 5 (1): 1-6.

[87] LEE Y, KWON J, HWANG E, et al. High-performance perovskite–graphene

hybrid photodetector[J]. Advanced Materials, 2015, 27(1): 41-46.

[88] LI S, LEI D, REN W, et al. Water-resistant perovskite nanodots enable robust two-photon lasing in aqueous environment[J]. Nature Communications, 2020, 11(1): 1-8.

[89] LI G, RIVAROLA F W R, DAVIS N J, et al. Highly efficient perovskite nanocrystal light-emitting diodes enabled by a universal crosslinking method [J]. Advanced Materials, 2016, 28(18): 3528-3534.

[90] WANG H, GONG X, ZHAO D, et al. A multi-functional molecular modifier enabling efficient large-area perovskite light-emitting diodes[J]. Joule, 2020, 4(9): 1977-1987.

[91] CHEN Q, WU J, OU X, et al. All-inorganic perovskite nanocrystal scintillators[J]. Nature, 2018, 561(7721): 88-93.

[92] TONG Y L, ZHANG Y W, MA K, et al. One-step synthesis of fa-directing FAPbBr$_3$ perovskite nanocrystals toward high-performance display[J]. ACS Applied Materials & Interfaces, 2018, 10(37): 31603-31609.

[93] XU W, HU Q, BAI S, et al. Rational molecular passivation for high-performance perovskite light-emitting diodes[J]. Nature Photonics, 2019, 13(6): 418-424.

[94] HASSAN Y, PARK J H, CRAWFORD M L, et al. Ligand-engineered bandgap stability in mixed-halide perovskite leds[J]. Nature, 2021, 591 (7848): 72-77.

[95] ZHANG M, ZHAO L, XIE J, et al. Molecular engineering towards efficient white-light-emitting perovskite[J]. Nature Communications, 2021, 12(1): 1-7.

[96] XUAN T, XIE R J. Recent processes on light-emitting lead-free metal halide perovskites[J]. Chemical Engineering Journal, 2020, 393: 124757.

[97] YANG Z, XU J, ZONG S, et al. Lead halide perovskite nanocrystals–phospholipid micelles and their biological applications: multiplex cellular imaging and in vitro tumor targeting[J]. ACS Applied Materials & Interfaces, 2019, 11(51): 47671-47679.

[98] TAN M J, RAVICHANDRAN D, ANG H L, et al. Magneto-fluorescent perovskite nanocomposites for directed cell motion and imaging[J]. Advanced Healthcare Materials, 2019, 8(23): 1900859.

[99] WANG Y, VARADI L, TRINCHI A, et al. Spray-assisted coil–globule transition for scalable preparation of water-resistant CsPbBr$_3$@PMMA perovskite nanospheres with application in live cell imaging[J]. Small, 2018, 14(51): 1803156.

[100] KAMIMURA S, XU C N, YAMADA H, et al. Near-infrared luminescence from double-perovskite $Sr_3Sn_2O_7$: $Nd^{3+}$: a new class of probe for in vivo imaging in the second optical window of biological tissue[J]. Journal of the Ceramic Society of Japan, 2017, 125(7): 591-595.

[101] ZHANG H, WANG X, LIAO Q, et al. Embedding perovskite nanocrystals into a polymer matrix for tunable luminescence probes in cell imaging[J]. Advanced Functional Materials, 2017, 27(7): 1604382.

[102] WANG Q, WANG J, WANG J C, et al. Coupling $CsPbBr_3$ quantum dots with covalent triazine frameworks for visible-light-driven $CO_2$ reduction[J]. ChemSusChem, 2021, 14(4): 1131-1139.

[103] REB L K, BÖHMER M, PREDESCHLY B, et al. Perovskite and organic solar cells on a rocket flight[J]. Joule, 2020, 4(9): 1880-1892.

[104] DENG Y, NI Z, PALMSTROM A F, et al. Reduced self-doping of perovskites induced by short annealing for efficient solar modules[J]. Joule, 2020, 4(9): 1949-1960.

[105] CHEN Y, TAN S, LI N, et al. Self-elimination of intrinsic defects improves the low-temperature performance of perovskite photovoltaics[J]. Joule, 2020, 4(9): 1961-1976.

[106] LUO P, XIA W, ZHOU S, et al. Solvent engineering for ambient-air-processed, phase-stable $CsPbI_3$ in perovskite solar cells[J]. The Journal of Physical Chemistry Letters, 2016, 7(18): 3603-3608.

[107] ZHAO B, JIN S F, HUANG S, et al. Thermodynamically stable orthorhombic $\gamma$-$CsPbI_3$ thin films for high-performance photovoltaics[J]. Journal of the American Chemical Society, 2018, 140(37): 11716-11725.

[108] FENG X X, LV X D, LIANG Q, et al. Diammonium porphyrin-induced $CsPbBr_3$ nanocrystals to stabilize perovskite films for efficient and stable solar cells[J]. ACS Applied Materials & Interfaces, 2020, 12(14): 16236-16242.

[109] LI N, LUO Y, CHEN Z, et al. Microscopic degradation in formamidinium-cesium lead iodide perovskite solar cells under operational stressors[J]. Joule, 2020, 4(8): 1743-1758.

[110] 魏静, 赵清, 李恒, 等. 钙钛矿太阳能电池: 光伏领域的新希望[J]. 中国科学: 技术科学, 2014, 44(8): 801-821.

[111] YANG D, YANG R, REN X, et al. Hysteresis-suppressed high-efficiency flexible perovskite solar cells using solid-state ionic-liquids for effective electron transport[J]. Advanced Materials, 2016, 28(26): 5206-5213.

[112] KOJIMA A, TESHIMA K, SHIRAI Y, et al. Organometal halide perovskites

as visible-light sensitizers for photovoltaic cells[J]. Journal of the American Chemical Society, 2009, 131(17): 6050-6051.

[113] LEE M M, TEUSCHER J, MIYASAKA T, et al. Efficient hybrid solar cells based on meso-superstructured organometal halide perovskites[J]. Science, 2012, 338(6107): 643-647.

[114] AL-ASHOURI A, KÖHNEN E, LI B, et al. Monolithic perovskite/silicon tandem solar cell with $> 29\%$ efficiency by enhanced hole extraction[J]. Science, 2020, 370(6522): 1300-1309.

[115] XIAO K, LIN R, HAN Q, et al. All-perovskite tandem solar cells with 24.2% certified efficiency and area over 1 $cm^2$ using surface-anchoring zwitterionic antioxidant[J]. Nature Energy, 2020, 5(11): 870-880.

[116] YU B B, CHEN Z, ZHU Y, et al. Heterogeneous 2D/3D tin-halides perovskite solar cells with certified conversion efficiency breaking 14%[J]. Advanced Materials, 2021, 33(36): 2102055.

[117] 邹念育. 半导体照明材料[M]. 北京: 化学工业出版社, 2013.

[118] VELDHUIS S A, BOIX P P, YANTARA N, et al. Perovskite materials for light-emitting diodes and lasers[J]. Advanced Materials, 2016, 28(32): 6804-6834.

[119] ZHENG K, ZHU Q, ABDELLAH M, et al. Exciton binding energy and the nature of emissive states in organometal halide perovskites[J]. The Journal of Physical Chemistry Letters, 2015, 6(15): 2969-2975.

[120] LIU F, ZHANG Y, DING C, et al. Highly luminescent phase-stable $CsPbI_3$ perovskite quantum dots achieving near 100% absolute photoluminescence quantum yield[J]. ACS Nano, 2017, 11(10): 10373-10383.

[121] KIM Y H, KIM S, KAKEKHANI A, et al. Comprehensive defect suppression in perovskite nanocrystals for high-efficiency light-emitting diodes[J]. Nature Photonics, 2021, 15(2): 148-155.

[122] SHEN Y, WU H Y, LI Y Q, et al. Interfacial nucleation seeding for electroluminescent manipulation in blue perovskite light-emitting diodes[J]. Advanced Functional Materials, 2021, 31(45): 2103870.

[123] CHEN Z, LI Z, CHEN Z, et al. Utilization of trapped optical modes for white perovskite light-emitting diodes with efficiency over 12%[J]. Joule, 2021, 5(2): 456-466.

[124] GARCÍA DE ARQUER F P, TALAPIN D V, KLIMOV V I, et al. Semiconductor quantum dots: Technological progress and future challenges[J]. Science, 2021, 373(6555): eaaz8541.

[125] HUANG H, CHEN B, WANG Z, et al. Water resistant $CsPbX_3$ nanocrystals

coated with polyhedral oligomeric silsesquioxane and their use as solid state luminophores in all-perovskite white light-emitting devices[J]. Chemical Science, 2016, 7(9): 5699-5703.

[126] HUANG H, BODNARCHUK M I, KERSHAW S V, et al. Lead halide perovskite nanocrystals in the research spotlight: stability and defect tolerance [J]. ACS Energy Letters, 2017, 2(9): 2071-2083.

[127] TROTS D, MYAGKOTA S. High-temperature structural evolution of caesium and rubidium triiodoplumbates[J]. Journal of Physics and Chemistry of Solids, 2008, 69(10): 2520-2526.

[128] FUJII Y, HOSHINO S, YAMADA Y, et al. Neutron-scattering study on phase transitions of $CsPbCl_3$[J]. Physical Review B, 1974, 9(10): 4549.

[129] WANG H C, BAO Z, TSAI H Y, et al. Perovskite quantum dots and their application in light-emitting diodes[J]. Small, 2018, 14(1): 1702433.

[130] BERTOLOTTI F, PROTESESCU L, KOVALENKO M V, et al. Coherent nanotwins and dynamic disorder in cesium lead halide perovskite nanocrystals[J]. ACS Nano, 2017, 11(4): 3819-3831.

[131] ALEKSANDROV K. The sequences of structural phase transitions in perovskites[J]. Ferroelectrics, 1976, 14(1): 801-805.

[132] DE ROO J, IBÁÑEZ M, GEIREGAT P, et al. Highly dynamic ligand binding and light absorption coefficient of cesium lead bromide perovskite nanocrystals[J]. ACS Nano, 2016, 10(2): 2071-2081.

[133] ZHAO C, CHEN B, QIAO X, et al. Revealing underlying processes involved in light soaking effects and hysteresis phenomena in perovskite solar cells[J]. Advanced Energy Materials, 2015, 5(14): 1500279.

[134] TIAN Y, PETER M, UNGER E, et al. Mechanistic insights into perovskite photoluminescence enhancement: light curing with oxygen can boost yield thousandfold[J]. Physical Chemistry Chemical Physics, 2015, 17(38): 24978-24987.

[135] HUANG S, LI Z, KONG L, et al. Enhancing the stability of $CH_3NH_3PbBr_3$ quantum dots by embedding in silica spheres derived from tetramethyl orthosilicate in "waterless" toluene[J]. Journal of the American Chemical Society, 2016, 138(18): 5749-5752.

[136] HU H, WU L, TAN Y, et al. Interfacial synthesis of highly stable $CsPbX_3$/oxide janus nanoparticles[J]. Journal of the American Chemical Society, 2018, 140(1): 406-412.

[137] HUANG S, LI Z, WANG B, et al. Morphology evolution and degradation of $CsPbBr_3$ nanocrystals under blue light-emitting diode illumination[J]. ACS

Applied Materials & Interfaces, 2017, 9(8): 7249-7258.

[138]  CHEN J, LIU D, AL-MARRI M J, et al. Photo-stability of CsPbBr$_3$ perovskite quantum dots for optoelectronic application[J]. Science China Materials, 2016, 59(9): 719-727.

[139]  ARISTIDOU N, EAMES C, SANCHEZ-MOLINA I, et al. Fast oxygen diffusion and iodide defects mediate oxygen-induced degradation of perovskite solar cells[J]. Nature Communications, 2017, 8(1): 1-10.

[140]  ABDOU M S, ORFINO F P, SON Y, et al. Interaction of oxygen with conjugated polymers: Charge transfer complex formation with poly (3-alkylthiophenes)[J]. Journal of the American Chemical Society, 1997, 119 (19): 4518-4524.

[141]  LEGUY A M, HU Y, CAMPOY-QUILES M, et al. Reversible hydration of CH$_3$NH$_3$PbI$_3$ in films, single crystals, and solar cells[J]. Chemistry of Materials, 2015, 27(9): 3397-3407.

[142]  FROST J M, BUTLER K T, BRIVIO F, et al. Atomistic origins of high-performance in hybrid halide perovskite solar cells[J]. Nano Letters, 2014, 14(5): 2584-2590.

[143]  KULBAK M, GUPTA S, KEDEM N, et al. Cesium enhances long-term stability of lead bromide perovskite-based solar cells[J]. The Journal of Physical Chemistry Letters, 2016, 7(1): 167-172.

[144]  DUALEH A, GAO P, SEOK S I, et al. Thermal behavior of methylammonium lead-trihalide perovskite photovoltaic light harvesters[J]. Chemistry of Materials, 2014, 26(21): 6160-6164.

[145]  HABISREUTINGER S N, LEIJTENS T, EPERON G E, et al. Carbon nanotube/polymer composites as a highly stable hole collection layer in perovskite solar cells[J]. Nano Letters, 2014, 14(10): 5561-5568.

[146]  张宇, 于伟泳. 胶体半导体量子点[M]. 北京: 科学出版社, 2015: 426-442.

[147]  VARSHNI Y P. Temperature dependence of the energy gap in semiconductors[J]. Physica, 1967, 34(1): 149-154.

[148]  张熬, 陈鹏, 周婧, 等. 半导体的禁带宽度与温度关系研究[J]. 光电子技术, 2019, 39(3): 160-167.

[149]  FANG H H, WANG F, ADJOKATSE S, et al. Photoexcitation dynamics in solution-processed formamidinium lead iodide perovskite thin films for solar cell applications[J]. Light: Science & Applications, 2016, 5(4): e16056-e16056.

[150]  WANG Y, LIU X, ZHANG T, et al. The role of dimethylammonium iodide in CsPbI$_3$ perovskite fabrication: additive or dopant?[J]. Angewandte Chemie,

2019, 131(46): 16844-16849.

[151] AKKERMAN Q A, MEGGIOLARO D, DANG Z, et al. Fluorescent alloy CsPb$_x$Mn$_{1-x}$I$_3$ perovskite nanocrystals with high structural and optical stability[J]. ACS Energy Letters, 2017, 2(9): 2183-2186.

[152] ZHAO Y, YANG R, WAN W, et al. Stabilizing CsPbBr$_3$ quantum dots with conjugated aromatic ligands and their regulated optical behaviors[J]. Chemical Engineering Journal, 2020, 389: 124453.

[153] WANG H, ZHANG X, WU Q, et al. Trifluoroacetate induced small-grained CsPbBr$_3$ perovskite films result in efficient and stable light-emitting devices [J]. Nature Communications, 2019, 10(1): 1-10.

[154] ZHAO H, WEI L, ZENG P, et al. Formation of highly uniform thinly-wrapped CsPbX$_3$@silicone nanocrystals via self-hydrolysis: suppressed anion exchange and superior stability in polar solvents[J]. Journal of Materials Chemistry C, 2019, 7(32): 9813-9819.

[155] HE K, SHEN C, ZHU Y, et al. Stable luminescent CsPbI$_3$ quantum dots passivated by (3-aminopropyl) triethoxysilane[J]. Langmuir, 2020, 36(34): 10210-10217.

[156] LI G, HUANG J, ZHU H, et al. Surface ligand engineering for near-unity quantum yield inorganic halide perovskite QDs and high-performance QLEDs[J]. Chemistry of Materials, 2018, 30(17): 6099-6107.

[157] ZHANG H, LIAO Q, WANG X, et al. Water-resistant perovskite polygonal microdisks laser in flexible photonics devices[J]. Advanced Optical Materials, 2016, 4(11): 1718-1725.

[158] LU X, HU Y, GUO J, et al. Fiber-spinning-chemistry method toward in situ generation of highly stable halide perovskite nanocrystals[J]. Advanced Science, 2019, 6(22): 1901694.

[159] ZHOU Q, BAI Z, LU W g, et al. In situ fabrication of halide perovskite nanocrystal-embedded polymer composite films with enhanced photoluminescence for display backlights[J]. Advanced Materials, 2016, 28(41): 9163-9168.

[160] DIRIN D N, PROTESESCU L, TRUMMER D, et al. Harnessing defect-tolerance at the nanoscale: highly luminescent lead halide perovskite nanocrystals in mesoporous silica matrixes[J]. Nano Letters, 2016, 16(9): 5866-5874.

[161] ZHONG Q, CAO M, HU H, et al. One-pot synthesis of highly stable CsPbBr$_3$@ SiO$_2$ core–shell nanoparticles[J]. ACS Nano, 2018, 12(8): 8579-8587.

[162] GOMEZ L, DE WEERD C, HUESO J L, et al. Color-stable water-dispersed cesium lead halide perovskite nanocrystals[J]. Nanoscale, 2017, 9(2): 631-636.

[163] HOU J, CHEN P, SHUKLA A, et al. Liquid-phase sintering of lead halide perovskites and metal-organic framework glasses[J]. Science, 2021, 374 (6567): 621-625.

[164] HAN M, GAO X, SU J Z, et al. Quantum-dot-tagged microbeads for multiplexed optical coding of biomolecules[J]. Nature Biotechnology, 2001, 19 (7): 631-635.

[165] 骆广生, 吕阳成, 王凯, 等. 微化工技术[M]. 北京: 化学工业出版社, 2020.

[166] ALI M Y. Fabrication of microfluidic channel using micro end milling and micro electrical discharge milling[J]. International Journal of Mechanical and Materials Engineering, 2009, 4(1): 93-97.

[167] HORN T J, HARRYSSON O L. Overview of current additive manufacturing technologies and selected applications[J]. Science Progress, 2012, 95(3): 255-282.

[168] GENG Y, LING S, HUANG J, et al. Multiphase microfluidics: fundamentals, fabrication, and functions[J]. Small, 2020, 16(6): 1906357.

[169] CHEN P C, PAN C W, LEE W C, et al. An experimental study of micromilling parameters to manufacture microchannels on a PMMA substrate [J]. The International Journal of Advanced Manufacturing Technology, 2014, 71(9): 1623-1630.

[170] SARMA P, PATOWARI P K. Fabrication of metallic micromixers using WEDM and EDM for application in microfluidic devices and circuitries[J]. Micro and Nanosystems, 2018, 10(2): 137-147.

[171] UHLMANN E, PILTZ S, DOLL U. Machining of micro/miniature dies and moulds by electrical discharge machining—recent development[J]. Journal of Materials Processing Technology, 2005, 167(2-3): 488-493.

[172] GUCKENBERGER D J, DE GROOT T E, WAN A M, et al. Micromilling: a method for ultra-rapid prototyping of plastic microfluidic devices[J]. Lab on a Chip, 2015, 15(11): 2364-2378.

[173] MARRE S, ADAMO A, BASAK S, et al. Design and packaging of microreactors for high pressure and high temperature applications[J]. Industrial & Engineering Chemistry Research, 2010, 49(22): 11310-11320.

[174] BIANCHI P, PETIT G, MONBALIU J C M. Scalable and robust photochemical flow process towards small spherical gold nanoparticles[J]. Reaction Chemistry & Engineering, 2020, 5(7): 1224-1236.

[175] ABDEL-LATIF K, EPPS R W, KERR C B, et al. Facile room-temperature anion exchange reactions of inorganic perovskite quantum dots enabled by a modular microfluidic platform[J]. Advanced Functional Materials, 2019, 29 (23): 1900712.

[176] KUMAR V, FUSTÉR H A, OH N, et al. Continuous flow synthesis of anisotropic cadmium selenide and zinc selenide nanoparticles[J]. Chem-NanoMat, 2017, 3(3): 204-211.

[177] 王敏. 飞秒激光加工玻璃材料微结构技术研究[D]. 深圳: 深圳大学, 2016.

[178] GENG Y, HUANG J, TAN B, et al. Efficient synthesis of dodecylben-zene sulfonic acid in microreaction systems[J]. Chemical Engineering and Processing-Process Intensification, 2020, 149: 107858.

[179] GAL-OR E, GERSHONI Y, SCOTTI G, et al. Chemical analysis using 3d printed glass microfluidics[J]. Analytical Methods, 2019, 11(13): 1802-1810.

[180] WANG C, GENG Y, SUN Q, et al. A sustainable and efficient artificial mi-crogel system: Toward creating a configurable synthetic cell[J]. Small, 2020, 16(51): 2002313.

[181] HUANG J, GENG Y, WANG Y, et al. Efficient production of cyclopropy-lamine by a continuous-flow microreaction system[J]. Industrial & Engineer-ing Chemistry Research, 2019, 58(36): 16389-16394.

[182] TIAN Z H, XU J H, WANG Y J, et al. Microfluidic synthesis of monodis-persed CdSe quantum dots nanocrystals by using mixed fatty amines as ligands[J]. Chemical Engineering Journal, 2016, 285: 20-26.

[183] LUO G, DU L, WANG Y, et al. Controllable preparation of particles with microfluidics[J]. Particuology, 2011, 9(6): 545-558.

[184] WILLIAMSON M, TROMP R, VEREECKEN P, et al. Dynamic microscopy of nanoscale cluster growth at the solid-liquid interface[J]. Nature Materials, 2003, 2(8): 532-536.

[185] VOLK A A, EPPS R W, ABOLHASANI M. Accelerated development of colloidal nanomaterials enabled by modular microfluidic reactors: toward autonomous robotic experimentation[J]. Advanced Materials, 2021, 33(4): 2004495.

[186] LIANG X, BAKER R W, WU K, et al. Continuous low temperature syn-thesis of MAPbX$_3$ perovskite nanocrystals in a flow reactor[J]. Reaction Chemistry & Engineering, 2018, 3(5): 640-644.

[187] 林鹏程, 闫琪, 李晓欣, 等. 一种基于微流控的钙钛矿量子点的制备方法: 中国, 109456764 A[P]. 2018-12-12.

[188] BAO Z, WANG H C, JIANG Z F, et al. Continuous synthesis of highly

stable Cs₄PbBr₆ perovskite microcrystals by a microfluidic system and their application in white-light-emitting diodes[J]. Inorganic Chemistry, 2018, 57 (21): 13071-13074.

[189]  WU Y, DING Y, XU J, et al.  Efficient fixation of CO₂ into propylene carbonate with [BMIM] Br in a continuous-flow microreaction system[J]. Green Energy & Environment, 2021, 6(2): 291-297.

[190]  LIGNOS I, STAVRAKIS S, NEDELCU G, et al. Synthesis of cesium lead halide perovskite nanocrystals in a droplet-based microfluidic platform: fast parametric space mapping[J]. Nano Letters, 2016, 16(3): 1869-1877.

[191]  MACEICZYK R M, DÜMBGEN K, LIGNOS I, et al. Microfluidic reactors provide preparative and mechanistic insights into the synthesis of formamidinium lead halide perovskite nanocrystals[J]. Chemistry of Materials, 2017, 29(19): 8433-8439.

[192]  XIONG Q Q, CHEN Z, LI S W, et al. Micro-PIV measurement and CFD simulation of flow field and swirling strength during droplet formation process in a coaxial microchannel[J]. Chemical Engineering Science, 2018, 185: 157-167.

[193]  CHEN D L, LI L, REYES S, et al. Using three-phase flow of immiscible liquids to prevent coalescence of droplets in microfluidic channels: criteria to identify the third liquid and validation with protein crystallization[J]. Langmuir, 2007, 23(4): 2255-2260.

[194]  LIGNOS I, PROTESESCU L, EMIROGLU D B, et al. Unveiling the shape evolution and halide-ion-segregation in blue-emitting formamidinium lead halide perovskite nanocrystals using an automated microfluidic platform[J]. Nano Letters, 2018, 18(2): 1246-1252.

[195]  LIGNOS I, MORAD V, SHYNKARENKO Y, et al. Exploration of near-infrared-emissive colloidal multinary lead halide perovskite nanocrystals using an automated microfluidic platform[J]. ACS Nano, 2018, 12(6): 5504-5517.

[196]  BATENI F, EPPS R W, ABDEL-LATIF K, et al. Ultrafast cation doping of perovskite quantum dots in flow[J]. Matter, 2021, 4(7): 2429-2447.

[197]  ADAMO A, BEINGESSNER R L, BEHNAM M, et al.  On-demand continuous-flow production of pharmaceuticals in a compact, reconfigurable system[J]. Science, 2016, 352(6281): 61-67.

[198]  GU E, TANG X, LANGNER S, et al. Robot-based high-throughput screening of antisolvents for lead halide perovskites[J]. Joule, 2020, 4(8): 1806-1822.

[199] KRISHNADASAN S, BROWN R, DEMELLO A, et al. Intelligent routes to the controlled synthesis of nanoparticles[J]. Lab on a Chip, 2007, 7(11): 1434-1441.

[200] LI J, LIU R, et al. Autonomous discovery of optically active chiral inorganic perovskite nanocrystals through an intelligent cloud lab[J]. Nature Communications, 2020, 11(1): 1-10.

[201] WANG L, KARADAGHI L R, BRUTCHEY R L, et al. Self-optimizing parallel millifluidic reactor for scaling nanoparticle synthesis[J]. Chemical Communications, 2020, 56(26): 3745-3748.

[202] EPPS R W, BOWEN M S, VOLK A A, et al. Artificial chemist: An autonomous quantum dot synthesis bot[J]. Advanced Materials, 2020, 32(30): 2001626.

[203] MACEICZYK R M, DEMELLO A J. Fast and reliable metamodeling of complex reaction spaces using universal kriging[J]. The Journal of Physical Chemistry C, 2014, 118(34): 20026-20033.

[204] BEZINGE L, MACEICZYK R M, LIGNOS I, et al. Pick a color MARIA: adaptive sampling enables the rapid identification of complex perovskite nanocrystal compositions with defined emission characteristics[J]. ACS Applied Materials & Interfaces, 2018, 10(22): 18869-18878.

[205] 李隆弟, 张满. 溶液荧光量子产率的相对测量[J]. 分析化学, 1988, 16(8): 732-734.

[206] GRABOLLE M, SPIELES M, LESNYAK V, et al. Determination of the fluorescence quantum yield of quantum dots: suitable procedures and achievable uncertainties[J]. Analytical Chemistry, 2009, 81(15): 6285-6294.

[207] ADRONOV A, GILAT S L, FRECHET J M, et al. Light harvesting and energy transfer in laser- dye-labeled poly (aryl ether) dendrimers[J]. Journal of the American Chemical Society, 2000, 122(6): 1175-1185.

[208] ROTHMANN M U, KIM J S, BORCHERT J, et al. Atomic-scale microstructure of metal halide perovskite[J]. Science, 2020, 370(6516): eabb5940.

[209] 刘佳, 姚光晔. 硅烷偶联剂的水解工艺研究[J]. 中国粉体技术, 2014, 20(4): 60-63.

[210] SI J, LIU Y, HE Z, et al. Efficient and high-color-purity light-emitting diodes based on in situ grown films of $CsPbX_3$ (X= Br, I) nanoplates with controlled thicknesses[J]. ACS Nano, 2017, 11(11): 11100-11107.

[211] 国家市场监督管理总局, 国家标准化管理委员会. GB/T 39848—2021 平板显示器色域测量方法[S]. 北京, 2021.

[212] 中华人民共和国国家质量监督检验检疫总局, 中国国家标准化管理委员会. GB

21520—2015　计算机显示器能效限定值及能效等级[S]. 北京, 2016.

[213] 蒋春花. 浅析 CIE 1931 和 CIE 1976 中的 sRGB、NTSC 色域[J]. 电子质量, 2018(2): 54-56.

[214] SUN C, ZHANG Y, RUAN C, et al. Efficient and stable white leds with silica-coated inorganic perovskite quantum dots[J]. Advanced Materials, 2016, 28(45): 10088-10094.

[215] 宋少飞. 有机酸与 APTES 超分子作用体系的水解缩合行为研究[D]. 西安: 陕西师范大学, 2013.

[216] CRIST B V. Handbook of monochromatic XPS spectra, the elements of native oxides[M]. America: Wiley, 2000.

[217] ANTAMI K, BATENI F, RAMEZANI M, et al. CsPbI$_3$ nanocrystals go with the flow: From formation mechanism to continuous nanomanufacturing [J]. Advanced Functional Materials, 2022, 32(6): 2108687.

[218] MEKKI-BERRADA F, REN Z, HUANG T, et al. Two-step machine learning enables optimized nanoparticle synthesis[J]. NPJ Computational Materials, 2021, 7(1): 1-10.

[219] 李佾正. 微量注射泵控制系统的设计与实现[D]. 长沙: 湖南师范大学, 2011.

[220] 2PB 系列平流泵使用手册[Z]. 北京星达科技发展有限公司.

[221] KERR C B, EPPS R W, ABOLHASANI M. A low-cost, non-invasive phase velocity and length meter and controller for multiphase lab-in-a-tube devices [J]. Lab on a Chip, 2019, 19(12): 2107-2113.

[222] Phd ultra syrings pump series user's guide[M]. U.S.A.: Harvard Apparatus, Inc., 2012.

[223] 乔增运, 李昌泽, 周正, 等. 铅毒性危害及其治疗药物应用的研究进展[J]. 毒理学杂志, 2020, 34(5): 416-420.

[224] 方梦莹. 铋基钙钛矿纳米材料的制备及其光学性质的研究[D]. 南京: 东南大学, 2018.

# 在学期间完成的相关学术成果

## 学术论文（第一/共一作者）

[1] **Geng Y H**, Ge X H, Xu J H*, et al. Microfluidic preparation of flexible micro-grippers with precise delivery function [J]. Lab Chip, 2018, 18: 1838-3843.（SCI 收录，检索号：GK6NO，影响因子：6.1）

[2] **Geng Y H**, Huang J P, Xu J H*, et al. Efficient synthesis of dodecylbenzene sulfonic acid in microreaction systems [J]. Chemical Engineering and Processing - Process Intensification, 2020, 149: 107858.（SCI 收录，检索号：LL5HA，影响因子：4.3）

[3] **Geng Y H**, Ling S D, Xu J H*. Multiphase microfluidics: Fundamentals, fabrication, and functions [J]. Small, 2020, 16: 1906357.（SCI 收录，检索号：KN2GJ，影响因子：13.3）

[4] 赵心语†，**耿宇昊**†，田震昊，等*. CdSe@ZnS 量子点荧光传感器在水体铜离子污染检测中的应用 [J]. 化工学报, 2021, 72: 1142-1148.（†共同一作）（EI 收录，检索号：20211010020918）

[5] Wang C†, **Geng Y H**†, Xu J H*, et al. A sustainable and efficient artificial microgel system: toward creating a configurable synthetic cell [J]. Small, 2020: 2002313.（†共同一作）（SCI 收录，检索号：PI8EI，影响因子：13.3）

[6] **GENG Y H**, Guo J Z, XU J H*, et al. Large-scale production of ligand-engineered robust lead halide perovskite nanocrystals by droplet-based microreactor system [J]. Small, 2022, 2200740.（SCI 收录，检索号：0J1RT，影响因子：13.3）

[7] **GENG Y H**, Guo J Z, XU J H*, et al. A nano-liter droplet-based microfluidic reactor serves as continuous large-scale production of inorganic perovskite nanocrystals [J]. Science China Materials, 2022, 65(10): 2746-2754.（SCI 收录，检索号：4T2XD，影响因子：8.1）

[8] **GENG Y H**†, Hu H Y†, XU J H*, et al. Synthesis of CsPbBr₃ in micro total reaction system: fast operation space mapping and subsecond growth process

monitoring [J]. Small Methods, 2023, 2300394. （† 共同一作）(SCI 收录，检索号：L3TD3，影响因子：12.4)

## 专利

[9]   徐建鸿, **耿宇昊**, 黄晋培. 一种循环微反应器中合成十二烷基苯磺酸的方法 [P]. 北京市：CN109912462A, 2019-06-21.

[10]  徐建鸿, 黄晋培, **耿宇昊**. 一种连续制备环丙胺的方法 [P]. 北京市：CN109836334B, 2020-10-16.

[11]  卢元, 汪琛, 徐建鸿, **耿宇昊**. 一种提高无细胞体系蛋白质合成的方法 [P]. 北京市：CN202010662311.X（专利申请号），2020-11-13.

# 附录 A 实验操作数据与图表

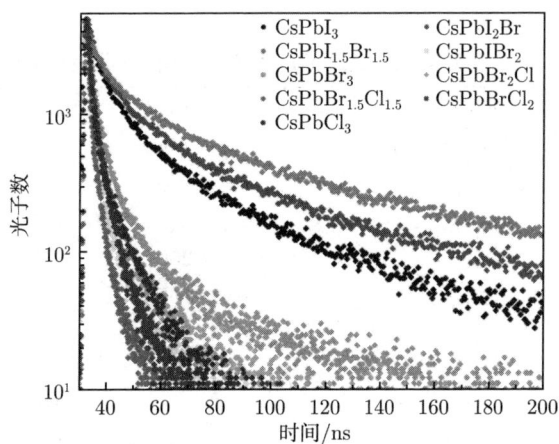

图 A.1 CsPbX₃ 荧光衰减曲线

表 A.1 测量量子产率所用溶剂的折射率

| 溶剂 | 折射率 |
|---|---|
| 乙醇 | 1.360 |
| 己烷 | 1.375 |
| 0.1 mol/L NaOH | 1.335 |
| 甲苯 | 1.497 |

表 A.2    前驱体停留时间调控的操作条件

| 停留时间/ s | 分散相流量/ (μL/min) | 连续相流量/ (mL/min) | 总流量/ (mL/min) | 反应管长/ cm |
|---|---|---|---|---|
| 27.50 | 200 | 2.3 | 2.5 | 180 |
| 12.24 | 1000 | 3 | 4 | 130 |
| 8.26 | 1000 | 5 | 6 | |
| 4.13 | 400 | 2 | 2.4 | |
| 1.65 | 1000 | 5 | 6 | 26 |
| 1.00 | 2000 | 10 | 12 | |

表 A.3    全光谱荧光发射 $CsPbX_3$ 纳米晶的前驱体流量调控

| 钙钛矿纳米晶 | 连续相流量/ (mL/min) | CsOAc/ (μL/min) | $PbI_2$/ (μL/min) | $PbBr_2$/ (μL/min) | $PbCl_2$/ (μL/min) |
|---|---|---|---|---|---|
| $CsPbI_3$ | | | 500 | — | — |
| $CsPbI_2Br$ | | | 333 | 167 | — |
| $CsPbI_{1.5}Br_{1.5}$ | | | 250 | 250 | — |
| $CsPbIBr_2$ | 5 | 500 | 167 | 333 | — |
| $CsPbBr_3$ | | | — | 500 | — |
| $CsPbBr_2Cl$ | | | — | 333 | 167 |
| $CsPbBr_{1.5}Cl_{1.5}$ | | | — | 250 | 250 |
| $CsPbBrCl_2$ | | | — | 167 | 333 |
| $CsPbCl_3$ | | | — | — | 500 |

表 A.4    全光谱荧光发射 $CsPbX_3$ 纳米晶的荧光寿命拟合参数

| 纳米晶体 | 激发光/nm | $\tau_1$/ns | $B_1$ | $\tau_2$/ns | $B_2$ | $\tau_3$/ns | $B_3$ | $\tau$/ns |
|---|---|---|---|---|---|---|---|---|
| $CsPbI_3$ | | 5.09 | 3276.75 | 27.20 | 1154.89 | 133.15 | 103.28 | 44.80 |
| $CsPbI_2Br$ | 470 | 4.82 | 3338.25 | 30.02 | 1358.36 | 151.35 | 180.07 | 64.50 |
| $CsPbI_{1.5}Br_{1.5}$ | | 6.12 | 2641.09 | 39.40 | 1316.08 | 192.50 | 244.87 | 97.41 |
| $CsPbIBr_2$ | | 1.21 | 5801.80 | 3.09 | 474.04 | 21.96 | 56.37 | 4.14 |
| $CsPbBr_3$ | 430 | 1.97 | 4146.87 | 8.30 | 941.24 | 62.69 | 63.96 | 16.61 |
| $CsPbBr_2Cl$ | | 1.11 | 4117.12 | 5.20 | 1293.43 | 31.75 | 73.64 | 8.39 |
| $CsPbBrCl_2$ | | 0.77 | 4328.93 | 2.82 | 1271.10 | 11.14 | 83.46 | 2.94 |
| $CsPbBr_{1.5}Cl_{1.5}$ | 370 | 1.16 | 3477.64 | 3.86 | 1998.69 | 17.88 | 67.98 | 4.34 |
| $CsPbCl_3$ | | 1.23 | 5780.30 | 8.91 | 685.87 | 58.80 | 10.08 | 7.10 |

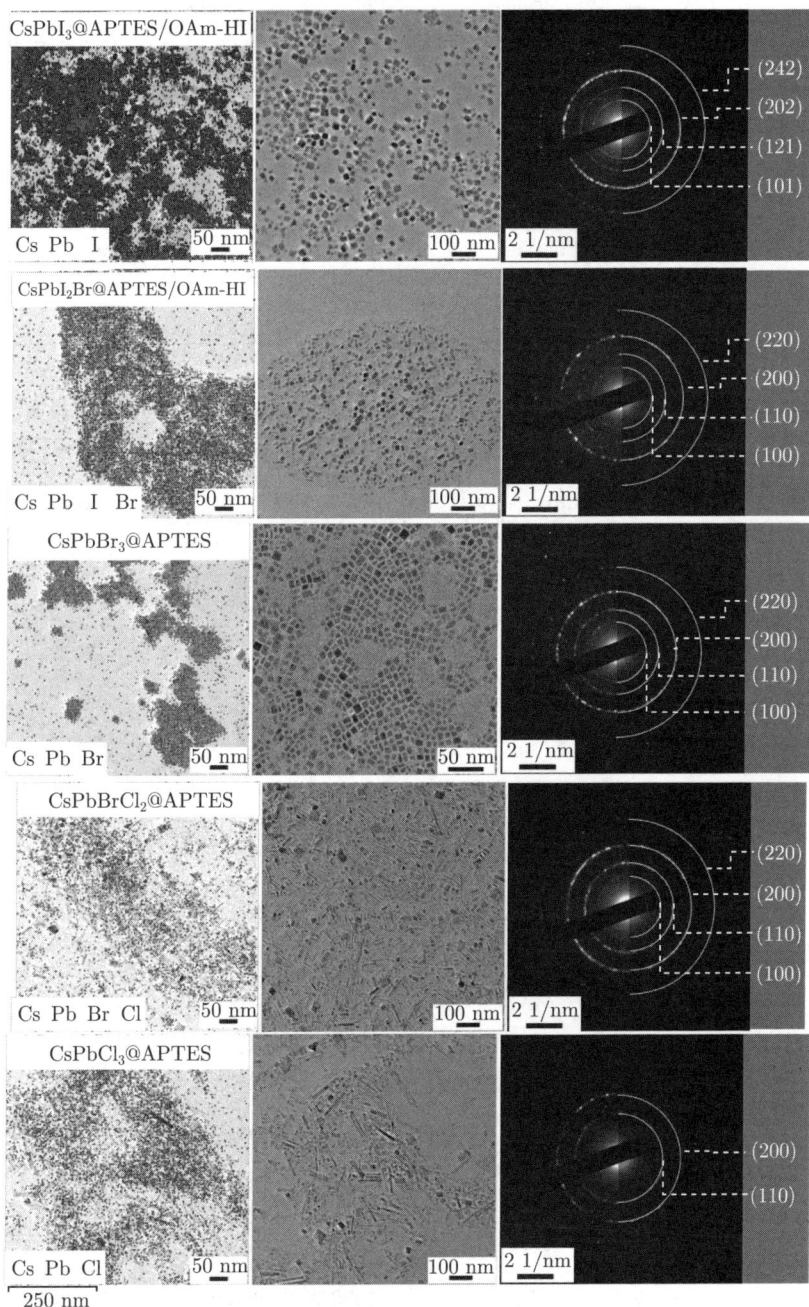

图 A.2   **CsPb(X/Y)₃@APTES 纳米晶的 EDS 元素分布、TEM 图
与 SEAD 图**

表 A.5　　调整 $CsPbI_3$ 停留时间的操作条件

| 停留时间/s | 分散相流量/(μL/min) | 连续相流量/(mL/min) | 总流量/(mL/min) |
|---|---|---|---|
| 16.25 | 500 | 2.5 | 3 |
| 12.36 | 600 | 3.4 | 4 |
| 10.33 | 800 | 4 | 4.8 |
| 8.26 | 1000 | 5 | 6 |
| 6.2 | 1000 | 7 | 8 |
| 4.13 | 1000 | 11 | 12 |

表 A.6　　制备全光谱发光 $CsPb(X/Y)_3$@APTES 纳米晶的前驱体流量调控

| 钙钛矿纳米晶 | 连续相流量/(mL/min) | CsOAc/(μL/min) | $PbI_2$/(μL/min) | $PbBr_2$/(μL/min) | $PbCl_2$/(μL/min) |
|---|---|---|---|---|---|
| $CsPbI_3$ | | | 500 | — | — |
| $CsPbI_2Br$ | | | 333 | 167 | — |
| $CsPbI_{1.5}Br_{1.5}$ | | | 250 | 250 | — |
| $CsPbIBr_2$ | 5 | 500 | 167 | 333 | — |
| $CsPbBr_3$ | | | — | 500 | — |
| $CsPbBr_2Cl$ | | | — | 333 | 167 |
| $CsPbBrCl_2$ | | | — | 167 | 333 |
| $CsPbCl_3$ | | | — | — | 500 |

表 A.7　　$CsPb(X/Y)_3$@APTES 钙钛矿纳米晶的荧光寿命拟合参数

| 钙钛矿纳米晶 | $\tau_1$/ns | $\tau_2$/ns | $\tau_3$/ns | $B_1$ | $B_2$ | $B_3$ | $\tau$/ns |
|---|---|---|---|---|---|---|---|
| $CsPbI_3$ | 40.27 | 132.50 | 489.10 | 3146.30 | 1482.83 | 142.08 | 165.85 |
| $CsPbI_2Br$ | 25.36 | 89.41 | 303.00 | 2783.38 | 1916.52 | 316.83 | 136.71 |
| $CsPbI_{1.5}Br_{1.5}$ | 15.05 | 55.01 | 171.10 | 2535.77 | 1976.72 | 295.98 | 77.05 |
| $CsPbIBr_2$ | 5.97 | 24.05 | 76.17 | 2654.63 | 1910.17 | 270.73 | 33.62 |
| $CsPbBr_3$ | 8.29 | 28.07 | 113.60 | 3502.66 | 1241.73 | 137.99 | 37.70 |
| $CsPbBr_2Cl$ | 13.40 | 58.48 | 286.00 | 3545.26 | 1302.56 | 107.53 | 89.92 |
| $CsPbBrCl_2$ | 5.88 | 37.13 | 218.40 | 3838.61 | 874.98 | 89.41 | 75.13 |
| $CsPbCl_3$ | 1.24 | 8.50 | 51.76 | 4479.26 | 860.91 | 87.47 | 17.44 |

表 A.8    CsPb(X/Y)$_3$@APTES LED 的 CIE 1931($x, y$) 色坐标

| 钙钛矿纳米晶 | 色坐标 | |
|---|---|---|
| | $x$ | $y$ |
| CsPbI$_3$ | 0.7300 | 0.2700 |
| CsPbI$_{2.4}$Br$_{0.6}$ | 0.6603 | 0.3328 |
| CsPbI$_2$Br | 0.5637 | 0.4336 |
| CsPbI$_{1.5}$ Br$_{1.5}$ | 0.3308 | 0.6401 |
| CsPbIBr$_2$ | 0.2363 | 0.7252 |
| CsPbBr$_3$ | 0.1245 | 0.7877 |
| CsPbBr$_2$Cl | 0.0931 | 0.3345 |
| CsPbBrCl$_2$ | 0.1479 | 0.0389 |

表 A.9    微反应器中配体辅助再沉淀法制备 CsPbBr$_3$ 流量与停留时间
对照表

| 分散相/ ($\mu$L/min) | 连续相 / ($\mu$L/min) | 停留时间/s | 最短检测时间/s | 采样时间间隔/s | 最长检测时间/s | T 口流速/ (mm/s) |
|---|---|---|---|---|---|---|
| 25 | | 74.48 | 3.72 | 3.52 | 63.51 | 348.02 |
| 50 | | 72.71 | 3.64 | 3.43 | 62.00 | 356.51 |
| 75 | 1000 | 71.01 | 3.55 | 3.35 | 60.56 | 365.00 |
| 100 | | 69.40 | 3.47 | 3.28 | 59.18 | 373.48 |
| 150 | | 66.38 | 3.32 | 3.13 | 56.61 | 390.46 |
| 200 | | 63.62 | 3.18 | 3.00 | 54.25 | 407.44 |
| 25 | | 37.70 | 1.88 | 1.78 | 32.15 | 687.55 |
| 50 | | 37.24 | 1.86 | 1.76 | 31.76 | 696.04 |
| 100 | | 36.35 | 1.82 | 1.72 | 31.00 | 713.01 |
| 150 | 2000 | 35.51 | 1.78 | 1.68 | 30.28 | 729.99 |
| 200 | | 34.70 | 1.74 | 1.64 | 29.59 | 746.97 |
| 300 | | 33.19 | 1.66 | 1.57 | 28.30 | 780.92 |
| 400 | | 31.81 | 1.59 | 1.50 | 27.12 | 814.87 |
| 25 | | 25.24 | 1.26 | 1.19 | 21.52 | 1027.08 |
| 50 | | 25.03 | 1.25 | 1.18 | 21.34 | 1035.57 |
| 100 | 3000 | 24.63 | 1.23 | 1.16 | 21.00 | 1052.54 |
| 200 | | 23.86 | 1.19 | 1.13 | 20.34 | 1086.50 |
| 300 | | 23.13 | 1.16 | 1.09 | 19.73 | 1120.45 |

续表

| 分散相/<br>(μL/min) | 连续相/<br>(μL/min) | 停留时间/s | 最短检测时间/s | 采样时间间隔/s | 最长检测时间/s | T 口流速/<br>(mm/s) |
|---|---|---|---|---|---|---|
| 400 | | 22.45 | 1.12 | 1.06 | 19.15 | 1154.40 |
| 500 | | 21.81 | 1.09 | 1.03 | 18.60 | 1188.36 |
| 50 | | 18.85 | 0.94 | 0.89 | 16.07 | 1375.10 |
| 75 | | 18.73 | 0.94 | 0.88 | 15.98 | 1383.59 |
| 100 | | 18.62 | 0.93 | 0.88 | 15.88 | 1392.08 |
| 200 | 4000 | 18.18 | 0.91 | 0.86 | 15.50 | 1426.03 |
| 400 | | 17.35 | 0.87 | 0.82 | 14.80 | 1493.93 |
| 600 | | 16.60 | 0.83 | 0.78 | 14.15 | 1561.84 |
| 800 | | 15.90 | 0.80 | 0.75 | 13.56 | 1629.75 |
| 50 | 5000 | 15.12 | 0.76 | 0.71 | 12.89 | 1714.63 |
| 75 | | 15.04 | 0.75 | 0.71 | 12.83 | 1723.12 |
| 100 | | 14.97 | 0.75 | 0.71 | 12.76 | 1731.61 |
| 200 | | 14.68 | 0.73 | 0.69 | 12.52 | 1765.56 |
| 400 | 5000 | 14.14 | 0.71 | 0.67 | 12.06 | 1833.46 |
| 600 | | 13.63 | 0.68 | 0.64 | 11.62 | 1901.37 |
| 800 | | 13.16 | 0.66 | 0.62 | 11.22 | 1969.28 |
| 1000 | | 12.72 | 0.64 | 0.60 | 10.85 | 2037.18 |

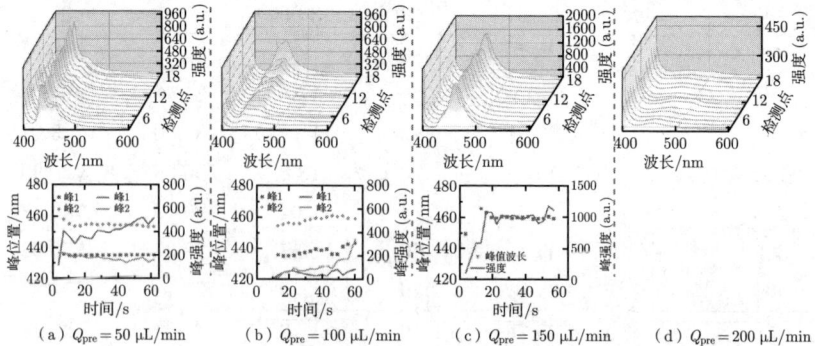

(a) $Q_{pre}=50$ μL/min　　(b) $Q_{pre}=100$ μL/min　　(c) $Q_{pre}=150$ μL/min　　(d) $Q_{pre}=200$ μL/min

图 A.3　$Q_{tol}=1000$ μL/min 时的荧光光谱图与峰信息参数

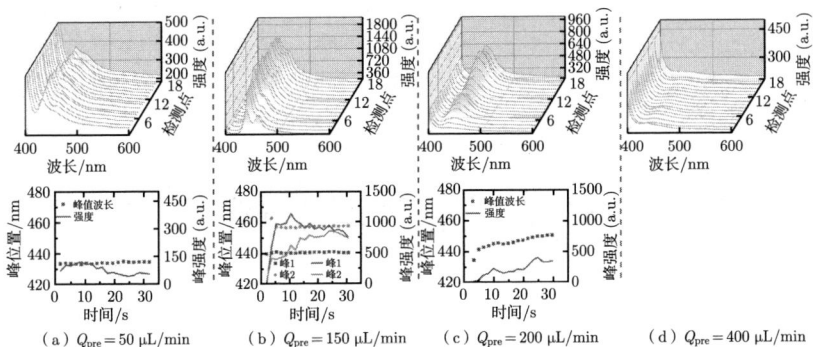

图 A.4　$Q_{tol}=2000\ \mu L/min$ 时的荧光光谱图与峰信息参数

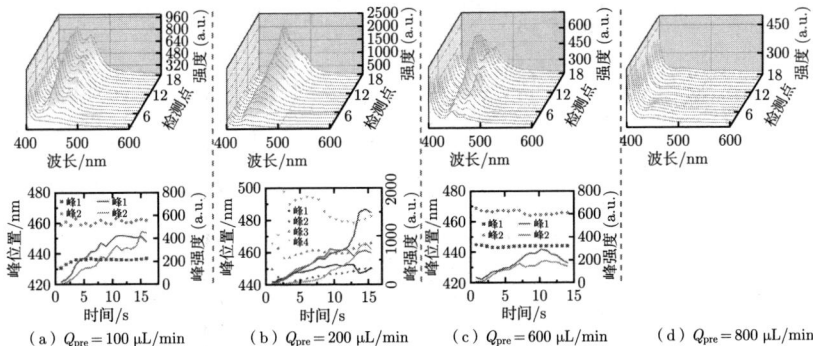

图 A.5　$Q_{tol}=4000\ \mu L/min$ 时的荧光光谱图与峰信息参数

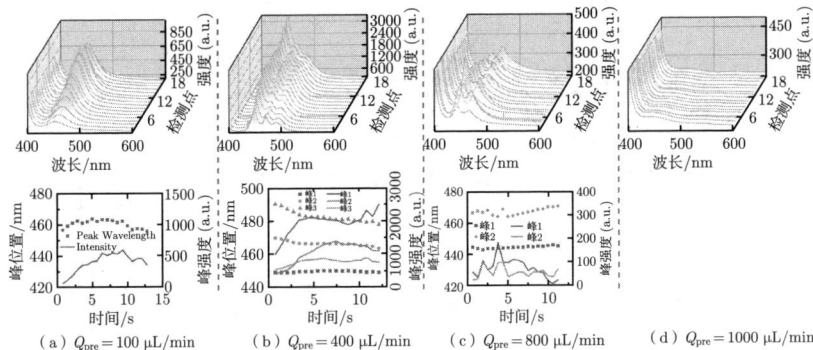

图 A.6　$Q_{tol}=5000\ \mu L/min$ 时的荧光光谱图与峰信息参数

# 附录 B　程序框图与代码

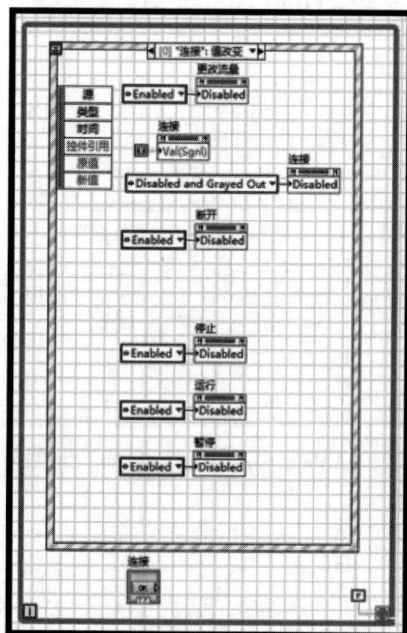

图 B.1　"连接"按键操作框图

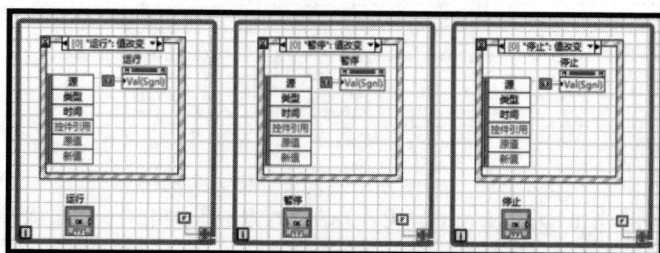

图 B.2　"运行""暂停""停止"按键操作框图

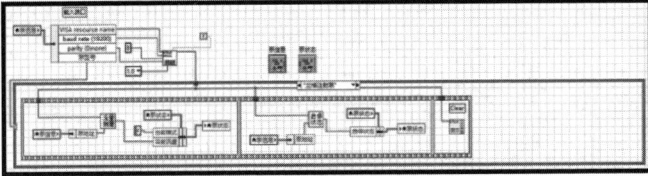

图 B.3 读数据.vi 程序框图

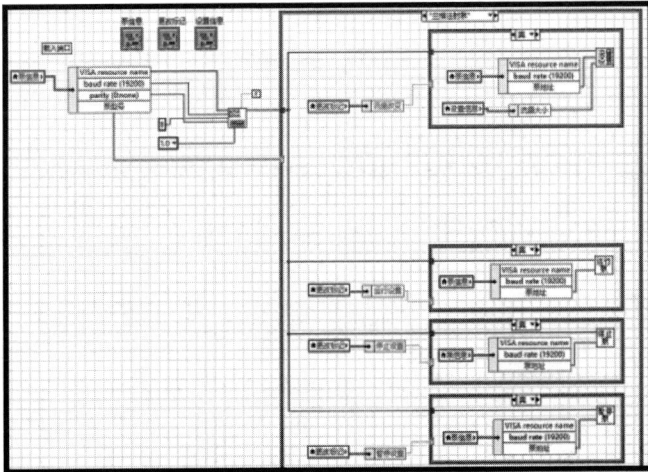

图 B.4 写数据.vi 程序框图

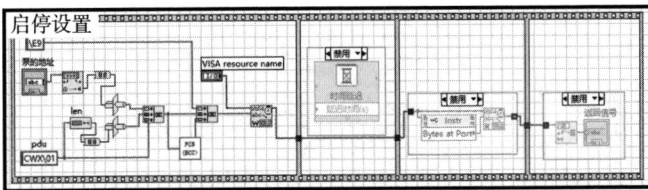

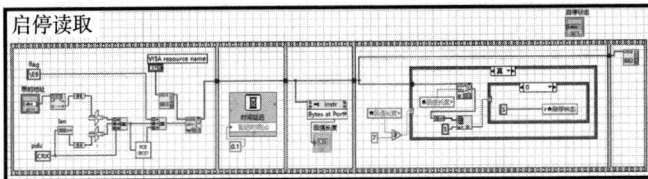

图 B.5 兰格注射泵设备控制层程序框图

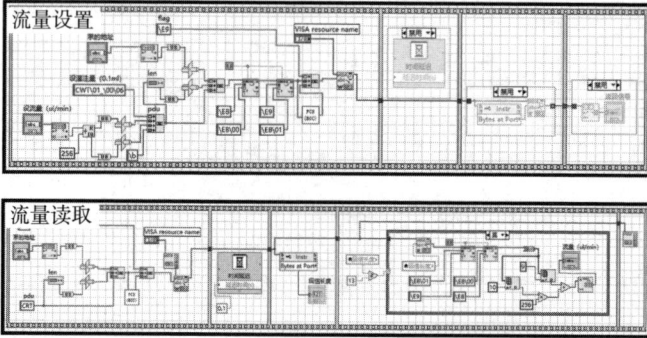

流量设置

流量读取

图 B.5　续

[地址+irate]读取流量

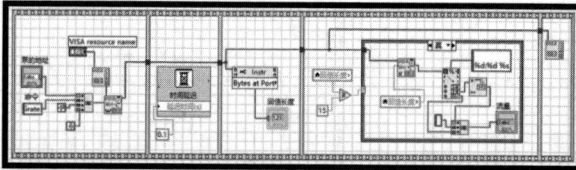

[地址+irate]设置流量

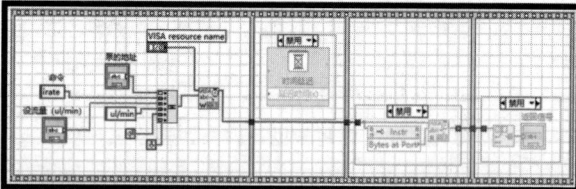

[地址+status]读取启停

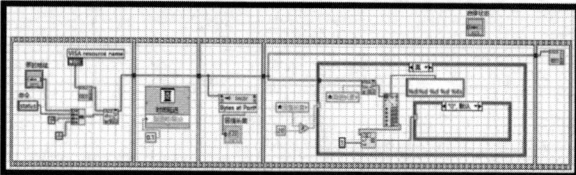

[地址+irun/stop]设置启停

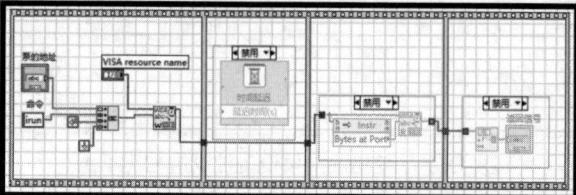

图 B.6　Harvard 注射泵设备控制层程序框图

**算法 B.1** 多元高斯函数拟合荧光光谱

```python
#!/usr/bin/env python3
# -*- coding: utf-8 -*-

'Estimate the peaks together with their heights and widths at half maxima of a
series of PL spectrum curve'

__author__ = 'Haoyang Hu'

import argparse
import pandas as pd
import numpy as np
from scipy.optimize import curve_fit
import matplotlib.pyplot as plt

def get_data(source, name):
if source not in ['offline', 'online'] then
    print('Unknown read mode!')
    exit()
else if source == 'offline' then
    end = input('Please input the last column to be calculated: ')
    data = pd.read_excel(f'data/[PL]name.xlsx', header=1, usecols='A:'+ end)
    if 'wavelength/nm' not in data.columns: then
        data = data.rename(columns='Unnamed: 0': 'wavelength/nm')
    end if
else if source == 'online' then
    cols = int(input('Please input the number of curves in this file: '))
    rows_header = int(input('Please input the number of header lines: '))
    data = pd.read_csv(f'实验数据/name.asc', header=None, usecols=range(cols
    + 1),
    skiprows=rows_header)
end if
return data

def gauss(x, a, b, c):
return a * np.exp(-(x - b) ** 2 / (2 * c ** 2))
```

```python
def visualize_fit(title, wavelength, seq, height, center, hlf): xx = np.linspace(350,
750, 1001)
plt.plot(wavelength, seq, label='original (-base)')
fit = []
for i, (he, ce, hl) in enumerate(zip(height, center, hlf)) do
    fit.append(gauss(xx, he, ce, hl / 2.355))
    plt.plot(xx, fit[-1], linestyle='-', label='gauss'+ str(i + 1))
end for
plt.plot(xx, sum(fit), label='fit')
plt.legend()
plt.xlabel('wavelength/nm')
plt.title(title)
print('The figure is shown in a new window. Close the figure to continue...')
plt.show()
return fit


parser = argparse.ArgumentParser(description='')
parser.add_argument('-p', '--path', type=str, default='', help='the path of the
asc file to be analyzed')
parser.add_argument('-rbg', '--remove_background', action='store_true',
help='remove background signal')
parser.add_argument('-pbg', '--path_background', type=str, default='20211223/
玻璃瓶 + 甲苯-uv10%', help='the path of the asc file used as backgroud')
parser.add_argument('-ec', '--expected_center', type=int, nargs='+', default=
[450, 500], help='the expected center (int) of each peak')
parser.add_argument('-v', '--visualize', action='store_true', help='visualize
the fitting result of each curve')
parser.add_argument('-s', '--save', action='store_true', help='save the fitted
parameters')


def gauss_fit_with_expected_center(wavelength, seq, expected_center=[450,
500]):
num = len(expected_center)
p0, bounds = [2000, '_', 10] * num, ([0, 0, 4] * num, [np.inf, np.inf, 20] * num)
p0[1::3] = expected_center
```

```
func = lambda x, *p: sum([gauss(x, p[3 * i], p[3 * i + 1], p[3 * i + 2]) for i in
range(num)])
popt, _ = curve_fit(func, wavelength, seq, p0=p0, bounds=bounds)
return popt[0::3], popt[1::3], [2.355 * x for x in popt[2::3]]


def visualize_trend(title, unit, vector):
for i, v in enumerate(zip(*vector)) do
    plt.plot(v, label='peak'+ str(i + 1))
end for
plt.legend()
plt.xlabel('No. # acquisition')
plt.ylabel(unit)
plt.title(title)
plt.show()
return


def save_trend(title, height_list, center_list, hlf_list):
result = pd.DataFrame()
for i, v in enumerate(zip(*height_list)) do
    result['height'+ str(i + 1)] = v
end for
for i, v in enumerate(zip(*center_list)) do
    result['center'+ str(i + 1)] = v
end for
for i, v in enumerate(zip(*hlf_list)) do
    result['hlf'+ str(i + 1)] = v
end for
result.to_csv(title + '.csv', index=False)
return result


if __name__ == '__main__' then
    args = parser.parse_args()
    data = get_data('online', args.path)
    bg = np.array(get_data('online', args.path_background)[1][270:780])
    if args.remove_background else 0
    # only the 1st column is used, so (cols, rows_header) = (1, 28) or (x, 33)
```

```
height_list, center_list, hlf_list = [], [], []
for exp in data do
    if exp == 0 then
        wavelength = np.array(data[exp][270:780])
        continue
    end if
    seq = np.array(data[exp][270:780]) - bg
    height, center, hlf = gauss_fit_with_expected_center(wavelength, seq -
    seq[-1],
    args.expected_center)
    sorted_zipped_para = sorted(zip(height, center, hlf), key=lambda x: x[1])
    for i, (he, ce, hl) in enumerate(sorted_zipped_para) do
        print(f'The No.i + 1 peak of experiment "exp" has been found at wave-
        length ce:.2fnm.', f'Its height = he and width = float(hl):.2fnm.')
    end for
    if args.visualize then
        _ = visualize_fit(f'args.path-str(exp)', wavelength, seq - seq[-1], height,
        center, hlf)
        if input('Exit (y/[n])?') in ['Y', 'y'] then
            exit()
        end if
    end if
    height_sorted, center_sorted, hlf_sorted = zip(*sorted_zipped_para)
    height_list.append(height_sorted)
    center_list.append(center_sorted)
    hlf_list.append(hlf_sorted)
end for
visualize_trend(args.path + ': center trend', 'wavelength/nm', center_list)
visualize_trend(args.path + ': height trend', 'relative intensity', height_list)
if args.save then
    _ = save_trend(f'实验数据/args.path', height_list, center_list, hlf_list)
end if
end if
```

# 致　　谢

饮其流者怀其源，落其实者思其树。我无比感恩在清华园度过的九年时光。感谢园子多元包容的培养氛围和健全有力的培养体系，让我在最具少年力、精神力和创造力的年华里见世界、见天地、见自己。

感谢我的本科班主任和研究生导师徐建鸿老师。徐老师在待人之道、学术品味、科研习惯、人生规划等多方面对我产生了直接且深刻的影响，给予了我榜样的力量。是徐老师对学生充分的信任与支持，让我在探索人生可能性的同时，最终坚定了自己的学术志趣；也是徐老师"时刻关注主要矛盾"的行事方式，让我在多线程工作的时候能有条不紊地推进任务。感谢化学工程联合国家重点实验室诸位老师的提点与指导，我从骆老师的身上感受到"大先生"的风范，在与诸位老师的交流中体会众多研究方向的魅力。与此同时，感谢 Jianhong's Group 大家庭的小伙伴们，这里有师兄师姐的率先垂范、同学朋友的支持激励、师弟师妹的友爱帮助，加入 Jianhong's Group 是我读博期间最大的幸运。南京工业大学的陈苏老师、郭佳壮同学，清华大学核能与新能源技术研究院的叶钢老师、刘泽宇同学，清华大学化工系过程系统工程研究所的袁志宏老师、胡昊阳同学，课题组的杨天、王慧青、贾永琪同学指导或参加过部分实验工作，在此向这些老师与同学表达诚挚的感谢！

感谢清华大学化工系的培养。在这里我有幸成为一名"双肩挑"的政治辅导员，从一名普通同学到学生组织再到学生组，我感受着化工系学生工作的不断进步。感谢吕阳成、张翀、张吉松等院系领导老师在学生与学术工作思想方面对我的指导，感谢辅导员前辈、搭档们的合作与鼓励，感谢同学的信任与依靠，我将永远铭记与辅导员队伍和学生组织的战友们并肩奋斗的日子。

感谢父母对我求学之路的支持，对我所做每一个决定的尊重。感谢毛俊松同学在读博五年中的温暖陪伴，他比我更相信我能实现我的梦想。在他身上，我学会了"风物长宜放眼量"，学会了对自己无条件的爱和欣赏。感谢我的朋友们在我低落时给予的鼓励、成功时表达的祝贺、平淡生活中创造的乐趣。家人、爱人、友人，是这段艰难读博时光中最大的甜。

最后，要感谢勇敢独立有韧性，对世界一直保持着好奇的自己。从一个对世界充满未知的懵懂少女，到坚定了自己学术理想的工科博士，经历过荣誉时刻的肯定赞颂，也经历过低谷时期的自我犹疑。我在清华获得了体魄、心智、精神的多重提升，也获得了走出园子去探索人类认知边界的勇气。

感谢国家自然科学基金对本课题的资助，感谢清华大学出版社对本书出版工作的支持。